포스트휴머니즘과 문명의 전환 새로운 인간은 가능한가?

포스트 휴머니즘과 문명의 전환

새로운 인간은 가능한가?

김환석, 서보명, 이용주, 이창익,
임소연, 장진호, 최원일, 황치옥 공저

GIST PRESS
광주과학기술원

서문

최근 몇 년간 제4차 산업혁명, 인공지능, 포스트휴머니즘 같은 용어들이 학계와 일상의 구석구석을 파고들기 시작했다. 이 용어들은 그저 관념적인 구호에 머물지 않고 새로운 물적 대상에 실려 우리 눈앞에 도착했다. 물질에 실린 낯선 언어들이 미래를 발언하기 시작했고, 머지않아 모든 사물이 하나로 연결된 세상, 모든 인간이 하나로 이어진 세상, 인간과 사물이 하나로 합쳐지는 세상이 올 것만 같았다. 수많은 인간 본연의 존재론적 문제가 사라진 미래, 즉 우리가 과거에 그토록 꿈꾸던 '초월적 인간'의 미래가 곧 다가올 듯했다.

그러나 이 미래는 인간의 의미와 가치를 부정하는 불편한 그림을 같이 보여주었다. 항상 인간은 신체나 심리의 특정 부분을 보완하거나 확대하거나 강화하거나 물화하기 위해 도구나 기계를 만들었다. 그러나 언제부턴가 조금 다른 상황이 벌어졌다. 기계가 인간을 부분적으로 번역하는 것이 아니라 전체적으로 치환할 수 있는 가능성, 나아가 인간의 본질마저도 기계화할 수 있는 가능성이 제기되기 시작했다. 인간이 기계를 사용하는 것이 아니라, 기계가 인간과 동등해진다거나 인간을 넘어선다거나 대체한다는 생각이 그저 공상 속에 존재하는 것이 아니라 현실화되고 있다는 위기의식이 출현한 것이다. '초월적 인간'이 아니라 '사라질 인간'이 새로운 문제로 떠오른 것이다.

인공지능이라는 '기계 두뇌'의 완성을 통해 모든 기계를 하나로 뭉친 '총합적 기계'가 출현하고, 이로 인해 정말 새로운 세계, 새로운 인간이 도래한단 말인가? 어느 순간 인간과 기계의 이분법이 우리의 언어를 독식하기 시작했다. 이제 미래는 문화적이고 사회적이고 경제적인 모든 것을 점점 기계로 번역하여 치환하고 있는 것처럼 보였다. 인간의 몸과 영혼까지도 포함하여 인간적인 모든 것이 기계화의 운명을 피할 수 없는 것처럼 보였다. 기계는 인간의 편의를 위해 발명된 것인데, 어쩐 일인지 이제 '기계 미래'의 무대 뒤에서 음산한 '인간의 죽음'이라는 배음이 울려 퍼지고 있었다.

이때 어딘가에서 결코 기계가 될 수 없는 인간적인 가치가 있다는 주장들이 흘러나오기 시작했다. 그렇다면 결코 기계화되지 않는 인간적인 무엇이 있다면, 이것이야말로 인간의 본질이라고 할 수 있을까? 기계에 의한 인간과 세계의 대체를 알리는 우리의 시대는 '인간 이후의 인간', 즉 소위 포스트휴먼의 출현을 알리고 있다. 그런데 정말 기존의 인간이 죽고 새로운 인간이 탄생하는 일이 가능할까? 기계가 정말 인간이라는 종의 죽음을 통해 새로운 인간 종을 창조하는 사제司祭가 될 수 있을까? 이러한 시대 분위기를 비판적으로 성찰하기 위해 다양한 연구자들의 성찰을 모아 이 책을 기획했다. 이 책에 담긴 각각의 글의 의도를 간략하게나마 언급하고

자 한다.

〈4차 산업혁명에 대한 성찰적 접근〉에서 장진호는 '4차 산업혁명'이 야기하는 변화가 정치, 경제, 고용의 측면에서 초래할 긍정적, 부정적 측면을 세심히 고찰하고 있다. 정치의 측면에서 '4차 산업혁명'은 디지털 민주주의를 낳을 수도 있지만, 정보의 독점과 조작에 의한 감시사회를 낳을 수도 있다. '4차 산업혁명'은 산업 생태계를 변화시켜 새로운 혁신을 가져올 수도 있지만, 역으로 일자리 상실과 디지털 격차를 심화시킬 수도 있다. 또한 새로운 미디어 환경으로 인해 정보 생산의 민주화가 이루어질 수도 있지만, 가짜 뉴스의 범람과 정보 소비의 편향을 심화시킬 수도 있다. 그리고 정보화 사회는 개인의 사생활과 익명성을 사라지게 할 수도 있다. 이 글은 4차 산업혁명의 양지와 음지를 동시에 살필 것을 주문한다.

〈우리는 오직 휴먼이었던 적이 없다: 포스트휴머니즘과 행위자 – 연결망 이론〉에서 김환석은 인공지능 기술과 사회가 만나는 방식을 네오 – 러다이즘, 포스트휴머니즘, 행위자 – 연결망 이론이라는 세 가지 관점에서 서술하고 있다. 네오 – 러다이즘은 인류와 세계를 파괴할 수 있는 새로운 기술의 폐기를 주장한다. 이에 반해 포스트휴머니즘, 특히 트랜스휴머니즘은 기계가 인간을 향상시킬 거라는 낙관적인 입장을 표명한다. 이 글은 과학기술을 향한 이런 두 입장에 대한 대안으로 행위자 – 연결망 이론을 제시한다. 이미 브뤼노 라투르Bruno Latour는 근대주의가 인간과 비인간의 이분법에 기초하고 있으면서도 과학기술에 의해 이러한 이분법에 위배되는 수많은 하이브리드를 양산하고 있다고 주장한 바 있다. 근대주의는 겉으로는 인간과 비인간을 구분하면서도 사실은 계속해서 인간과 비인간을 뒤섞는 작업을 하고 있었다는 것이다. 그래서 라투르는 이러한 이분법을 극복하는 비근대주의를 주장한다. 비근대주의는 인간과 비인간을 모두 일정한 행위력을 지닌 행위자로 간주함으로써, 세계가 본래 인간과 비인간이 연결된 하이브리드라고 주장한다. 이 글은 인간과 기계의 공존을 위한 새로운 지평을 그리고 있다.

〈인간이 된 기계와 기계가 된 신: 종교, 인공지능, 포스트휴머니즘〉에서 이창익은 인공지능의 도래가 초래하는 종교적 관념의 균열을 추적한다. 우리가 알고 있는 종교는 인간 개념과 이에 부합하는 신 개념 또는 초자연적 개념에 기초한 것이다. 따라서 인간 개념이 부서지기 시작하고 있다면, 이에 연결되는 신 개념이나 초자연적 개념 역시 붕괴될 수밖에 없을 것이다. 이 글은 '인간 이후'가 낳을 '종교 이후'와 '신 이후'의 문제를 논의하기 위한 기초적인 맥락을 만들려는 노력이다. 인공지능이라는 과학적 발전의 결과물에 종교라는 상상계를 덧칠하는 일은 자칫 '과학 신화' 또는 '과학 종교'로 내몰리기 쉬울 뿐만 아니라, 과학을 빙자한 새로운 종교적 종말론으로 비난받을 수도 있다. 그러나 과학은 사회 속에서 고립되어 존재한 적이 없다. 오히려 과학은 항상 종교적 상상력을 자극했고, 역으로 종교적 상상력의 자극을 받았다. 과학의 발전은 항상 새로운 형태의 종교성을 출현시키는 매개물이기도 했다.

〈휴먼 바디를 가진 포스트휴먼, 사이보그는 어떻게 탄생하는가〉에서 임소연은 포스트휴먼의 담론과 그 실재 사이의 틈을 드러내고자 한다. 메타포로 존재할 때 인간과 기계의 결합, 즉 사이보그는 젠더, 인종, 계급의 경계선을 전복시키는 혁명적인 무엇이다. 그러나 인공기관이나 보형물을 부착하고 살아가는 사람들의 실제 삶은 매우 다르다. 즉 인공기관을 부착하고 살아가는 사람들은 인공기관을 자아의 일부로 받아들이고 보통 사람들과 똑같은 삶을 살아갈 뿐 인간을 초월하거나 전혀 다른 인간이 되지 않는다는 것이다. 현실 속에서 사이보그는 포스트휴먼이 되지 않는다. 사이보그의 포스트바디는 지나치게 기계를 확대하고 인간을 축소시키지만, 실제로 기계와 결합할 때 인간은 그렇게 수동적인 존재로 머물지 않는다. 그러므로 우리는 인간의 몸에 들어오는 기계보다는 기계를 받아들이는 인간의 몸을 강조해야 한다. 즉 휴먼 바디에 대한 심도 있는 이해가 전제되어야만 포스트바디에 대한 논의도 의미가 있는 것이다.

〈포스트휴먼 시대, 비인간과 더불어 사는 인간에 대한 심리학적 조망〉에서 최원일은 인간이 로봇이나 인공지능 같은 비인간과 맺는 관계 양식이 인간 관계에 어떤 영향을 미칠 것인지에 대해 논의한다. 인간과 로봇의 관계는 인간을 위한 일방적인 관계를 전제하기 때문에, 인간이 로봇과의 관계에 익숙해질 때 이러한 경험은 오히려 성숙한 인간 관계를 저해할 수 있다. 인간들의 상호작용은 협력, 갈등, 배려, 공감 등의 과정을 수반하기 때문에 훨씬 더 많은 인지적, 심리적 자원을 필요로 하기 때문이다. 그러므로 로봇과의 관계는 인간 관계에 대한 왜곡된 신념을 품게 하여 성숙한 인간 관계를 저해할 수도 있는 것이다. 따라서 인간과 로봇의 관계는 조력자나 보호자의 관계가 아니라 동반자 관계로 발전할 필요가 있다. 마찬가지로 인간과 로봇이 어떤 신뢰 관계를 구축해야 하는지도 매우 중요한 문제다. 로봇과의 관계가 인간에게 어떤 영향을 미칠지, 인간과 로봇의 관계가 얼마나 다양한 형태로 표출될지 등에 대한 섬세한 분석이 요청되는 것이다.

〈알파고를 통해 본 인공지능, 인공신경망〉에서 황치옥은 알파고에서 사용된 인공신경망과 알고리즘을 소개한다. 그리고 과연 '인간과 같은' 인공지능의 출현이 가능한지에 대해 질문을 던진다. 인간의 기능이 육체적, 감성적, 정신적, 영적 기능으로 분할된다고 할 때, 인공지능이 다른 모든 인간 기능을 정복한다고 하더라도 인간의 영적 기능을 가질 수는 없기 때문이다. 이 글은 인간과 대결하는 인공지능을 강조하기보다는 인간의 육체, 감성, 지능을 보완하는 관점에서 인공지능을 개발해야 한다고 주장한다.

〈포스트휴머니즘의 사상사적인 이해: 휴머니즘과 신학의 사이에서〉에서 서보명은 신학과 사상사의 관점에서 포스트휴머니즘을 고찰하고 있다. 이 글은 포스트휴머니즘이 결국 서구 휴머니즘의 연장선상에 있으며, 통상적인 주장만큼 새롭지는 않다고 주장한다. 즉 인간의 초월과 종말에 대한 기대는 서구 역사에서 항상 지속했던 것이며, 포스트휴먼은 기계를 통한 초월과 종말을 주장하고 있다는 점에서만 다르다는 것이다. 그러므로 포스트휴머니즘은 휴머니즘의 폐해를 극복했다기보다 여전히 휴머니즘의 담론에 갇혀 있다. 특히 이 글은 포스트휴머니즘이 인간의 종언을 이야기하고 있을 뿐 우리가 어떤 인간이 되어야 하는가를 묻지 않고 있다는 점, 인간의 시대가 끝나고 있다고 선언할 뿐 우리가 어떤 세계를 꿈꾸어야 하는지를 이야기하지 않고 있다는 점을 지적한다. 결국 우리가 진짜 원하는 세계가 어떤 것인지에 대한 근본적인 논의가 필요하다는 것이다.

〈슈퍼 인공지능 신화를 넘어서: 지능, 싱귤래리티[특이점], 그리고 과학 미신〉에서 이용주는 슈퍼 인공지능 담론, 특히 레이 커즈와일Ray Kurzweil의 '특이점' 이론과 관련하여 과학이 신화, 종교, 미신으로 변모하는 지점을 상세히 고찰한다. 나아가 이 글은 커즈와일이 무어의 법칙을 남용하고 오용할 뿐만 아니라, 이를 진화의 법칙으로 변모시키고 있다는 점을 비판하고 있다. 또한 이 글은 슈퍼 인공지능과 특이점 이론이 인간 지능 개념을 협소한 연산능력으로 환원할 때만, 그리고 인간의 이성과 지성을 축소하고 왜곡할 때만 가능한 것이라고 주장한다. 이 글은 이러한 과학 신화, 과학 미신에서 벗어나려면 과학의 가능성과 한계를 공정하게 평가하는 안목이 필요하며. 이를 위해 종교개혁에 비견되는 과학개혁이 필요하다고 역설한다. 이 글은 과학 신화의 문제를 극복하기 위해 다시 우리가 과학에서 사라진 인간으로 돌아갈 필요가 있다고 주장한다.

아마도 제4차 산업혁명, 포스트휴머니즘, 인공지능은 모두 과학적인 종말론의 혐의에서 자유롭지 않다. 그리고 이 책에 실린 글들은 대부분 포스트휴먼이 협소한 휴먼 개념의 산물이라고 주장하고 있다. 즉 인간이라는 다채롭고 모호한 존재를 의도적으로 망각하고 인간의 일부 요소를 의도적으로 과장하고 확대하는 근대적인 인간 개념의 연장선상에서 출현한 것이 포스트휴먼이라는 것이다. 그러므로 포스트휴먼이 초월하는 휴먼은 살아 숨쉬는 휴먼이 아니라 근대가 탄생시킨 개념적인 휴먼일 뿐이다. 포스트휴먼은 인간이 아니라 인간 개념을 대체하고 초월하고 있다고 말할 수도 있다. 그렇다면 우리에게 남은 문제는 기계에서 인간으로 다시 시선을 옮기는 일이다. 피부라는 신체적인 경계선에 둘러싸인 고립된 인간이 아니라 세상과 연결된 채 끊임없이 몸 밖으로 스며 나오는 열린 인간을 이야기해야 한다. 본래적으로 인간은 인간 내부에만 갇혀 있는 존재가 아니라, 인간 내부와 외부 사이에 놓인 존재이기 때문이다.

이 책은 광주과학기술원GIST 포스트휴먼 융합학문연구팀이 여러 해 동안 지속해온 연구의 성과를 공유하기 위해 기획한 것이다. 굳이 내부자가 아닌 외부자가 이 책의 서문을 쓰게 된 것은 현재의 글들이 지닌 숨은 연관성을 외부자만이 누릴 수 있는 자유로운 시선 속에서 찾아 달라는 내부의 요청이 있었기 때문이다. 서로 다른 학문적, 정신적, 이론적 지도를 지닌 사람들이 포스트휴먼이라는 현상을 둘러싸고 발언한 내용들이 유기적인 통일성을 취하기는 쉽지 않다. 그럼에도 불구하고 한결같이 이 책의 필자들은 제4차 산업혁명이나 포스트휴먼을 둘러싼 학문적, 사회적 유행에서 한 걸음 떨어진 채, 포스트휴먼에 관한 대중적 담론의 표층을 투과하며, "인간이란 무엇인가?"에 대해 진지하게 성찰하고 있다. 독자들이 이 책을 통해 포스트휴먼이라는 거울 속에서 우리가 잃어버린 인간을 되찾기를 기대해본다.

2017년 12월
이 창 익

목차

서문

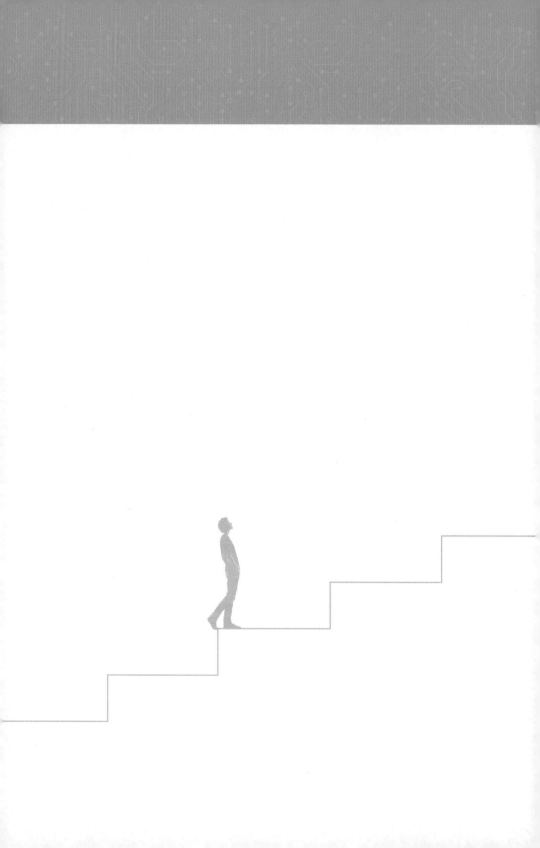

제 1 부
포스트휴머니즘의 이해

제 1 장

4차 산업혁명에 대한
성찰적 접근

장진호
(광주과학기술원 기초교육학부)

4차 산업혁명에 대한
성찰적 접근

장진호

들어가는 말

현재 '4차 산업혁명'에 대한 논의들은 국내에서 더 이상 새롭지 않을 정도로 많이 쏟아져 나오고 있다. 우선 이 용어가 이처럼 활발한 공적 논의의 대상으로 떠오르게 된 것은, 2016년 1월 말 나흘간 스위스에서 열린 세계경제포럼WEF, 즉 다보스포럼의 주제가 '4차 산업혁명 이해하기Mastering the 4th Industrial Revolution'였고, 그 포럼의 창립자이자 오랜 주관자인 경영학자 클라우스 슈밥Klaus Schwab이 이 개념에 대해 정의와 해설을 덧붙인 책이 국내에서 출간되었다는 사실과 무관하지 않을 것이다.[1] 이와 더불어 이 개념이 보다 실감 있게 대중적 차원에서 국내에 수용된 계기로는, 같은 해 3월 구글의 인공지능 알파고와 바둑기사 이세돌 9단 간에 펼쳐진 인간과 인공지능 간의 '세기의 바둑 대결'에서 이세돌 9단이 패배를 당한 소위 '알파고 쇼크'를 들 수 있다. 하지만 이 개념이 우리 사회에서 보다 본격적으로 확산되고 일종의 '4차 산업혁명 열풍_{fever}'이 된 것은 특히 2016년 중반 이후 후반에 이르는 기간 동안으로 보인다. 이 시기는 박근혜 정부에서 정책 강조점이, 정권 초기에 제시되었으나 그 의미가 확실하게 일반에게 다가오지 않던 '창조경제'에서 보다 내용이 구체적이고 설명 가능한 '4차 산업혁명'으로 옮겨가던 시기와도 겹친다.

2017년 초까지 이 개념에 대한 국내의 논의들이 주로 4차 산업혁명의 내용에 대한 이해 및 국가와 민간 영역에서의 대응과 준비 등에 대한 것이었다면, 2017년 말인 최근에는 4차 산업혁명에 대한 국내 논의의 성격 자체에 대한 비판 혹은 성찰이나, 4차 산업혁명에 대한 사회적 관심과 논의의 '과열 양상'을 우려하는 목소리들도 들려오고 있다.[2]

이처럼 4차 산업혁명은 양극단에서 어떤 이들에게는 현실의 문제를 해결하고 한계를 넘어서게 해줄 유토피아적 전망으로 간주되어 열광적으로 수용되는 대상이지만, 다른 이들에게는 현실과 괴리된 완전한 허구나 심지어 사기극, 혹은 신기루와 같은 것으로 폄하되고 있기도 하다.[3] 이처럼 맹

1) 클라우스 슈밥, 《클라우스 슈밥의 제4차 산업혁명》, 송경진 옮김, 새로운현재, 2016.

2) 이와 같은 흐름에서 최근 다음과 같은 비판적 단행본이 나오기도 하였다. 손화철 외, 《4차 산업혁명이라는 거짓말》, 북바이북, 2017.

3) 전자와 같이 단절적인 미래에 대해 다소 기술 유토피아적이고 낙관적인 전망에 선 논의로는 다음의 저서가 대표적이다. 레이 커즈와일, 《특이점이 온다》, 김명남·장시형 옮김, 김영사, 2007[2006].

목적 열광이나 쉬운 폄하를 벗어나, 구체성과 성찰적인 거리를 확보하고 이 새로운 개념/현상을 보고 전망하는 일이 쉽거나 만족스럽지는 않을 것이다. 그럼에도 불구하고 이러한 일이 무의미하지 않을 것이라는 기대로 '4차 산업혁명에 대한 성찰적 접근'을 여기에서 시도하고자 한다.[4] 이는 기술이 가져오는 사회변동의 현실성에 대한 인정과 기술의 사회적 제도화에 있어서 다양한 경로의 선택 가능성에 대한 믿음 위에 기반을 두고 있다.

산업사회의 최근 변화에 대한 논의들

4차 산업혁명에 대한 전형적인 논의에 따르면 한편으로는 인공지능, 지능형 로봇, 빅데이터, 클라우드, 사물인터넷, 자율주행자동차, 드론, 가상/증강현실, 가상물리시스템cyber-physical system: CPS, 3D 프린터, 합성생물학, 나노기술, 블록체인, 신재생에너지 및 스마트그리드 등과 같은 신기술이, 그리고 다른 한편으로는 우버나 에어비앤비로 대표되는 소위 '공유경제sharing economy'가 현대 산업사회를 변화시키고 있다.

이러한 현재의 변화가 왜 새로운 '산업혁명'과 연관되는가에 대한 논의들은 인류사의 연속과 단절에 대한 이해로부터 출발한다. 그런데 이와 같이 동시대의 성격에 대한 규정이 산업사적 차원에서 시도되고 이에 대한 대중적인 이해가 확산된 것이 '4차 산업혁명'에 대한 최근 논의에서 처음

---

4) 여기서 '성찰'이라는 작업에는 항상 '대상에 대한 거리 유지'가 전제됨을 의식할 필요가 있다. 하지만 이러한 성찰이 전제하는 '거리 두기'나 '비판'이 필연적으로 대상에 대한 '쉬운 배제'나 '부정적 낙인'과 연결될 이유는 없다.

있었던 일은 아니다. 이보다 앞서 가장 잘 알려진 것으로는 정보혁명, 지식사회 혹은 서비스경제와 관련된 '탈산업사회post-industrial society'나 '제3의 물결Third Wave'에 대한 1970년대와 1980년대 초의 사회학적이고 미래학적인 논의들을 들 수 있다. 이 중 가장 대표적인 것은 1970년대 초 탈산업사회론을 주창한 미국의 사회학자 다니엘 벨Daniel Bell의 논의, 그리고 미래학자 앨빈 토플러Alvin Toffler의 저서 《제3의 물결》(1980)에서 전개된 논의이다. 특히 더 대중적으로 알려진 토플러에 따르면, 인류는 약 1만 년 전의 신석기 농업혁명(제1의 물결) 이후 오랜 기간 이어져 온 농업사회로부터 18세기 말의 산업혁명(제2의 물결)을 거치면서 공업사회 혹은 산업사회로 진입한 이후, 1950년대에 선진국 중 많은 나라들이 소위 '제3의 물결', 즉 정보혁명을 거치면서 정보사회, 지식사회 혹은 서비스사회에 진입하였다. 이 논의에서 이 시기에 일어난 산업 및 사회구조상의 단절적인 변화는 과학기술의 발전에 기반을 둔 지식정보화, 그리고 제조업에서 서비스경제로의 전환 등이다.[5]

하지만 지식정보사회, 서비스경제에 대한 이런 초기의 논의들은 아직 인터넷 시대가 본격적으로 시작되기 이전의 것이었다. 그리고 1990년대에 와서 드디어 '인터넷 시대' 혹은 '디지털 시대'가 도래했음을 선도적으로 알린 가장 대중적인 논의로는, 1985년에 MIT의 교수로서 MIT미디어랩을 설립한 컴퓨터공학자 니콜라스 네그로폰테Nicholas Negroponte의 《디지털이다》(1995)와 마이크로소프트사의 설립자인 빌 게이츠Bill Gates의 《미래로 가

---

5) 다니엘 벨, 《탈산업사회의 도래》, 박형신 · 김원동 옮김, 아카넷, 2006[1973]; 앨빈 토플러, 《제3의 물결》, 김진욱 옮김, 범우사, 1992[1980].

는 길》(1995)이 있다.[6] 또한 2000년에 들어설 무렵 거품이 꺼지기는 했지만, 1990년대 말 정보통신기술 관련 벤처 창업 및 투자 열풍이 국내를 비롯해 세계적으로 일어나면서, 이에 편승해 기술적 혁신으로 인해 고성장, 저물가, 저실업이 지속되고 경제순환이 사라졌다고 주장하는 '신경제new economy'의 도래에 대한 논의나 '지식경제knowledge economy'라는 용어가 국제기구 및 언론에서 유행하기도 하였다.[7]

1990년대 이후 인터넷 혁명 및 정보통신기술 분야의 부상은 현재 종종 '3차 산업혁명'으로 일컬어지기도 한다. 잘 알려진 미국의 미래학 저술가 제레미 리프킨Jeremy Rifkin은 이 용어를 통해 1990년대 중후반 이후의 현재까지의 변화를 논의하는데, 이는 인터넷 등 새로운 정보통신기술, 그리고 전기를 생산하는 새로운 재생가능 에너지 체제가 결합된 근본적인 경제상의 변화를 가리킨다.[8] 하지만 앞서 언급한 바와 같이 2016년 초 다보스포럼에서 '4차 산업혁명'을 화두로 제시한 클라우스 슈밥 등은 '1960년대부터

---

6) 니콜라스 네그로폰테, 《디지털이다》, 백욱인 옮김, 커뮤니케이션북스, 1999[1995]; 빌 게이츠, 《미래로 가는 길》, 이규행 옮김, 삼성, 1995. 전자는 저자의 기술 유토피아적인 면모를 이후 등장한 레이 커즈와일의 저서 《특이점이 온다》에 앞서서 보여주고 있으며, 후자는 기술 트렌드의 정확한 미래 예측력으로 인해 현재 'IT업계의 예언서'로까지 일컬어지고 있다.

7) 국내에 소개된 대표적인 신경제론자의 논의로는 마이클 만델, 《인터넷 공황》, 이강국 옮김, 이후, 2001을 참조하라. 신경제론에 대한 비판적 논의로는 더그 헨우드, 《신경제 이후》, 이강국 옮김, 필맥, 2004를 참조하라. '지식경제'라는 용어를 가장 대중화시킨 논자는 경영학의 구루 중 한 명으로 언급되는 피터 드러커이다. 그는 이미 1960년대에 출간된 자신의 저서들에서 이 용어를 사용한 바 있는데, 이 용어의 세계적 확산은 특히 세계화와 인터넷 등 정보기술의 부상으로 특징지어지는 1990년대 이후 경제개발협력기구(OECD)나 세계은행(World Bank) 또는 국제통화기금(IMF)과 같은 국제기구의 활발한 보고서 출간과 더불어 일어났다. 드러커는 이 개념을 지식집약적인 생산과 서비스, 그리고 육체노동자와 대비되는 지식노동자의 중요성과 관련하여 사용했는데, 국내에서도 1990년대 말 국가적 차원에서 노동력의 혁신을 강조하며 '신지식인' 선발을 정부가 주도하는 일이 있기도 했다. 이는 특히 1997년 국내에서 외환금융위기 이후 사회적 전환의 필요를 반영하며 나타난 현상이기도 했다.

8) 제레미 리프킨, 《3차 산업혁명》, 안진환 옮김, 민음사, 2012. 리프킨은 최근 슈밥 등에 의해 전파된 '4차 산업혁명'이라는 개념을 현 상황의 이해에 적용하는 것에 반대하고 이 개념의 사용을 비판하며, 자신이 사용한 '3차 산업혁명'이 여전히 유효함을 최근 국내 언론과의 인터뷰에서 주장하고 있다. 〈자동화로 인한 실업 두려워 말라, 인간은 다음 단계로 발 내딛는 것〉, 《중앙일보》, 2017년 9월 12일 자.

1990년대까지의 국면'에서 일어난 변화들을 '3차 산업혁명'으로 가리키며 현재에 진행 중인 4차 산업혁명과 구별하고 있다.

요컨대, 초창기의 탈산업사회론자(벨)나 '제3의 물결'을 주창한 정보사회론자(토플러), 그리고 이후 등장한 3차 산업혁명론자(리프킨) 혹은 4차 산업혁명론자(슈밥) 모두 18세기 후반에 시작된 산업혁명 이후 등장한 산업사회가 자신들 당대에서 모종의 변화를 경험하고 있다는 사실을 지적하며 분석하고 있다는 점에서는 일치된 면모를 보이고 있다. 초기 분석가인 벨이나 토플러는 주로 1950년대와 1960년대 즈음에 시작된 경제, 산업구조 및 노동과 생활의 성격에서 일어난 새롭고 거시적인 변화를 '정보와 지식, 서비스'를 중심으로 개념화하고 특징지었다. 하지만 그들의 분석은 인터넷 혁명 이전의 분석이라는 점에서 보다 최근의 논의들과는 구별된다.

인터넷 혁명 이후 최근의 논의에서 리프킨은 1990년대 이후부터 시작되는 '에너지 – 인터넷 혁명'으로 특징지어지는 현재의 국면을 3차 산업혁명의 진행으로 보는 반면, 슈밥은 3차 산업혁명을 1960년대에 일어난 반도체와 메인프레임 컴퓨팅, 1970년대 퍼스널컴퓨터의 발달, 1990년대 인터넷의 발달이 주도한 30여 년간의 '컴퓨터 혁명' 혹은 '디지털 혁명'으로 한정 짓는다. 그에 따르면 4차 산업혁명은 21세기의 시작과 동시에 출현한 유비쿼터스 모바일 인터넷, 더 저렴해지고 작고 강력해진 센서, 인공지능과 기계학습에 의해 특징지어지는 것으로 3차 산업혁명과 구별된다.[9]

양자의 차이는 이러한 최근의 변화를 규정하는 용어상의 차이만이 아니다. 양자 간 논의의 유사점(가령 최근의 사회 변화를 주도하는 정보통신기술상의

---

9) 슈밥, 앞의 책, 25쪽.

혁신, 공유경제 등 소유 형태의 전환에 주목하는 점 등)에도 불구하고, 리프킨은 현재 변화에서 재생가능 에너지 체제로의 전환과 이에 연결되는 사회경제 구조의 수평적 전환을 보다 전면에 놓고 논의하는 반면, 슈밥은 에너지 체제의 전환에 대해서는 상대적으로 적은 비중으로 논의하고, 인공지능과 로봇, 사물인터넷, 자율주행자동차, 블록체인, 빅데이터, 3D 프린터, 맞춤형 아기, 스마트 시티와 같이 새로운 첨단과학기술이 관계되는 영역과 현실의 등장 및 이 기술들의 긍정적이거나 부정적인 효과의 가능성 등에 논의의 초점을 맞추고 있다. 슈밥은 현재 상황과 관련하여 인터넷 및 정보통신기술의 초기 국면과 구별되는 새로운 '지능형 기술smart technology'의 도입을 강조하는 편이다.

변화하는 사회의 성격과 변화의 동력

4차 산업혁명론에 따르면 현재의 사회변화를 일컫는 핵심 용어는 기술적 융합과 초연결성 등에 기반을 둔 '지능정보화smart informatization'라고 할 수 있다. 이는 기존의 정보통신기술, 가령 인터넷과 모바일 기술을 인공지능, 사물인터넷, 빅데이터, 클라우드 기술 등과 결합하여 지능화하고 고도화하는 동시에 '포스트휴먼화'하는 것이다.[10] 이에 따라 기술이 적용되는 생산 및 서비스의 이용과 소비에 있어서 보다 개별화된 맞춤화customization가 확산되고, 인간과 기계의 상호작용이 활성화되며, 보다 자율적인 인공지능을 갖춘 기계가 등장함으로써 그간 기술 및 사회 구성의 주체로서 세계의 주인 역할을 맡아오던 인간의 지위가 보다 상대화될 수 있다. 특히 인간의 지위가 상대화된다는 것은 한편으로는 세상에서 인간의 중심적 지위가 하락한다는 것을 의미할 수도 있지만, 다른 한편으로는 세상에서 인간이 보유하는 것으로 인식해오던 이와 같은 지위에 따르는 '존재론적 부담'이 보다 경감될 수 있는 가능성을 의미하기도 한다. 이는 인간의 지적이고 육체적인 능력에 기술적인 보조가 더해져 가능해질 수 있다.

통상적인 기술 유토피아적 전망의 논의들에서 보이듯 고도 지능정보사회를 구성하는 세세한 미래 기술들의 사례 제시를 넘어서, 이러한 변화들이 지향하는 보다 일반적이고 거시적인 추세는 이처럼 생산/서비스의 개별 맞춤화, 인간과 기계의 상호작용 증대, 세계 중심으로서 인간 지위의 상대화로 요약해볼 수 있다.

그런데 새로운 혁명으로까지 언급되는 이러한 거대한 변화와 관련해서

---

10) 여기서 '포스트휴먼(post-human)'이라 함은, 한편으로 인간과 세계의 관계 속에서, 그리고 다른 한편으로는 인간과 기술의 관계 속에서 이해될 수 있다. 르네상스, 과학혁명, 계몽주의를 거치며 인간은 우주에서 중심적 지위를 차지하며 근대 세계를 창조해왔다. 이러한 이성적이고 계몽된 인간의 세계중심적 지위를 지지하고 정당화하는 근대적 이념이 휴머니즘이라면, 오늘날 인간은 세계 속에서 다른 비인간 존재들과의 관계 속에서 중심적 지위를 자신하기 어렵게 된 상황에 도달했다. 인간이 중심이 된 근대 세계는 오히려 인간에 의한 지구의 종말을 우려할 정도로 위기에 놓이게 된 것이다. 이에 대한 고전적 분석은 테오도르 W. 아도르노 · M. 호르크하이머, 《계몽의 변증법》, 김유동 옮김, 문학과지성사, 2001[1944]을 참조하라. 그리고 최근의 이론적 발전으로는 브뤼노 라투르, 《우리는 결코 근대인이었던 적이 없다》, 홍철기 옮김, 갈무리, 2009를 참조하라. 다음으로, 인간과 기술의 관계에서 '포스트휴먼'은 마찬가지로 인간의 기술에 대한 지배적 지위나 통제력이 약화되거나 상대화되는 상황, 혹은 순전히 자연적이기만 한 인간의 존재적 특성이 (인공지능과 로봇공학, 유전공학 등의 발전에 의해) 기술과 융합이 이루어짐으로써 점차 불가능해지는 상황을 가리킨다. 신상규, 《호모 사피엔스의 미래: 포스트휴먼과 트랜스휴머니즘》, 아카넷, 2014의 1장을 참조하라.

잘 제기되지 않은 질문이 있다. 이것은 변화의 동력과 관련된 질문으로서, 정확히 말하자면 '과연 누가 혹은 무엇이 이러한 변화를 이끌어가는가?' 하는 것이다. 앞의 세 가지 추세를 포함하는 이러한 변화는 마치 신기술에 의해 자동적이고 필연적으로 도래하는 것처럼 여겨지는 경향이 있으나(기술결정론), 기술의 확산 및 혁신의 자극, 그리고 특정 사회변동에 있어서 그 방향에 영향을 미치는 제도적 구성 요인들을 보다 면밀하게 살펴보면, (현재의 4차 산업혁명에 대한 일반화된 논의와 같이) 이러한 변화와 추세는 여론 주도적 지식인과 언론, 그리고 국내외 각종 회합과 포럼, 정부기구, 글로벌 기업 및 연구/교육기관들이 주도하고 있음을 알 수 있다. 가령《특이점이 온다》를 저술한 레이 커즈와일Ray Kurzweil과 같은 이는 기술 유토피아적 미래에 대한 가장 열렬하고 유명한 논자이자 실행가이다. 그리고 2016년 초에 세계 각국 여러 분야의 엘리트들이 주로 모이는 '다보스포럼'이 4차 산업혁명을 중심 주제로 하고 이 사실이 언론 등에 의해 보도되고 언급된 것 역시 이러한 미래 사회 변화에 관한 보다 일반적인 전망 형성에 큰 영향을 미쳤다. 또 앞에서 언급한 것처럼 같은 해에 국내에서 있었던 알파고 대 이세돌 기사의 바둑 대결과 같은 이벤트는 구글이라는 거대한 글로벌 기업에 의해 주도되었으며, 이러한 행사의 충격은 현 단계 인공지능 기술 변화의 급진성에 대한 대중적 이해를 제고하고 확산시켜준 측면이 있다. 또한 현재의 변화를 실질적으로 뒷받침하는 것은 이러한 논자 및 흥행사격인 지식인과 미디어, 그리고 글로벌 기업만이 아니라, 대학이나 기타 연구기관에서 과학기술 연구개발에 종사하는 과학자와 공학자들이다. 각국 정부와 정치권 역시 기술적으로 앞서기 위한 국가 간 경쟁 속에서 시대의 흐름에 뒤처지지 않기 위해, 이와 같은 미래사회 전망과 논의를 수용하고 기술적 변혁을 주도적으로 지원하고 있다.

하지만 한국 사회의 초기 산업화와 근대화 과정이 그러했던 것처럼, 이러한 최근의 거대하고 새로운 사회변화가 충분한 성찰적 논의 없이 일방적이고 단기간에 돌진주의적으로 추진되고 일어난다면, 이는 위험의 가능성을 오히려 높일 수 있다.[11] 미래사회 변동에 대해 성찰적 전망을 제시하는 시민사회와 지식사회의 역량이 좀 더 위험이 적은 발전경로를 정교하게 모색하는 데 도움을 줄 수 있을 것이다.

미래 변화의 가능성들: 정치 · 경제 · 고용

앞에서 제시한 것과 같은 거대한 변화의 추세와 별개로 사회를 구성하는 영역별로 발생할 수 있는 변화는 여러 방향의 가능성을 갖는다. 여기에서는 4차 산업혁명으로 규정되는 현재 사회변동의 흐름 속에서 각 영역별로 발생할 수 있는 다양한 가능성을 탐색해보고자 한다.

먼저 정치 영역에서 이러한 미래사회의 도래 전망은 양면적 가능성을 갖는다. 이는 민의民意가 중앙 차원이든 지방 차원이든 권력의 중심부에 더

---

11) 컬트화된 '특이점주의(singularitarianism)'와 같은 기술 유토피아주의와 반대편에 있는, 현재 4차 산업혁명의 핵심을 구성하는 기술들이 가져올 수 있는 다양한 효과에 대한 보다 신중한 논의들로는 다음을 참조할 수 있다. 김동욱 외, 《스마트 시대의 위험과 대응방안》, 나남, 2015; 마틴 포드, 《로봇의 부상》, 이창희 옮김, 세종서적, 2016; 재런 러니어, 《미래는 누구의 것인가》, 열린책들, 2016; 제임스 배럿, 《파이널 인벤션》, 정지훈 옮김, 동아시아, 2017; 닉 보스트롬, 《슈퍼인텔리전스》, 조성진 옮김, 까치, 2017; 캐시 오닐, 《대량살상 수학무기》, 김정혜 옮김, 흐름출판, 2017; 이광석, 《데이터 사회 비판》, 책읽는수요일, 2017. 보다 이론화된 차원에서 《위험사회》(홍성태 옮김, 새물결, 1999[1986])의 저자로 얼마 전 작고한 독일의 사회학자 울리히 벡은 위험사회에 대한 대안으로 '성찰적 근대화(reflexive modernization)'를 제시하기도 했다. 이는 성찰적 과학발전을 통한 제도의 위험 창출 가능성에 대한 인지, 그리고 의회정치를 넘어서 생활정치를 포함한 비판적 공론장의 형성과 관련된다.

잘 전달되어 쌍방 맞춤형 소통이 활성화될 수도 있고, 대중이 정보를 독점한 권력엘리트에 의해 감시되고 조작에 더 잘 노출될 수도 있다는 두 가지 상반된 가능성이다. 앞의 논의는 전자정부나 2010년 소위 '아랍의 봄'에서 모바일 기기나 SNS가 수행한 역할로 특히 주목을 받았던 '디지털 민주주의digital democracy 혹은 Internet democracy'에 대한 논의와 관련되고, 뒤의 논의는 '감시사회surveillance society'에 대한 논의와 관련된다. 이는 지능정보화를 어떻게 정치적으로 안전하게, 그리고 민주주의 친화적으로 설계할 것인가의 문제를 제기한다. 권력을 가진 소수가 정보를 독점하여 이를 사회구성원의 감시에 사용하거나, 아니면 정보를 조작할 수 있는 가능성을 끊임없이 방지할 안전장치를 제도적으로 구축해야 할 것이다.

경제의 영역에서도 마찬가지로 신기술이 경제적 기득권 세력을 상당 부분 해체할 수 있거나, 아니면 이와 달리 기득권을 고착화하고 강화할 수 있는 상반된 가능성이 존재한다. 가령 미국에서 현재 시가총액 최상위권에 들어가는 기업들로서 역사가 그리 길지는 않지만 기술적이고 사회적인 변화를 선도하는 기업들이 새롭게 다수 등장하였다(애플, 구글, 아마존, 페이스북, 테슬라 등). 이는 미국사회의 혁신 능력을 상당 부분 반영하는 것인데, 이에 반해서 국내에서는 네이버를 제외하고는 수십 년간 한국 경제를 지배해온 종래의 대기업들이 여전히 국내에서 시가총액 규모 최상위 기업

군을 구성하고 있다(삼성전자, 현대자동차, SK하이닉스, 한전, 포스코 등).[12] 즉,
국내의 기업생태계에서는 새로운 혁신적 기업들이 태어나서 크게 성장하
기보다는, 오히려 기존의 대기업들이 혁신의 에너지와 자원을 빨아들이
며 종래의 지위를 고수하거나 확대하고 있는 것으로 보인다. 이러한 기업
생태계는 심지어 일본 및 중국과도 크게 차이가 난다. 일본에서 소프트뱅
크와 같은 4차 산업혁명 친화적 기업의 새로운 부상이나, 중국에서 바이
두, 알리바바, 텐센트(소위 'BAT')와 같은 거대 신흥기업들의 등장으로 특징
지어지는 혁신적 기업 생태계가 국내에서 만들어지는 데는 제약이 크다는
점을 보여주고 있다.

　미국이나 중국과 비교해서 '내수시장의 제약'과 같은 문제도 있지만, 국
내에서는 기존 재벌계 대기업이 혁신적 신흥 기업의 성장에 오히려 제약
을 가하는 '기업 생태계상의 불공정성과 왜곡' 그리고 '국내 신규 창업기
업의 글로벌 성장 역량의 내부적 한계' 등이 복합적으로 얽힌 탓으로 보인
다. 기술기반 신흥기업의 성장 요인이 되는 투자자본, 기술 연구개발 능
력, 시장 수요, 제품화와 대량생산 능력, 조직관리 및 마케팅 등의 적절한
결합이 필요하다. 그런데 기존의 자본력을 가진 대기업이 전망이 좋아 보
이는 신흥기업의 분야로 쉽게 진출하거나 기술을 탈취하는 문제가 국내에

---

12) 물론 구글, 페이스북, 아마존, 애플 등이 혁신적이고 새로운 산업혁명을 주도하며 기업의 역사가 상대적으로
짧다는 점에서 과거의 경제적 기득권과 구별될 수는 있으나, 이들 역시 새로운 기득권을 구성하고 있음을 무
시할 수는 없다. 특히 이는 소위 '플랫폼 경제'를 주도하는 것으로 특징지어지는 이들 기업이 이용자가 무상
으로 제공하는 대량의 정보 데이터를 서버에 끊임없이 저장하고 가공해서 상업화하여 큰 수익을 올리는 구
조와 무관하지 않다. 컴퓨터과학자 출신인 러니어는 이러한 기업들을 '세이렌 서버'로 부르며, 대안으로 이용
자 개인들이 자신들의 기여에 대해 보상받을 수 있는 '인본주의 정보경제'를 주창한다. '세이렌 서버'라는 명
칭은 선원들을 꾀어 배를 난파시키는 그리스 신화의 존재인 세이런에서 따온 것으로, 이런 기업들이 이용자
들의 무상 기여에 기반을 둔 '공짜 정보경제'를 만듦으로써 다른 기업들의 수익기반과 산업을 무너뜨리게 되
는 측면과 관련된다. 재런 러니어, 앞의 책 참조.

서 종종 발생하고 있다.[13] 국내 재벌계 대기업들은 후발 산업화의 경로를 밟으며 국내외 경쟁에서 생존과 성장을 위해 진화한 결과 등이 복합적으로 작용하여, 비연관 다각화의 정도가 큰 복합기업conglomerates 적 성격을 갖고 있기에 새로운 분야로의 진출이 비교적 용이하고, 여기에 더해 이들의 불공정한 관행에 대한 정부의 솜방망이 규제 등이 결합되어, 새로운 분야에서 먼저 혁신을 일으키며 막 부상하고 있는 신흥기업의 성장을 제약한 측면이 있는 것이다.

일과 직장의 변화와 관련해서도 다음과 같은 전망이 가능하다. 기술적으로는 1차 산업 부문인 농림어업 및 채굴산업에서 맞춤형 지능기술 서비스나 편의성이 증가할 것이다. 스마트 팜(농장), 스마트 양식장, 로봇을 이용한 채굴산업 등은 현재 국내에서 1차 산업 종사자(농민, 어민 등)의 지속적인 노령화와 규모 감소가 사회적으로 초래할 문제를 해결하는 데 도움을 줄 수 있을 것이다.

2차 산업 부문 중 제조업에서는 잘 알려진 것처럼 공장지능자동화, 즉 스마트 팩토리가 확산될 수 있다. 이는 기업의 경쟁력과 생산성을 제고하는 데 이용될 수 있을 것이다. 그리고 노동비용의 부담으로 인해 저임금 국가로 이전한 공장들을 다시 국내로 불러들일 수도 있다. 하지만 이는 그간 좋은 일자리의 핵심 부문인 제조업 부문의 국내 고용 창출 효과가 이제

---

13) 가령 "대기업에 (벤처기업이) 기술을 뺏겨도 소송하면 고작 1000만 원 받는 데다, 대기업은 형사처벌도 안 받는다", 〈[리셋 코리아] 대기업에 기술 빼앗긴 중소기업에 직접 고발권 주자〉, 《중앙일보》, 2017년 4월 24일 자. 또 다른 관련 기사로는 〈여전한 대기업 기술탈취, 맞서 싸울 방법이 없다〉, 《한겨레》, 2017년 10월 15일 자.

는 예전과 같지 않을 수 있음을 말하는 것이다.[14] 건설업에서는 로봇과 인공지능의 이용이 두드러질 것이다. 전기 및 상하수도와 같은 소위 네트워크 인프라 산업은 스마트 그리드(에너지 효율을 최적화하는 차세대 지능형 전력망)의 이용 및 사물인터넷 센서의 이용 등으로 외부 불경제 효과(경제활동이 타인에게 의도치 않은 불이익을 주는 행위)를 낳는 낭비와 오염을 줄이고 최적화된 에너지와 자원의 소비가 가능해질 수 있다.

3차 산업 부문인 서비스업 중 특히 금융, 보험, 교육, 법률 서비스 역시 인공지능과 로봇 등의 지원으로 투자, 교육방식, 법률서비스 공급에서 새로운 양상이 나타날 것이다. 인공지능은 현재 금융투자 알고리즘의 고도화를 목표로 개발되고 있으며, 교육에서는 실시간 동영상을 통한 무크 MOOCs 방식의 확산을 통해 기존 교육제도는 큰 변화의 압력에 처하게 될 것이다.[15] 법률서비스에 있어서도 판례 조사나 증거 수집 등에 있어서 인공지능이 차지하는 비중이 높아질 수 있다. 의료서비스 역시 로봇(다빈치)과 인공지능(왓슨)의 이용은 현재형으로 진행 중이다.

숙박, 유통, 운송, 부동산업 및 식음료 제공 서비스에서도 서비스의 다양화, 맞춤화 및 생산성/효율성 제고가 일어날 수 있는데, 이는 역시 서비스 종사자 규모의 축소 혹은 재편과 맞물려 일어날 것이다. 우버나 에어비앤비와 같은 서비스 제공방식의 큰 변화 역시 단순한 기술적 변화(무인 식

---

14) 가령 최근 동남아시아에 있다가 23년 만에 독일에서 스포츠화를 생산하게 된 아디다스 스피드 팩토리는 100퍼센트 로봇자동화 공정을 갖추어 기존에 600명이 할 일을 단 10명이 하고 있는 것으로 알려져 있다. 〈'무인 공장' 덕에…23년 만에 독일 돌아온 아디다스〉, 《한국경제》, 2016년 10월 17일 자.

15) 포드는 무크의 등장과 관련된 변동을 심도 있게 논의할 뿐만 아니라, 인공지능이 장착된 기계에 의한 논술 문제 채점을 포함하는 일들이 야기할 수 있는 심각한 사태의 가능성(가령 "학생들이 기계가 좋아할 만한 글을 쓰도록 교육받을 가능성")을 논의에 포함하고 있다. 마틴 포드, 앞의 책, 5장 참조.

당, 무인 숙박업소, 자율주행자동차)에 못지않은 변화요인으로 작용할 것이다. 소위 '공유경제'는 소비자 측면에서 편의성을 크게 증대시키는 측면이 있을 수 있지만, 다른 한편으로 기존의 사업자와 노동자의 일자리와 생계를 크게 위협하는 측면이 있음도 무시할 수 없다.[16]

산업적인 생태계와 기업의 새로운 혁신 및 전환과 관련하여 전망이 낙관적인 것만은 아니다. 특히 인공지능이나 로봇과 같은 영역에서의 새로운 기술 변화가 가져올 수 있는 일자리 상실과 경제적 격차 확대에 관한 전망과 우려는, 과연 이러한 사회적 변화가 왜 필수적이며 노동을 통해 생계를 이어가는 사회구성원 대다수가 이 변화에 대해 왜 적극적이어야 하는지에 대한 의문을 제기하게 할 수도 있다. 이러한 현실에서 딜레마적인 두 가지 상황이 제시될 수 있다. 하나는 방금 우려를 표한 것과 같이 새로운 혁신적 변화를 적극적으로 시도하는 경우 혁신을 따라가지 못하거나 그에 부적합한 다수의 노동력이 일자리를 잃을 수 있는 상황이다(상황 A: 혁신 주도적 경제성장 + 혁신의 후유증 발생).

다른 한 가지 상황은 기술과 조직 등에 있어서 고용에 지장을 줄 수 있는 새로운 혁신적 변화를 적극적으로 시도하지 않고 현재의 상태에 머무르는 경우이다. 하지만 이런 경우에도 안전한 상황은 기대할 수 없다. 자본주의 세계 경제에서 혁신적 변화를 주도하는 글로벌 기업들에 의해 혁신을 거부한 국내 기업들의 시장이 잠식되고 마침내 국내 기업들이 시장에서 퇴출될 수 있는 것이다. 이 경우, 국내 경제는 하청경제나 종속경제

---

16) 〈'공유경제'로 포장된 디지털 신자유주의〉, 《르몽드 디플로마티크》 한국판, 2014년 8월 26일 자 참조; 또한 마틴 포드, 앞의 책, 7장 참조.

로 전락하여 마찬가지로 안전한 고용상황을 보장받을 수 없을 뿐만 아니라, 심지어 국내 경제의 생산성과 고용 능력이 후퇴하여, 실업 문제나 격차 문제는 더 심각해질 가능성이 크기 때문이다(상황 B: 혁신 거부적 경제후퇴 + 혁신 거부의 후유증 발생). 이 두 상황을 피하는 일은 마치 고대 그리스의 양대 신화적 괴물인 스킬라와 카리브디스 사이에서 생존을 위한 항해를 해야 하는 것과 유사한 셈이다(상황 C: 혁신 주도 + 혁신의 후유증 최소화/성과 최대화).

종래의 직종이 변화하고 사라지거나 종래 직종에서 인간이 차지하는 비중이 줄어드는 사회의 변화에서, '고용 유지적이거나 고용 유발적인 혁신적 산업과 직종을 어떻게 창출할 것인가'가 모색되어야 한다. 이와 더불어 이러한 새로운 일자리와 부문에 적합하도록 '노동력을 새롭게 훈련하고 교육'하는 문제가 중요한 이슈가 된다. 보다 스마트한 환경에 적합한 지식과 기술을 갖춘 노동력의 비중을 확대하고, 기계가 쉽게 대체할 수 없는 창의적 분야나 역량과 결합된 업무의 종사자를 육성할 필요가 있을 수 있다. 요컨대 '고용 유발적이고 고용 창출과 함께 가는 혁신' 혹은 '혁신과 함께 가는 창의적 인력 양성'을 사회경제적 전환의 목표로 삼을 수 있을 것이다. 또한 전통적인 경제 격차(자산 및 소득 격차)에 더해 '디지털 격차digital divide'가 최근의 새로운 현상이었다면, 스마트 격차나 로봇 격차, 인공지능 격차, 데이터 격차 등이 종래의 격차와 중첩되어 이를 더욱 심화할 수 있다. 이런 격차를 줄이기 위한 '공공적인 제도와 인프라'를 잘 설계하고 구축할 필요가 있다. 일반적인 디지털 교양의 확대가 디지털 격차를 줄이는 한 방편으로 제시되어 왔다면, '로봇 및 소프트웨어 이해력robot/software literacy'의 확대 역시 '보다 자율적이고 인간과 가까워진 기계'와 협력하고 공존에 대한 적응 능력을 확대하는 데 기여할 수 있을 것이다.

새로운 기술혁신이 가져올 수 있는 고용과 격차 문제의 심각성을 전망하는 논자들 중에는 기본소득의 제도화 및 확대를 주장하기도 하는데, 기본소득은 경제적으로 재원 조달 가능성 및 이와 연관된 지속 가능성, 그리고 사회문화적으로 (노동자에서 기본소득수급자로의) 주체성과 삶의 재지향이라는 문제를 초래할 수 있다. 이는 또한 '대중의 수동화' 추세를 강화할 수 있기에 기본소득이 근로소득을 과도하게 대체하는 것은 바람직하지 않은 것으로 보인다. 하지만 사회적 임금으로서의 기본소득이, 점차 고용이 위태해지는 사회구성원들의 노동임금을 보완하는 형태는 고려해볼 수 있다.

4차 산업혁명 시대, 안전하고 민주적인 스마트 사회를 위하여

미디어 영역에서 인터넷 및 모바일 미디어의 등장은 기존 종이 매체나 전통적인 미디어에 큰 위협을 초래하였다. 단지 구-미디어 소비층의 축소와 같은 경제적 수익성의 측면에서만이 아니라, 미디어의 생명이라 할 수 있는 정보의 생산과 전파에 있어서도 종래의 정보소비층이라고 할 수 있는 대중은 현재 적극적인 정보생산자로 뉴미디어 환경에서 등장하였다. 특히 온라인 커뮤니티와 SNS, 유튜브와 개인방송 등의 영향력은 점차 커지고 있다. 하지만 대중에 의한 정보생산은 구-미디어가 갖고 있는 '공론장public sphere'으로서의 성격을 유지하기에 많은 제약이 존재한다. '가짜 뉴스'와 검증되지 않은 '유사 뉴스'의 범람, 보고 싶은 뉴스와 정보만 소비하는 결과로 인한 '(편향된) 확신의 자기강화'와 같은 현상이 대표적이며, 누구나 뉴스를 생산할 수 있는 환경에서 '전문가에 대한 혐오' 또한 이와 병행한다.[17] 이런 점에서 종래의 미디어는 새로운 미디어 환경에서 신기술을 적절히 이용하여 기존의 지위를 완전히 상실하지 않고 어느 정도 유지할 것이나, 앞으로 미디어 소비자가 동시에 생산자이기도 한 '아래로부터의 언론'과 '전통 언론'인 구−미디어가 대등한 정도로 공론의 장을 분할할 가능성도 무시할 수 없다. 또한 이처럼 구분되는 언론구조는 세대 간에도 현재 차별적으로 영향력을 미치고 있다. 가령 젊은 세대일수록 구−미디어에 대한 의존도가 매우 낮게 나타나고 있으며, 새로운 미디어 환경을 주도하는 동시에 이에 적극 의존하는 모습을 보이고 있다.

새로운 미디어 환경은 정보의 취득, 전달 및 공유와 관련하여 서비스의 편의성 증대 및 다양성, 즉시성, 쉬운 교정 가능성, 생산과 소비의 낮은 비용 등으로 인하여 소비자들의 수요를 보다 잘 충족시킬 수 있다. 또한 대중들은 새로운 미디어의 정보 생산자로서 공론장에 대한 참여 가능성이 커질 수 있다. 하지만 이러한 특징들은 동시에 생산이 쉬워진 가짜 뉴스 등과 같이 여론 조작과 쏠림에 취약할 수 있는 가능성 또한 증대시킨다.

미래사회의 거주 공간 모델로는 지능정보도시, 즉 소위 '스마트 시티'가 전망되고 있다. 산업사회가 도시문명이라면, 이러한 경향이 급격히 꺾이거나 전환되지는 않을 것이다. 하지만 지능정보화는 도시와 농촌 간의 격차를 더 줄이는 방향으로 이용될 수 있다. 농업종사자는 스마트 농장에서 새로운 기술의 이용을 통해 도시의 노동자와 같거나 그 이상의 소득을 올릴 가능성을 높일 수 있다. 또는 네트워크 기술의 활용을 통해 도시와의

---

17) 톰 니콜스, 《전문가와 강적들: 나도 너만큼 알아》, 정혜윤 옮김, 오르마, 2017.

직거래 가능성을 높일 수 있기에 중간 유통업자의 이윤을 오히려 농업생산자에게 귀속시킬 수 있다.

우리가 거주하는 거주 환경과 관련해서는, 우선 지역 공간의 여러 서비스가 지능정보화, 네트워크화, 무인자율화, 개별맞춤화, 친환경화됨에 따라 에너지 및 자원 낭비가 크게 줄 수 있고, 사람들은 맞춤형 서비스를 더 쉽게 접할 수 있게 되며, 현재의 여러 불편함이 해소될 수 있을 것이다. 가령 가로등은 보행자나 교통의 흐름을 센서로 감지하고, 빅데이터로 수집된 정보에 근거하여 적합한 시공간에 맞춤형으로 작동하여 에너지와 자원을 절약할 수 있을 것이다. 환경오염과 공해 역시 신기술을 통해 보다 통제 가능하게 될 수 있을 것이다. 개인의 모바일 스마트 기기와 연결된 맞춤형 운송서비스의 등장은 이미 소비자와 서비스 제공자의 편의성을 증대시켜주고 있다. 또 자율주행자동차의 등장은 인간 자동차 운전자가 초래하는 도시의 교통정체 상황이나 위험을 경감시켜줄 수도 있다. 물론 이를 위해서는 스마트한 교통 인프라가 잘 정비되어야 할 것이다.

백화점이나 마트, 상점과 같은 유통과 서비스, 소비의 공간에서는 로봇이 인간 서비스 제공자를 대신하여 차지하는 비중이 확대될 것인데, 이는 앞서 언급한 고용문제와는 별개로 상품과 서비스 거래에서 발생하는 비용을 보다 표준화하거나 절감하고 전체 비용을 경감시켜줄 수 있다. 현재 일부 선진국에서부터 시작되어·거래에 있어서 '현금 없는 사회'가 등장하는 추세인데, 이는 또한 현금의 생산과 유통 및 유지에 소요되는 비용을 경감할 수 있고 편의성을 촉진하며 거래의 투명성을 촉진시킬 수 있다. 이로써 세원 파악의 투명성을 제고할 수 있다(단 이 추세가 가장 급격하게 먼저 도입된 스웨덴의 사례에서 보이듯, 구걸하는 사람들도 신용카드나 전자결제가 가능한 도구를 소지할 필요가 있을 수도 있다!).

하지만 정보 투명성으로 가는 이러한 추세가 또한 '개인의 프라이버시가 점차 사라지는 사회'라는 문제를 낳을 가능성 역시 무시할 수 없다. 투명성이라는 긍정적 측면의 이면에는 프라이버시와 익명성의 실종과 부재라는 측면이 병행할 수 있는 것이다. 공적 투명성의 제고와 개인 사생활의 자유 및 정보 보호와 안전을 최적화시켜 병존시킬 수 있는 도시와 사회 시스템을 고안할 필요가 있다. 잘못하면 '투명한 감시사회transparent surveillance-society'가 등장하여 빅브라더의 손에 권력이 집중되고 남용될 위험도 존재하는 것이다.[18] 이때의 빅브라더가 반드시 인간 독재자일 필요는 없다. 가장 거대한 빅데이터를 소유 통제하는 기업이거나 정부기관일 수도 있고, 심지어 이러한 빅데이터와 연결된 인공지능 자체가 진화하여 인간의 의도를 넘어서 폭주할 가능성에 대해서도 안전장치를 마련해두어야 한다. '공적으로는 정보관리가 투명하면서도 민주적이고, 개인 사생활이 보호되며, 안전한 사회'가 4차 산업혁명과 결부된 기술혁신이 불러올 사회변화의 전망에 있어서 중심에 놓일 필요가 있음은 아무리 강조해도 지나치지 않다.

마지막으로 몇 가지 우려되는 가능성과 대안을 짚어보고자 한다. 하나는 물리적 현실과 가상현실의 혼돈이 증대할 가능성에 대해서 안전장치를 마련할 필요가 있다는 것이다. 또 스마트한 사회에서 인간이 사고를 중단하고, 사고와 판단 기능을 점차 온라인상의 여론 형성자나 심지어 기계에게 수동적으로 넘겨줄 수 있는 위험성이 존재한다.[19] 사람들이 사고를 중

---

18) 지그문트 바우만 · 데이비드 라이언, 《친애하는 빅 브라더》, 한길석 옮김, 오월의봄, 2014.
19) 니콜라스 카, 《생각하지 않는 사람들》, 최지향 옮김, 청림출판, 2011.

지하고 지능을 가진 기계가 의사결정을 독점할 가능성에 대비하여, 자율적이고 주체적인 사고 훈련 교육을 지속하고 강화할 필요도 있다. 사회적 환경이 점차 가속적으로 포스트휴먼화, 인공화, 디지털화하고 있는 작금의 추세에도 불구하고, '인간화, 자연화, 물질화'된 공간 환경을 충분히 확보함으로써 인간 본성이 이처럼 축소되거나 왜곡될 수 있는 편향에 대해 균형을 잡아야 할 필요가 있다.

오늘날 어디에서나 '변화와 혁신'이 새로운 미래 전망의 모토로 크게 울려 퍼지고 있다. 압도해오는 그 소리의 크기는 현재 우리가 달려가고 있는 방향과 과정에 대한 냉철한 사고를 어렵게 할 정도이다. 하지만 이제는 '맹목적이고 돌진주의적인 혁신'이나 '변화에 눈을 감은 자기 위안'이 아니라, '성찰적 혁신'에 기반을 둔 미래로의 전환이라는 길을 모색해야 할 것이다.

제 2 장

우리는 오직
휴먼이었던 적이 없다

: 포스트휴머니즘과 행위자 – 연결망 이론

김환석
(국민대학교 사회학과)

우리는 오직 휴먼이었던 적이 없다

: 포스트휴머니즘과 행위자 – 연결망 이론

김환석

우리는 '포스트휴먼' 시대를 살고 있는가?

오늘날 과학기술의 빠른 변화와 더불어 '인공지능', '4차 산업혁명', '포스트휴머니즘' 등과 같은 용어들이 서구와 한국 사회를 휩쓸고 있다. 특히 국내에서 이런 현상에 관심이 급속히 높아진 것은, 무엇보다도 2016년 3월 세계적인 인터넷기업 구글이 '알파고'란 인공지능 신기술을 가지고 이세돌 9단과 바둑 경기라는 공개적 실험을 실시하여, 여기서 예상과는 달리 알파고가 이세돌에게 4 대 1이라는 압도적 승리를 거둔 충격적 사건 이

그림 1. 이세돌 vs 알파고 5국
사진 출처: 연합뉴스

후부터라고 생각된다⟨그림 1⟩. 이 사건은 이제 인공지능이 인간의 지능을 능가할 정도로 발전하였다는 단적인 증거로 보였고, 따라서 이런 신기술이 더욱 발전할 미래에는 인간의 역할을 기술이 급속히 대체할 것이며 더 이상 세계의 주인공은 인간이 아닐 것이라는 전망으로 다가왔다. 즉 이제 '휴먼'의 시대가 가고 '포스트휴먼' 시대가 열렸다는 전망이다.

그런데 과학기술사회학을 전공한 필자는 이 사건을 접하면서 좀 다른 생각들이 떠올랐다. 과거에도 매우 혁신적인 과학기술(전기, 자동차, 전화, 라디오, 비행기, 나일론, 원자력, 우주선, TV, 컴퓨터 등)이 일반 사회와 처음 대면할 때 준 충격이 대단했다는 점은 이미 과학기술의 역사에서 잘 알려진 사실이다. 그리고 이러한 과학기술이 사회에 실제로 널리 적용되면서 커다란 변화를 수반한 것은 사실이지만, 결과적으로 종종 그 변화는 처음에 사람들에게 준 충격이나 (낙관적인 것이든 비관적인 것이든) 미래 전망과 일치하는 성격의 변화가 아닌 것으로 드러났다는 것도 사실이다. 과학기술이

그림 2. 파스퇴르의 탄저병 백신 실험
그림 출처: http://m.blog.yes24.com/carchang/post/1363396

수반하는 결과는 과학기술의 속성 자체가 결정하는 것이 아니라, 그 과학
기술에 사람들이 어떻게 대응하고 어떤 선택을 하느냐에 따라 크게 달라
지기 때문이다.

　이와 아울러 필자에게 떠오른 또 다른 생각은 '알파고'라는 새로운 기술
을 공개적으로 실험하여 그 위력을 일반 사회에 널리 알렸다는 점인데, 이
것은 19세기 말 파스퇴르가 탄저병 백신이라는 새로운 기술을 공개적 실
험을 통해 일반 사회에 널리 알림으로써 큰 성공을 거둔 것을 연상시켰다
〈그림 2〉. 당시 탄저병은 프랑스 전국의 가축들을 죽어나가게 만들어 축산
농가를 거의 망하게 하고 이를 해결 못하는 정부를 위기에 빠뜨릴 정도였
지만, 그 원인을 제대로 알지 못하여 아무도 손을 쓸 수 없는 상태였다. 이
때 세균학이라는 새로운 과학으로 무장한 파스퇴르가 자신의 파리 실험실

에서 여러 번의 시행착오 끝에 개발한 백신을 가지고, 1881년 푸이 라포르의 축산 농가에서 의도적으로 공개적 실험을 실시했던 것이다. 이를 통해 백신의 효과를 축산 농민, 수의사, 언론을 포함한 관객에게 극적으로 보여줌으로써 탄저병의 원인은 세균이라는 지식이 과학계에서 인정되었다. 파스퇴르는 탄저병을 해결한 '위대한 과학자'로 떠올랐으며, 프랑스 사회는 이제 탄저병 백신의 네트워크가 구축된 사회로 변모하였다고 브뤼노 라투르Bruno Latour 는 그의 유명한 논문과 저서에서 설명하였다.[1]

인공지능과 같은 혁신적인 과학기술이 사회에 어떤 결과를 수반할 것인지, 그래서 세계에는 과연 어떤 미래가 펼쳐질 것인지 판단하는 데 이런 과학기술사회학의 지식과 상상력이 도움이 될 것이라고 생각한다. 따라서 이 글에서는 인공지능 기술과 사회의 만남을 어떤 이론적 관점에서 볼 것인가에 대해 사회학적으로 살펴보고자 한다. 그것은 다음 세 가지 관점으로 정리될 수 있는데, 네오-러다이즘의 관점과 포스트휴머니즘의 관점, 그리고 행위자-연결망 이론의 관점이다. 차례로, 이러한 각 관점에서 바라볼 경우 인공지능 기술과 사회의 관계를 어떻게 설명할 것인지 제시할 것이다.

---

1) 브뤼노 라투르, 〈나에게 실험실을 달라, 그러면 내가 세상을 들어 올리리라〉, 김명진 옮김, 《과학사상》, 범양사, 2003; Bruno Latour, *The Pasteurization of France*, Cambridge: Harvard University Press, 1988.

네오 - 러다이즘의 관점: 과학기술 비관주의

'러다이즘Luddism'은 19세기 초에 영국에서 산업혁명이 초래한 변화들(특히 일자리 상실)에 대해 섬유 숙련노동자들이 기계를 파괴함으로써 저항했던 사회운동을 말한다. 이에 따라 오늘날 '네오 - 러다이즘Neo-Luddism'이란 용어는 기술 진보를 그에 수반되는 문화적, 사회경제적 변화 때문에 반대하는 모든 사람들을 지칭하는 데 사용되고 있다.[2]

네오 - 러다이즘은 신기술의 발전을 늦추거나 중지시키는 것을 추구한다. 네오 - 러다이즘은 특정한 기술들을 포기한 생활양식이 대안이라고 처방하는데, 왜냐하면 그것이 미래를 위한 최선의 전망이라고 믿기 때문이다. 따라서 네오 - 러다이즘은 산업자본주의 대신에 미국의 아미쉬 공동체나 인도의 칩코 운동과 같은 소규모 농업공동체들을 미래를 위한 모델로 처방한다. 오늘날 네오 - 러다이트 운동은 반세계화 운동, 반과학 운동, 무정부적 원시주의, 급진적 환경주의, 그리고 심층생태주의와 연관을 지니고 있다. 네오 - 러다이즘은 기후변화, 핵무기, 생물무기 등 오늘날의 지구적 문제들을 신기술이 보다 잠재적 위험이 큰 문제들을 초래하지 않고 해결할 수 있다는 것을 부정한다. 오히려 네오 - 러다이즘은 신기술의 영향에 대해 종종 준엄한 경고를 한다. 그것은 현재와 같은 기술 발전을 개혁하지 않으면 미래는 비참한 결과를 맞을 것이라고 예측한다. 네오 - 러다이트들은 현재의 기술들은 인류뿐 아니라 자연세계에게 위협이고 미래의 전면적 사회파국이 가능하며 심지어 그 확률이 매우 높다고 믿는다.

---

2) Steve E. Jones, *Against Technology: From the Luddites to Neo-Luddism*, New York: Routledge, 2006.

1990년에 미국의 작가이자 사회운동가인 첼리스 글렌디닝Chellis Glendinning 은 '러다이트'란 용어를 되찾고 통일된 운동을 건설하기 위한 시도로서 〈네 오 – 러다이트 선언을 향한 노트〉를 발표하였다.[3] 이 글에서 그녀는 네 오 – 러다이트를 "고삐 풀린 기술이 진보를 나타낸다고 설교하는 현대의 지배적 세계관에 의문을 던지는 20세기 시민들(운동가, 노동자, 이웃, 사회비 평가, 학자 등)이다."라고 묘사한다. 글렌디닝은 그녀가 공동체 파괴적이고 물질주의적이고 합리주의적이라고 생각하는 기술에 대한 반대 목소리를 높인다. 또한 그녀는 기술이 특정한 편향을 촉진하며, 따라서 특수한 이해 관계(이윤, 단기적 효율성, 생산 및 판매의 용이성을 포함한)와 특수한 가치들을 위해서 창출된 것은 아닌지 의문을 던져야 한다고 주장한다. 글렌디닝은 어떤 기술을 우리의 기술시스템 안으로 채택하기 전에 개인적 혜택이 아 니라 (사회적, 경제적, 생태적 함의들을 포함한) 기술의 이차적 측면들을 반드 시 고려해야 할 필요가 있다고 주장하는 것이다. 구체적으로 그녀는 다음 과 같은 기술들을 폐기시켜야 한다고 제안하고 있다. 전자기 기술들(통신, 컴퓨터, 가전, 냉동), 화학적 기술들(화학적 합성재료 및 의료), 핵기술들(핵무기, 핵발전, 방사능 살균), 유전공학(유전자조작 작물과 인슐린 생산). 이 대신에 그 녀는 규모가 국지적이고 사회정치적 자유를 증진하는 "새로운 기술 형태 들의 모색"을 옹호한다.

유나바머Unabomber: university and airline bomber로 널리 알려진 테드 카친스키Ted Kaczynski는 1978년부터 1995년 사이에 현대 기술에 반대하는 전국적 폭파

3) Chellis Glendinning, "Notes towards a Neo-Luddite Manifesto," *Utne Reader*, 1990; https://theanarchis-tlibrary.org/library/chellis-glendinning-notes-toward-a-neo-luddite-manifesto. (2017년 9월 23일 접속)

캠페인을 벌였는데, 수많은 수제 폭탄을 심거나 우송하여 3명을 죽이고 다른 23명을 다치게 만들었다. 그가 요구하여 1995년 《워싱턴포스트》에 실렸던 선언문 〈산업사회와 그 미래〉에서 그는 다음과 같이 주장한다.[4]

우리가 마음에 둔 혁명의 종류는 반드시 어떤 정부에 대한 무장 봉기를 포함하는 것은 아니다. 그것은 물리적 폭력을 포함할 수도, 또는 아닐 수도 있다. 그러나 그것은 '정치적' 혁명은 아닐 것이다. 그 초점은 기술과 경제에 둘 것이며 정치에 두지는 않을 것이다.

카친스키는 "다가올 혁명에서 우리를 현재의 기술산업 시스템의 굴레로부터 자유롭게 할 새로운 가치들"로서 사회를 건전하게 만들기 위하여 우리가 만들어야 할 변화들의 윤곽을 다음과 같이 제시하였다.

1. 모든 현대 기술에 대한 거부: "이것은 논리적으로 필연적인데, 왜냐하면 현대 기술은 모든 부분들이 상호 연결된 하나의 전체이기 때문이다. 당신은 좋아 보이는 부분들을 포기하지 않고는 나쁜 부분들을 제거할 수 없다."
2. 문명 자체에 대한 거부
3. 물질주의에 대한 거부와 그것을 (절제와 자족을 중히 여기고 재산 또는 지위의 획득을 비난하는) 새로운 삶의 개념으로 대체하기
4. 자연을 향한 사랑과 존중 또는 심지어 자연에 대한 경배

---

4) Theodore Kaczynski, "Industrial Society and Its Future," *The Washington Post: Unabomber Special Report*, 1995.

5. 자유에 대한 찬미

6. 현재의 상황에 책임이 있는 자들("과학자, 공학자, 기업임원, 정치가 등
   등 기술을 향상하는 비용을 너무 크게 만들어 아무도 그런 시도를 할 수
   없게 만든 자들")에 대한 처벌

현대의 기술 또는 기술문명에 대한 이러한 비판적이고 비관주의적인 관점은 일찍이 마르틴 하이데거Martin Heidegger의 초기 철학, 또는 자크 엘륄Jacques Ellul과 루이스 멈포드Lewis Mumford, 프랑크푸르트학파 등의 사상에서 찾아볼 수 있다. 따라서 이들을 네오 – 러다이즘의 선구자들이라고 볼 수도 있다. 이들이 살아 있었다면 오늘날 '인공지능' 기술과 '4차 산업혁명'의 도래에 대해서도 아마 비판적인 견해를 피력하였을 것이다. 그런데 우리는 애초 산업혁명기의 러다이즘에 대하여 자본주의 비판가였던 카를 마르크스Karl Marx가 어떤 견해를 피력했는지를 기억해볼 필요가 있다. 그는 1867년에 발표한 《자본론 1》에서 노동의 도구가 기계의 형태를 띨 때 그것은 곧바로 노동자 자신의 경쟁자가 된다고 지적하였다.[5] 그러나 그는 기계 자체와 그것을 활용하는 사회 형태(자본주의)를 구분해야 한다고 주장하면서, 노동자가 파괴해야 할 적은 기계가 아니라 자본주의라고 날카롭게 지적한 바 있다. 즉 러다이즘은 아직 과학적 사고를 갖추지 못한 노동자들의 낭만주의적, 또는 '반동적' 운동이었다고 평가절하했던 것이다. 이런 마르크스의 견해에 따라 이후 과학기술에 대한 전통적 마르크스주의자들의 입장은, 한마디로 과학기술은 진보적 생산력으로 간주하고, 비판과 전복의

---

5) 카를 마르크스, 《자본론 1》, 김수행 옮김, 비봉출판사, 2015의 제15장.

대상이 되는 것은 오직 자본주의라는 사회구조(또는 생산관계)뿐이라는 쪽으로 수렴되었던 것이다. 이런 생각은 과학기술과 사회구조의 관계를 지나치게 이분법적으로 보았다는 결함은 있지만, 네오-러다이즘과는 달리 과학기술 자체가 악이 아니라 그것과 연결된 사회적 맥락에 따라 그 효과가 달라진다는 통찰을 보여주고 있다.

포스트휴머니즘의 관점: 과학기술 낙관주의

인공지능 기술과 사회의 관계에 대하여 우리가 두 번째로 살펴볼 것은 포스트휴머니즘의 관점이다. 이 관점은 인류가 14~16세기 르네상스 이후 맞이했던 휴머니즘의 시대로부터 벗어나 오늘날 새로운 과학기술 발전에 힘입어 포스트휴머니즘의 시대로 접어들었다는 판단이 그 핵심을 이루고 있다. 휴머니즘 시대에는 가능하지 않았던 새로운 변화와 가능성이 포스트휴머니즘 시대에 열리고 있다는 시대 '이행(또는 전환)'의 사고가 그 안에 함축되어 있다. 물론 포스트휴머니즘 안에도 과학기술을 보는 시각은 다양하게 존재하지만, 이러한 시대적 변화와 가능성을 추동한 주된 요인이 과학기술이라고 보기 때문에, 포스트휴머니즘의 과학기술관은 앞서 살펴본 네오-러다이즘에 비하면 상당히 낙관주의적인 성향을 띤다고 볼 수 있다.

포스트휴머니즘이 무엇을 뜻하는지 알기 위해서는 먼저 '휴머니즘'이 무엇을 뜻하는지 살펴보는 것이 필요할 것 같다. 휴머니즘은 포스트휴머니즘을 선행하는 사상이며, 후자는 전자에 대한 일종의 반작용으로 대두하였기 때문이다. 포스트휴머니스트 이론가로 유명한 캐리 울프Cary Wolfe는 그의 저서《포스트휴머니즘이란 무엇인가?》에서, 포스트휴머니즘의 의미에 비해 휴머니즘의 의미에 대해서는 훨씬 큰 의견 일치가 존재한다고 지적한다.[6] 그에 의하면 휴머니즘의 정의는 대체로 다음과 같다.

> 휴머니즘은 보편적 인간 자질(특히 합리성)에 호소함으로써 옳고 그름을 결정할 수 있는 능력에 기초하여, 모든 사람의 존엄성과 가치를 긍정하는 윤리적 철학들의 폭넓은 범주이다. 그것은 보다 구체적인 다양한 철학적 체계들의 한 구성 요소일 뿐 아니라, 여러 종교적 학파들의 사상 속으로 편입이 되었다. 휴머니즘은 인간의 이해관계를 지원하는 인간적 수단들을 통해 진리와 도덕성의 모색에 헌신하는 것을 수반한다. 자기결정 능력에 초점을 두면서, 휴머니즘은 초월적 정당화(이성이 없는 믿음), 초자연적인 것, 또는 성스러운 기원을 지녔다는 텍스트들의 타당성을 거부한다. 휴머니스트들은 인간조건의 공통성에 기초한 보편적 도덕성을 승인하며, 인간의 사회문화적 문제들에 대한 해결방안은 편협할 수 없다고 주장한다.

오늘날 휴머니즘의 전형적 의미는 세속주의와 결합된 비종교적 사상운동으로서, 세계를 이해함에 있어서 초자연적 존재로부터의 계시가 아니라 과학에 의존하는 인간 중심의 비신앙적 입장을 가리키고 있다. 그러나 르네상스기의 휴머니스트들은 이성과 기독교 신앙 사이에서 아무런 갈등을 느끼지 않았다. 그들이 비난한 것은 교회의 권력 남용이었지 교회 자체나 심지어 기독교 자체는 전혀 아니었기 때문이다. 하지만 르네상스 말인

---

6) Cary Wolfe, *What Is Posthumanism?*, Minneapolis: University of Minnesota Press, 2010, p. xi.

16세기에 일어난 종교개혁과 과학혁명으로 인해 점점 이성과 종교 사이의 분열이 커지고, 이에 따라 근대적인 세속적 휴머니즘이 성장하게 되었다. 마침내 18세기 계몽사상과 프랑스혁명에 이르러 이 분열은 절정에 달하게 되었다. 계몽사상은 인간의 덕성이 전통적인 종교적 제도와 독립적으로 오직 인간의 이성에 의해 창출될 수 있다고 믿었고, 이런 믿음은 정치적, 종교적 보수주의자들로부터 거센 공격을 받았다. 계몽사상가들은 종교를 비합리적인 믿음이라고 비판하면서 뉴턴 과학의 성공에서 보듯이 이성을 통해 이제 인간은 세계의 모든 진리를 밝혀낼 수 있다고 보았다. 그러한 이성의 화신이 바로 과학이고 (과학의 응용으로서) 기술이며, 이를 통해 인류의 역사는 유토피아적 미래를 향해 점점 진보할 것이라고 보았던 것이다. 과학과 기술에 대한 무한한 낙관적 신뢰가 바로 계몽사상으로부터 시작되었고, 프랑스혁명과 그 세계적 확산을 통해 19~20세기의 근대사회에서는 계몽사상의 휴머니즘에 바탕을 둔 그러한 낙관주의가 과학기술에 대한 지배적 관점이 되었던 것이다.

　포스트휴머니즘의 기원은 1946~1953년에 사이버네틱스에 대해 열렸던 메이시 콘퍼런스와 노버트 위너Norbert Wiener, 그레고리 베이트슨Gregory Bateson, 존 폰 노이만John von Neumann 등이 함께 발명한 시스템이론으로 거슬러 올라갈 수 있다.[7] 다양한 분야에 속한 이들의 노력은 의미와 정보 및 인지 문제와 관련하여 인간과 호모 사피엔스로부터 어떤 특권적인 위치도 박탈하는 생물학적, 기계적, 커뮤니케이션적 과정들을 위한 새로운 이론적 모델을 개발하려는 시도로 수렴되었다. 보다 최근으로 오면 포스트휴

---

7) *Ibid.*, pp. xii-xiii.

머니즘이란 용어는 서로 상이하고 가끔은 경합하는 의미들을 지니고 출현한 바 있다. 캐리 울프는 1995년 《문화비평》이란 저널 특집호(주제 '시스템들과 환경들의 정치')에서 움베르토 마투라나Humberto Maturana와 프란시스코 바렐라Francisco J. Varelra의 연구에 대해 논하면서, 〈포스트휴머니스트 이론을 찾아서〉라는 논문에서 그 용어를 처음 사용하였다.[8] 이 특집호에는 니클라스 루만Niklas Luhmann과 캐서린 헤일스N. Katherine Hayles의 라운드테이블 대화도 포함되어 있었다.[9] 나중에 헤일스는 1999년에 발표한 저서 《우리는 어떻게 포스트휴먼이 되었는가》에서 조금 다른 의미로 이 용어를 사용하였다. 그녀는 주체성에서 정신보다 신체(물질)가 더 중요하다 생각했는데, 물질의 창발적 특성과 더불어 휴머니즘의 '자율적 의지'가 아닌 분산적 인지가 주체성을 구성한다고 본 것이다.[10] 헤일스의 저서 못지않게 포스트휴머니즘의 유행에 큰 자극을 주었던 것은 도나 해러웨이Donna J. Haraway의 1985년 논문 〈사이보그 선언문〉이었다.[11] 해러웨이는 스스로 포스트휴머니스트라고 한 적이 없지만, 그녀의 독특한 사이보그 이론을 통해 포스트휴머니즘의 형성과 확산에 크게 기여하였다. 이 논문에서 그녀는 사이보그적 미래

---

8) Cary Wolfe, "In Search of Post-Humanist Theory: The Second-Order Cybernetics of Maturana and Varela," *Cultural Critique*, no. 30, The Politics of Systems and Environments, Part I, Spring, 1995, pp. 33-70.

9) Katherine Hayles, Niklas Luhmann, William Rasch, Eva Knodt and Cary Wolfe, "Theory of a Different Order: A Conversation with Katherine Hayles and Niklas Luhmann," *Cultural Critique*, no. 31, The Politics of Systems and Environments, Part II, Autumn, 1995, pp. 7-36.

10) N. Katherine Hayles, *How We Became Posthuman: Virtual Bodies in Cybernetics, Literature, and Informatics*, Chicago: The University of Chicago Press, 1999; 캐서린 헤일스, 《우리는 어떻게 포스트휴먼이 되었는가》, 허진 옮김, 플래닛, 2013.

11) Donna J. Haraway, "A Cyborg Manifesto: Science, Technology, and Socialist-Feminism in the Late Twentieth Century," *Simians, Cyborgs, and Women: The Reinvention of Nature*, New York: Routledge, 1991, pp. 149-181.; 다나 해러웨이, 《유인원, 사이보그, 그리고 여자》, 민경숙 옮김, 동문선, 2002의 제8장.

의 유토피아 전망과 디스토피아 전망 모두를 거부하면서, 인간/기계, 남성/여성의 이분법을 넘어선 하이브리드적인 포스트모던 페미니즘을 선보였다.

포스트휴머니즘의 '사이보그'적 전통을 물려받은 가장 잘 알려진 흐름은 오늘날 트랜스휴머니즘transhumanism이라고 불리는 접근일 것이다. 트랜스휴머니즘은 인간의 지적, 신체적, 감정적 능력의 향상, 질병과 불필요한 고통의 제거, 그리고 인간수명의 극적 확장을 추구하는 국제적 운동이다. 이 운동이 공유하고 있는 것은 '포스트휴먼들'의 공학적 진화에 대한 믿음인데, 이 포스트휴먼들이란 그 기본적 능력이 현재 인간들의 능력을 급진적으로 능가해서 우리의 현재 기준으로 볼 때 더 이상 명백히 인간이 아닌 존재들이라 정의된다. 트랜스휴머니즘의 대표적 인물 중 하나인 옥스퍼드 철학자 닉 보스트롬Nick Bostrom이 주장하듯이, 이러한 의미의 포스트휴머니즘은 르네상스 휴머니즘과 계몽사상으로부터 물려받은 인간의 완전성, 합리성, 행위성이라는 이상들로부터 직접 도출된 것이다. 이러한 점에서 그것은 해러웨이의 〈사이보그 선언문〉에 나타난 양가적이고 아이러니로 충만한 감수성과는 공통점이 없는데, 해러웨이는 이성이 자신의 산물을 조종하고 최적화할 수 있다는 것을 깊이 의심하기 때문이다. 보스트롬이 그의 논문 〈트랜스휴머니스트 사상의 역사〉에서 밝혔듯이, 트랜스휴머니즘은 르네상스 휴머니즘을 뉴턴, 로크, 칸트, 콩도르세 그리고 합리적 휴머니즘의 기초를 이루는 다른 사상가들의 영향과 결합시킨 것이다.[12] 그것

---

12) Nick Bostrom, "A History of Transhumanist Thought," *Journal of Evolution and Technology*, vol. 14 Issue 1, 2005.

은 자연세계와 그 안의 인간 위치에 대해 학습하고 도덕성의 근거를 제공하기 위한 방법들로서 (신의 계시와 종교적 권위보다는) 경험적 과학과 비판적 이성을 강조하는 사상이다. 이런 의미에서 트랜스휴머니즘은 휴머니즘과 다른 새로운 단계가 아니라 오히려 그것을 '강화'한 것이라고 볼 수 있다.

포스트휴머니즘은 그 안에 다양한 입장들이 있어 단순한 평가가 힘들지만, 현재 가장 뚜렷한 조류인 트랜스휴머니즘은 해러웨이가 지적했듯이 이성의 능력을 지나치게 과신하여 과학기술에 대한 낙관주의적 편향을 보이고 있다. 과학기술 자체는 선이 아니고 인간이 마음대로 이용할 수 있는 도구도 아니다. 트랜스휴머니즘은 과학기술이 어떤 사회적 맥락에 연결되느냐에 따라 그 효과가 달라진다는 점을 간과하고 있는데, 현재 신기술을 둘러싼 가장 강력한 사회적 맥락은 마르크스가 지적했듯이 자본주의적 성격을 띠기 때문에, 우리는 신기술의 효과가 사회적 양극화로 귀결될 가능성이 크다는 점에 주목하고 여기에 대응해야 할 것이다.

ANT의 관점: 비관주의와 낙관주의를 넘어서

과학기술에 대하여 네오-러다이즘의 비관주의와 포스트휴머니즘(특히 트랜스휴머니즘)의 낙관주의가 보이는 양극단의 함정을 벗어나, 과학기술의 효과를 사회적 맥락과 연결시켜 파악하려는 제3의 관점을 보여주는 것이 바로 행위자-연결망 이론Actor-Network Theory: ANT이다. 사실상 기술 자체를 악으로 보거나 선으로 보는 것은 모두 기술의 특정한 본질을 가정하면서, 그것이 곧바로 기술의 사회적 결과를 결정할 것이라는 기술결정론technological

의 단순한 모델을 따르고 있는 것이라 볼 수 있다. 기술의 사회적 결과는 기술 자체가 결정하는 것이 아니라 해당 기술과 연결되는 수많은 인간 및 비인간의 행위에 따라 달라진다고 ANT에서는 본다. 따라서 ANT 의 관점으로 볼 때 인공지능 기술과 사회의 관계도 섣부른 비관주의 또는 낙관주의에 빠져서 미리 판단하기보다는, 실제로 어떤 인간과 비인간 행위자들이 인공지능 기술과 어떻게 결합하여 결과적으로 어떤 이질적 연결망을 구축하는지 추적해봐야 비로소 알 수 있다.[13)

ANT 이론가 중 특히 브뤼노 라투르는 1993년의 저서 《우리는 결코 근대적이었던 적이 없다》에서 '근대성'을 새로운 관점에서 논의하는데, 이는 휴머니즘과 포스트휴머니즘에 대해서도 풍부한 함의를 지니고 있다.[14)] 이 책에서 라투르는 우리가 당연한 것으로 간주해온 인류의 역사 변천, 즉 전근대 → 근대 → 탈근대로의 단계적 이행은 허구라고 지적한다. 우리가 이렇게 생각하는 것은 근대주의modernism에 빠져 있기 때문인데, 근대주의는 두 가지의 이분법이 결합된 모순적 성격을 지니고 있다고 라투르는 주장한다.[15)]

1차 이분법은 세계의 모든 존재들을 비인간/인간(자연/문화)의 질적으로 상이한 두 가지 순수한 영역으로 구분하여 파악하는 우리의 인식이다. 이를 라투르는 '정화작업work of purification'이라고 부르며, 이는 근대주의에 특수

---

13) 김환석, 〈행위자-연결망 이론에서 보는 과학기술과 민주주의〉, 《동향과 전망》 통권83호, 한국사회과학연구회, 2011.

14) Bruno Latour, *We Have Never Been Modern*, trans. Catherine Porter, Cambridge: Harvard University Press, 1993; 브뤼노 라투르, 2009, 《우리는 결코 근대인이었던 적이 없다》, 홍철기 옮김, 갈무리.

15) 본문의 "그림 3. 정화와 번역(Purification and Translation)"은 Bruno Latour, *We Have Never Been Modern*, p. 11에서 따온 것이다.

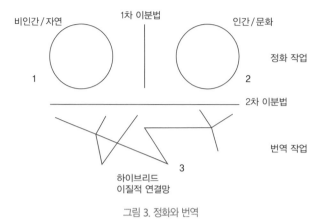

그림 3. 정화와 번역

한 것이다. 그런데 정작 우리의 실천에서는 이런 구분과 상관없이 우리는 비인간과 인간(자연과 문화)을 결합시켜 수많은 하이브리드들(이질적 연결망들)을 만들어내고 있다. 과학기술 활동이 바로 그러한 실천의 대표적 예이다. 이를 라투르는 '번역작업work of translation'이라고 부르는데, 이 작업은 우리가 원시 시대부터 지금까지 쉬지 않고 줄곧 해오는 실천이며, 다만 그 규모가 점점 더 커져왔을 뿐이다. 이러한 정화작업과 번역작업은 사실상 서로 모순된 것인데, 우리는 양자를 분리시켜 생각함으로써 전혀 그 모순을 느끼지 못하고 있다. 바로 이것이 근대주의의 2차 이분법이다. 그 결과 아무런 성찰이나 규제가 없이 하이브리드들을 대량으로 생산해내고 있으며, 결국 이것이 오늘날 생태적 위기를 초래하고 있다고 라투르는 진단한다.

생태적 위기를 해결하기 위해서는 근대주의의 모순인 이 두 가지 이분법을 제거하여야 하는데, 이를 라투르는 '비근대주의nonmodernism'라고 부른다. 1차 이분법, 즉 정화작업은 데카르트의 정신/물질 이원론에 뿌리를 둔 것인데, 이를 계승하여 칸트가 주체/객체의 이분법으로 발전시켰다. 정신

(특히 '이성')을 지닌 인간들만이 능동적 주체가 되고, 비인간들은 모두 단지 물질세계에 속하는 수동적 객체로 취급하게 된 것이다. 근대주의가 강한 휴머니즘(또는 인간 중심주의)의 성격을 띠는 것은 이 때문이다. 또한 학문 역시 인간(정신) 세계를 다루는 인문사회과학과 비인간(물질) 세계를 다루는 과학기술 분야로 양분되었다. 이에 반하여 비근대주의는 정신/물질 이원론이 아닌 새로운 존재론, 인간과 비인간이 결합된 하이브리드들에게 온당한 지위를 부여해주는 일원론적 존재론을 추구한다. 그럼으로써 근대주의의 2차 이분법, 즉 정화작업과 번역작업의 분리까지 극복할 수 있다고 믿기 때문이다. 이런 비근대주의적 존재론에서는 인간과 비인간이 질적으로 상이한 영역에 속하는 존재들이 아니다. 인간만이 능동적 주체의 능력, 즉 행위성agency을 지녔고 비인간은 단지 수동적 객체에 불과한 것으로 보는 것이 아니라, 인간과 비인간 모두가 행위성을 지닌 존재들로서 함께 결합하여 이질적 연결망을 구축한다고 본다. 바로 이것이 ANT 접근의 특징을 이루는 방법론적 원칙인 '일반화된 대칭성generalized symmetry'이다.

근대주의와 비근대주의에서 역사를 보는 관점은 〈그림 4〉에서 보듯이 서로 매우 상이하다.[16] 근대주의에서는 근대화의 전선이 시간에 따라 앞으로 나아갈수록 주체의 세계(주관성, 가치, 감정)와 객체의 세계(객관성, 사실, 효율)가 점점 더 분리되므로 과거와 현재, 즉 전근대와 근대 사이엔 단절이 존재한다고 본다. 반면에 비근대주의에서는 인간들(주체)과 비인간들(객체)이 시간이 지날수록 점점 더 큰 규모로 결합되어 서로 밀접히 얽히게

---

16) 〈그림 4〉는 다음 책에서 따온 것이다. Bruno Latour, *Pandora's Hope*, Cambridge: Harvard University Press, 1999, pp. 199, 201.

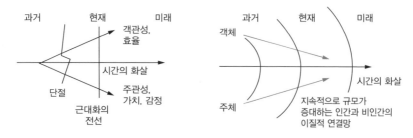

그림 4. 역사를 보는 관점(근대주의 vs. 비근대주의)

된다고 본다. 따라서 과거와 현재, 현재와 미래 사이에 단절은 없는 것이다. 이질적 연결망의 규모와 복잡성만 커질 뿐이다.

이에 비추어보면 네오-러다이즘과 포스트휴머니즘은 모두 근대주의적 역사관을 지니고 있는 것으로 생각된다. 인류의 역사를 합리성이 지배하는 근대와 산업혁명이 세계로 확산되어온 '근대화'의 진전으로 파악하는 것은 양자가 동일하지만, 네오-러다이즘에서는 그것을 비판하고 포스트휴머니즘에서는 그것을 찬양하는 것이 다를 뿐이다. 그러나 우리가 위에서 보았듯이 라투르는 이러한 '근대주의'가 심각한 모순을 지닌 것이며, 실제 역사에서 근대주의가 묘사하는 바와 같은 근대가 과연 있었는지 의문을 던지고 있다. 따라서 "우리는 결코 근대적이었던 적이 없다."고 외치고 있는 것이다. 그가 보기에 실제 역사에서는 주체(인간)의 세계와 객체(비인간)의 세계가 점점 분리되어온 것이 아니라, 처음부터 그러한 분리는 없었고 인간과 비인간이 결합된 하나의 하이브리드적 세계만이 있었으며, 시간이 흐르면서 이 결합이 점점 더 규모가 커지고 복잡해지는 변화가 있었을 뿐이다. 석기 시대부터 컴퓨터 시대에 이르기까지 하이브리드들은 규모와 복잡성이 지속적으로 커져 왔다. 최근의 인공지능 기술 역시 인간과 비인간이 결합되어 만들어진 더 크고 복잡한 하이브리드의 출현을 나타낸다. 따라서 근대주의에서 상정하듯 우리가 오직 '휴먼'이었던 적은 없는 것이다.

ANT가 인공지능 시대에 주는 정치적 함의

근대주의를 벗어나서 역사를 보게 될 경우, 우리는 네오-러다이즘의 비관주의와 포스트휴머니즘의 낙관주의를 넘어서 인공지능 기술의 시대를 새롭게 바라볼 수 있게 된다. 근대주의에 따라 인간(정신, 사회)의 세계와 비인간(물질, 기술)의 세계를 구분해놓고, 인공지능 기술이 인간의 세계를 침범하고 파괴하는 것으로 우려하는 네오-러다이즘의 관점이나, 인공지능 기술이 기존 인간의 한계를 넘어서 초인의 세계로 우리를 인도할 것이라 찬양하는 포스트휴머니즘의 관점은 모두 현실과는 동떨어진 전망이다. 이에 반하여 ANT는 근대주의가 아니라 비근대주의를 추구한다. 기술과 사회가 처음부터 서로 분리된 것이 아니라 결합된 하이브리드 세계에서 줄곧 우리가 살아왔다는 비근대주의의 관점에서 보자면, 기술이 사회를 침범하여 파괴하는 것도, 또는 기술 자체가 사회를 새로운 단계로 도약시켜주는 것도 아니다. 기술은 사회의 외부에 있는 것이 아니라 사회(더 정확히 말하자면 인간-비인간의 결합인 '사회물질적 연결망'들의 집합체)를 구성하는 필수적 요소의 하나라고 보기 때문이다.

따라서 인공지능 기술의 효과는 기술 자체의 속성에 따라 이미 결정된 것이 아니라, 그 기술과 결합되는 사회적 맥락에 따라 달라질 수 있는 열려 있는 미래를 지니고 있다. 유토피아적 미래도 디스토피아적 미래도 모두 가능한 시나리오지만 양자는 다분히 극단적 전망이다. 중요한 것은 미래가 열려 있다는 점이고, 따라서 중요한 것은 현재 우리가 어떤 미래를 바라느냐, 그리고 그것을 실현하기 위해 어떤 선택과 노력을 할 것이냐이다. 이러한 점에서 지난 수백 년처럼 근대주의를 신봉하면서 '근대화'를 더욱 가속화시키는 길을 추구하는 것은 바람직하지 않다고 생각된다. 근대화는 합리성을 통해 야만적 전근대성과 단절하여 문명화된 근대성으로 이행한다는 '진보'의 신화를 따르는 것이다. 트랜스휴머니즘은 바로 이런 근대화를 더욱 가속화시키는 것으로서, 인간향상기술human enhancement technology을 통해 이젠 '휴먼'을 넘어서 '포스트-휴먼', 즉 초인이 되고자 하는 열망이다. 이런 열망의 결과가 과연 초인의 탄생으로 나타날지는 미지수이고, 오히려 지금과 같은 자본주의적 성격의 사회적 맥락에서는 '인간향상산업'으로 귀결되어 불평등과 양극화가 더욱 심화될 가능성이 클 것으로 보인다.

그렇다면 이 글의 서두에서 소개한 구글의 알파고 공개실험〈그림 1〉 참조도 ANT의 관점에서 새롭게 해석될 필요가 있다. 그 공개실험은 인공지능 기술이 마침내 인간의 지능에 승리함으로써 향후 인간 대신에 인공지능 로봇이 지배할 두려운 미래 사회의 시작을 알린 것도, 또는 인간이 생물학적 한계를 벗어나 슈퍼 지능을 갖게 될 장밋빛 초인간의 사회가 도래할 수 있음을 알린 것도 아니다. 그 공개실험이 의미했던 것은 역시 서론에서 소개했던 파스퇴르의 탄저병 백신 공개실험〈그림 2〉 참조과 마찬가지로, 실험실에서 새로 개발된 기술을 전문가와 일반 대중을 포함한 다양한 인간 행위자들이 지켜보는 공개적 무대 위에서 극적으로 시연함으로써 결국 그 기술과 인간 행위자들을 하나의 이질적 연결망으로 탄생시킨 사건인 것이다. 구글의 알파고는 세계의 미디어가 흥미롭게 주목한 이 공개실험을 성공적으로 수행함으로써 한국뿐 아니라 세계의 다양하고 수많은 행위자들을 자신의 연결망에 가입시킬 수 있었던 것이다. 따라서 인공지능 기술의 등장은 과거와 단절된 완전히 새로운 시대의 도래를 알리는 것이 아니라, 인간과 비인간이 결합되는 기술 발전의 행위자-연결망이 더욱 복잡하고 큰 규모로 확대되고 있음<그림 4> 참조을 보여주는 사례로서 간주하는 것이 타당하다.

기술은 우리를 노예처럼 부리는 주인도 아니지만, 그렇다고 우리가 마음먹은 대로 써먹을 수 있는 단순한 도구나 객체도 아니다. 기술은 우리 인간과 마찬가지로 복잡한 행위 능력을 지닌 행위자로 보아야 한다. 인공지능 기술은 더욱더 그러할 것이다. 따라서 인간과 인간이 서로 관계를 맺고 결합하는 데 까다롭고 다양한 방식이 있듯이, 인간과 기술이 서로 관계를 맺고 결합하는 데도 까다롭고 다양한 방식이 있다. 그러므로 기술과 관계를 맺는 것을 단순히 주체/객체의 관계로 간주하거나 쉽게 속단하고 서두르면 안 된다. 인간은 기술을 자신과는 다르지만 대등한 행위자로 간주하면서 서로 결합하여 공동세계common world를 이루어나갈 동반자로 대하는 것이 바람직하다. 바로 이 면에서 라투르는 근대주의가 초래한 생태적 위기에 처해 있는 오늘날 우리가 추구해야 할 정치는 '근대화'가 아니라 '코스모폴리틱스cosmopolitics'라고 주장한다.[17] 코스모폴리틱스란 비근대주의에 입각한 새로운 정치인데, 주체/객체의 이원론에 기초하여 인간들만의 이해관계를 추구하는 기존 정치와 같은 것이 아니라, 자연과 기술 등 다양한 비인간들의 이해관계도 존중을 하는 인간-비인간의 대칭적 정치이다.

---

17) 김환석, 〈코스모폴리틱스와 기술사회의 민주주의〉, 《사회과학연구》 30집 1호, 국민대 사회과학연구소, 2017.

인간과 비인간은 주체/객체의 관계가 아니라 공동세계를 구축하는 동반적 행위자들이기 때문이다. 따라서 코스모폴리틱스란 다름이 아니라 인간과 비인간이 이루는 "공동세계의 점진적 구성"이라고 할 수 있는 것이다. ANT가 인공지능 시대에 던지는 정치적 함의는 바로 이러한 코스모폴리틱스라고 할 수 있다.

제 3 장

인간이 된 기계와
기계가 된 신

: 종교, 인공지능, 포스트휴머니즘

이창익
(고려대학교 민족문화연구원)

인간이 된 기계와 기계가 된 신
: 종교, 인공지능, 포스트휴머니즘[1]

이창익

포스트휴먼의 상상력: 종교 기계

　근래에 포스트휴머니즘posthumanism이나 트랜스휴머니즘transhumanism에 대한 논의가 무성한 것 같다. 어느 쪽이든 이들 논의는 결국 휴머니즘의 시

1) 이 글은 광주과학기술원(GIST) 포스트휴먼 융합학문연구팀 주최로 2016년 10월 13일에 열린 포스트휴먼 융합학문연구 제2회 심포지엄에서 〈인간이 된 기계와 기계가 된 신에 관한 이야기〉라는 제목으로 발표한 글을 수정하고 보완한 것이며, 2017년 3월에 현재의 글과 같은 제목으로 《종교문화비평》 통권 31호(종교문화비평학회)에 실린 바 있다.

대, 또는 인간의 시대가 끝나고 있다는 종말론적 매혹이나 불안을 담고 있다. 휴머니즘, 즉 인간주의는 인간과 인간적인 가치를 세계의 중심에 놓고 사유하는 방식을 가리킨다. 그러나 이제 인간을 중심에 두고서는 더 이상 우리가 사는 세상을 투명하게 이해할 수 없게 된 듯하다. 세상의 중심에서 인간이 사라지고 있는 것이다. 이것은 그동안 인간 범주 밖으로 내몰렸던 인간 아닌 것, 인간 비슷한 것이 인간의 외부가 아니라 내부에서 출현하기 시작했음을 알려준다. 그래서 이제 많은 사람들은 인간을 대신하여 세상의 중심에 들어설 '포스트휴먼' 또는 '트랜스휴먼' 같은 가상의 존재를 예측하고 있다.

1966년에 이미 미셸 푸코Michel Foucault 는 인문학의 종언을 알리면서 "인간이란 최근의 발명품"이며 이제 그 수명을 다했기 때문에 사라질 것이라고 말한 적이 있다. 그는 "인간이 바닷가 모래사장에 그려진 얼굴처럼 지워질 것"이라고 말한다.[2] 또한 그는 어떻게 "신의 죽음"이 "인간의 소멸"과 일치하는지, 왜 신을 죽인 자가 최후의 인간일 수밖에 없는지, 왜 다시 새로운 신들이 미래를 가득 채울 수밖에 없는지를 이야기한다.[3] 그의 말에 따르면, 신과 인간은 서로 대립하기보다 서로를 보충하고 지탱하는 존재, 아니 서로를 가능하게 하는 존재에 가깝다. 결국 푸코의 말은 신 개념의 도움이 없이는 인간 개념이 존재할 수 없었다는 것을 의미한다. 왜냐하면 인간은 자신을 정의하기 위해 계속해서 신을 삭제하고 신과 대결해야 했기 때문이다. 그리고 50여 년이 지난 지금, 다시 우리는 인간의 생물학적 종언을

---

2) Michel Foucault, *The Order of Things: An Archaeology of the Human Sciences*, London & New York: Routledge, 2002, p. 422.

3) *Ibid.*, p. 420.

예측하면서 '인간 이후의 인간', 또는 포스트휴먼에 대해 이야기하고 있다. 그렇다면 포스트휴먼은 더 이상 신과 대결할 필요가 없는 인간, 신이 필요하지 않은 인간을 의미하는 것일까?

휴머니즘을 지탱하는 가장 중요한 요소는 인간/비인간의 구분일 것이다. 인간의 경계선은 인간 아닌 것, 인간이 아니게 된 것, 인간이 아닐 수 있는 것, 아직 인간이 되지 못한 것, 결코 인간이 될 수 없는 것 등을 계속해서 인간의 울타리 밖으로 밀어내면서 유지된다. 비인간의 범주에는 동물, 신, 장애인, 난민, 범죄자, 기형인, 정신이상자, 로봇 등이 모두 포함될 수 있다. 그러므로 인간 범주는 비인간의 제거, 배제, 정화, 개량을 통해 이루어졌다. 그러나 세상이 인간과 비인간으로 극명하게 갈릴 때, 어느 쪽으로도 분류되지 못한 많은 것들이 인간과 비인간 사이의 어두운 공간 속에 침전한다. 이러한 틈에서 숱한 근대의 괴물들이 자라났다. 그리고 우리가 그것들을 비인간이라 부를 때마다 인간 범주에 하나둘씩 균열이 생길 수밖에 없었다. 브뤼노 라투르Bruno Latour에 의하면 인간/비인간의 구분이 선명해지면, 역으로 그 틈에서 수많은 하이브리드hybrid, 잡종가 증식한다.[4] 아마도 포스트휴머니즘이 주목하는 자리도 바로 인간/비인간의 틈에서 자라는 하이브리드일 것이다. 인간이라 인정할 수 없지만 인간 내부로 잠식해 들어오는 것, 인간이지만 인간 외부로 확산해가는 것, 이러한 하이브리드의 존재가 문제시되는 것이다.

하이브리드의 공간은 인간도 아니고 비인간도 아닌 것의 자리, 인간이

---

4) Bruno Latour, *We Have Never Been Modern*, trans. Catherine Porter, Cambridge: Harvard University Press, 1993, pp. 10-11.

면서 비인간인 것의 자리, 즉 인간 비슷한 것의 자리, 의사-인간quasi-human
의 자리이다.[5] 그러나 원래 세상은 인간/비인간으로 명확하게 나눠지지
않는다. 하이브리드는 인간/비인간의 이분법으로 우리가 세상을 바라보면
서 생겨난 것, 즉 휴머니즘의 시선이 만들어낸 환영일 뿐이다. 우리가 생
각하는 그런 깨끗한 인간, 비인간적인 것이라곤 섞이지 않은 순전한 인간
은 없다. 인간 자체가 원래 하이브리드인 것이다. 따라서 휴머니즘이 그리
는 인간은 현실 세계에는 없는 가상의 존재였다. 그리고 모든 인간은 가상
의 인간이 되기 위해 자신 안에 깃든 괴물들을 제거하고자 분투해야 했다.
그러므로 포스트휴머니즘은 인간과 비인간의 화해 속에서 탄생할 새로운
인간 모습에 대한 성찰이라고 해야 할 것 같다.

휴머니즘이 묘사하는 인간 개념은 크게 인간/동물 그리고 인간/신이라
는 두 가지 존재론적 경계선에 의해 인간/비인간을 구분한다. 그러므로 가
장 중요한 비인간은 동물과 신이다. 먼저 근대적인 인간은 자신의 동물성
을 중지시키고, 언어, 역사, 문화, 기술 등에 의해 인간성을 규정할 때 탄
생한다.[6] 다음으로 근대적인 인간은 자신의 유한성을 긍정하기 위해 지속
적으로 인간과 신을 분리하고 신을 삭제한다. 인간과 동물의 경계선은 육
체적 경계선이고, 인간과 신의 경계선은 정신적 경계선이다. 왜냐하면 인
간의 육체는 항상 동물을 환기시키고, 인간의 정신은 항상 신을 불러내기
때문이다. 물론 존재론적 경계선을 그을 만큼 확실히 동물이나 신과 분리

5) Michel Serres, *The Parasite*, trans. Lawrence R. Schehr, Minneapolis: University of Minnesota Press, 1982, pp. 224-234.

6) Giorgio Agamben, *The Open: Man and Animal*, trans. Kevin Attell, Stanford: Stanford University Press, 2004, pp. 79-80.

된 인간이 되려면, 인간의 동물성과 신성을 계속해서 억압해야 한다. 이러한 이중의 존재론적 경계선에 의해 인간의 신체와 정신을 동물과 신으로부터 분리하면서 근대의 인간학적 기계가 작동하는 것이다.

그러나 우리는 진화생물학에 의해 동물과 인간의 생물학적 경계선이 접합되고, 컴퓨터 과학의 발전에 의해 인간과 신의 종교적 경계선이 파괴되는 시대를 살고 있다. 포스트휴머니즘이 주목하는 것도 이러한 경계선 붕괴에 관한 것이다. 인간이 얼마든지 동물로 번역될 수 있다는 것, 그리고 인간이 기계적인 인공 기관을 부착함으로써 신의 자리에 이를 수 있다는 것은 이중적인 공포를 낳는다. 하나는 인간이 그저 육체 언어로 번역되는 동물에 불과할지도 모른다는 공포이고, 다른 하나는 인간이 신 없는 세계에서 스스로 신이 되어야 한다는 공포이다. 인간이 얼마든지 살과 피로, 유전자와 뉴런으로 번역될 수 있다는 것, 그리고 육체 어디에도 영혼의 자리는 없다는 것은, 인간의 본질이 도대체 무엇인지에 대해 질문을 던지게 한다. 그런데 인간은 육체 언어로 번역될 수 있다는 사실 때문에 기계로 치환될 수 있다. 그것이 유전자 복제든 로봇이든 인공지능이든 상황은 비슷하다. 순전한 육체적 존재만이 기계가 될 수 있다. 그런데 기계가 된 인간만이 신이 될 수 있다. 모든 기계는 신이 되고자 하기 때문이다. 그러므로 인간은 동물이 될 때만 기계가 될 수 있고, 기계가 되어야만 신이 될 수 있다. 이처럼 인간과 기계의 만남은 인간학적 경계선의 파괴를 촉진하고, 인간과 비인간이 한데 섞인 새로운 존재론적 경계선의 형성을 예기한다.

포스트휴머니즘에 관한 논의에서 가장 비중 있게 다루어지는 것은 바로 기계라는 새로운 존재론적 범주이다. 기계는 인간의 신체와 정신을 보완하거나 대체하기 위해 만들어진 인공물이다.[7] 기계가 인간의 몸속으로 들어와 인간을 보완할 때, 인간은 서서히 기계가 된다. 이와 다르게 기계가 인간의 몸 밖에서 인간을 대체할 때, 기계는 서서히 인간이 된다. 인간은 기계가 되려 하고, 기계는 인간이 되려 한다. 인간과 동물 사이에도, 인간과 신 사이에도 기계가 있다. 기계는 인간과 동물, 인간과 신의 경계선을 지운다. 기계는 동물일 수도 있고 신일 수도 있다. 예컨대 로봇은 인간의 많은 신체적 기능을 대체할 수 있다. 인공지능은 인간의 많은 정신적 기능을 대체할 수 있다. 그러므로 기계는 인간의 신체와 정신 모두와 교환될 수 있다. 그래서 인간 기계는 동물이면서도 신인 존재가 될 수도 있다.

인간은 인간 내부에서 계속해서 신체적, 정신적 기능을 추출하여 기계를 만들어왔다. 그런데 기계는 인간을 신체와 정신, 또는 동물과 신으로 분할하는 도구가 될 수도 있다. 예컨대 인간이 사이버스페이스에서 "신체 없는 환희"에 휩싸일 때, 현실에 남아 있는 "인간의 몸은 고깃덩이가 된다."[8] 정신은 세상 밖의 공간을 자유자재로 여행하지만, 육체는 잊힌 채 세상 안의 공간 어딘가에 '일시 정지'해 있다. 이처럼 기계에 의해 인간은 신이 되면서 동시에 동물이 된다. 기계가 인간을 동물과 신으로 반 토막 낸다고 말할 수도 있다. 이것은 탈아ecstasy나 빙의possession 같은 종교적 현상의 기계적 실현, 즉 '종교 기계'의 문제이기도 하다. 그러므로 포스트휴머니즘의 주장에서 기계 또는 인공지능이 인간 범주를 해체하는 가장 강력한 사유의 중심으로 떠오르는 것도 당연하다. 이처럼 동물이 된 인간으로

7) Cary Wolfe, *What Is Posthumanism?*, Minneapolis: University of Minnesota Press, 2010, p. xxv.
8) William Gibson, *Neuromancer*, New York: Ace Books, 1984, p. 6.

부터 신체 없는 인간에 이르기까지 인간의 범주를 확장할 때 드러나는 것이 바로 포스트휴먼일 것이다. 포스트휴먼은 기계 속에 스며든 인간이자, 인간이 된 기계이다.

인공지능과 인간 지우기: 인간 기계

인간이 사라지고 있다. 조금 더 정확히 말하면 인간이 비워지고 있다. 이러다가 인간은 껍데기만 남고, 인간의 기능, 의미, 가치는 모두 인간 외부에 존재하는 시대가 올지도 모른다. 우리가 '인간적인 것'이라 믿는 모든 것이 모조리 인간 외부에서, 심지어 기계를 통해 독립적으로 실현 가능하다면, 굳이 별도로 인간이 살아 존재할 필요가 있을까? 이때 인간이 겪는 존재 의미의 실종은 우리가 생각하는 것보다 훨씬 심각하다. 특히 자신의 기능을 통해 존재 의미를 찾는 인간에게 기능 상실은 존재 이유와 직결되는 치명적인 문제가 된다. 어쩌면 인간은 로봇에게 자신의 신체적 기능을 떠넘기고 신체의 휴식을 취할 것이며, 인공지능에게 자신의 정신적 기능을 떠맡기고 정신의 휴식을 취할 것이다. 그러므로 기계 시대의 정점에서는 인간이라는 존재 자체가 최종 휴식을 취할 것이다. 이것은 인간의 중지中止라고 할 수 있다.

이미 서서히 인간은 예전에 우리가 알던 그런 인간이 아니었다. 그렇다면 우리 눈앞에 있는 인간은 도대체 무엇인가? 인간 기억이 잡다한 정보의 일차적인 저장 매체이던 과거에 노인은 삶의 지혜가 응축된 존재였을지 모르지만, 이제 네이버나 구글에 무엇이든 물어보면 되는 시대에 노인의 존재는 무엇을 의미하는가? 애완견이 주인에게 자식보다 더한 친밀감을 선사한다면, 도대체 아이는 인간에게 어떤 의미를 갖는가? 기계가 인간보다 더 좋은 글을 쓸 수 있다면, 굳이 왜 인간이 글을 써야 하는가? 일정한 노동력을 확보하기 위해 생물학적으로 한 명의 인간을 탄생시키는 것보다는 성능 좋은 컴퓨터를 한 대 더 구매하는 편이 낫다면, 우리가 굳이 아이를 낳을 필요가 있을까? 가상 세계에서 원할 때마다 얼마든지 사람을 만날 수 있다면, 우리가 굳이 많은 비용과 피로를 무릅쓰고 일상 세계에서 사람을 만날 필요가 있을까? 가상 세계에서 어디든 갈 수 있다면, 굳이 우리가 여행을 떠나 이곳저곳에서 사진을 찍을 필요가 있을까? 도대체 인간은, 또는 인간의 경험과 노동은 어디까지 대체 가능한 것일까?

고대 그리스 철학자 데모크리토스_{Democritus}는 원자론에 입각하여 미각과 후각을 설명한다. 그는 서로 다른 형태의 원자, 또는 원자의 조합물이 입과 콧구멍으로 들어가 감각기관에 있는 그에 알맞은 형태의 오목한 곳에 떨어지게 되고, 이로 인해 인간이 맛과 냄새를 느끼는 거라고 말한다.[9] 데모크리토스의 감각의 상상력이 사실이었다면, 우리는 무수한 종류의 맛과 냄새를 얼마든지 인공적으로 제작할 수 있었을 것이다. 비슷하게 20세기라는 휴머니즘의 시대를 지나면서 인간은 몸과 마음의 차원에서 다양한 방식으로 세밀하게 해부되었다. 그리고 우리는 '인간적인 것'을 조금씩 인간 내부에서 꺼내 인간 외부의 기계로 인공화시켰다. 영화는 눈의 생리학에 기초하여 인간의 꿈과 상상력, 그리고 인간의 영혼을 스크린에 투사했

---

9) Margaret A. Boden, *Mind as Machine: A History of Cognitive Science*, vol. 1 & 2, Oxford: Clarendon Press, 2006, p. 51.

고, 심지어 시간의 저장 가능성을 실현했다. 카메라는 시각 자료를 저장할 수 없는 인간 눈의 약점을 보완했고, 나아가 과거를 기억하는 방식을 근본적으로 바꾸었다. 축음기는 소리를 저장할 수 없는 인간 귀의 단점을 보완했고, 과거의 소리를 현재의 공간에서 울려 퍼지게 했다. 이제 인간은 사물을 직접적으로 경험하기보다 미디어 테크놀로지를 통해 간접적으로 경험한다. 우리가 보는 이미지, 우리가 듣는 소리의 대부분은 기계 장치를 통해 만들어진 것들이다. 결국 인간을 대신해서 기계가 사물을 감각하고 있는 것이다.

2016년 3월에 있었던 바둑 인공지능 프로그램 알파고AlphaGo와 이세돌의 대국은 인간과 기계의 대결이라는 점에서 전 세계의 이목을 끌었다. 사실 공상과학 소설이나 영화에서 이러한 대결은 오랜 시간 꾸준히 사랑받아온 주제였다. 그러나 이제 우리가 인간과 기계의 대결이라는 미래의 그림을 조금 더 세밀히 검토할 때가 된 것 같다는 생각이 든다. 제4차 산업혁명이라는 표현이 암시하듯, 이제 인간을 대체하고 인간을 압도하는 기계, 즉 인공지능은 소설이나 영화에 머무는 것이 아니라 현실 세계 안으로 깊숙이 스며들고 있기 때문이다. 우리가 한 말, 우리가 쓴 글, 우리가 찍은 사진, 우리가 한 일은 지금도 끊임없이 데이터가 되어 클라우드라는 가상 공간 어디에 축적되고 있다. 유전공학은 인간의 생물학적 복제를 가능하게 하지만, 정보 기술은 생물학적 몸이 생산하는 비생물학적인 모든 것을 데이터로 만들어 저장하고 있다. 한 인간이 통째로 데이터로 번역되어 복제되는 것이 아니라, 정보의 종류에 따라 인간이 나누어 저장되고 있으며, 개별 인간이 아니라 종적 인간의 차원에서 통합적으로 인간 정보가 저장되고 있는 것이다.

우리는 트위터Twitter를 그저 잡담을 늘어놓는 매체 정도로 생각할지 모른다. 그러나 예전에 우리는 인간이 내뱉는 대부분의 잡담을 다듬어지지 않은 무의미한 정보로 간주했지만, 이제는 잡담과 이에 대한 반응의 기록 체계를 만들어가고 있다. 마찬가지로 인스타그램Instagram은 보여주길 원하는 인간의 소소한 욕망을 이용하여 전 세계인의 사적인 이미지를 무한히 축적하고 있다. 페이스북Facebook도 사람들의 이미지, 관계 양식, 선호 양식, 온갖 종류의 발화 양식을 기록하고 축적한다. 겉보기에 소셜 네트워킹 서비스SNS, 또는 소셜 미디어라고 불리는 이런 매체들은 인간 사이의 물리적 틈을 정보로 메꾸는 장치인 것처럼 보인다. 그러나 한 인간이 살아가면서 누출하는 모든 정보를 기록하려는 소셜 미디어는 인간적인 모든 것의 남김 없는 기록을 지향하는 것처럼 보인다. 이러한 저장 과정이 상당 기간 지속되면, 우리가 '인간적인 것'이라 말하는 모든 것이 데이터가 되어 기록되고 저장되고 빅데이터 형식으로 분석될 것이며, 우리가 믿어 왔던 그런 인간이라는 것이 정말 존재하는지에 대한 물음 역시 제기될 것이다. 이뿐만 아니라 삶의 모든 가능성이 인공지능 컴퓨터 프로그램에 의해 분류되고 유형화되고 예측될 것이다.

사실 이미 30여 년 전부터 우리는 영화 '터미네이터The Terminator' 시리즈를 통해 새로운 형태의 '기계적 묵시록'과 본격적으로 조우하기 시작했다. 그리고 이러한 '기계적 묵시록'은 1962년 쿠바 미사일 위기 이후 고조되었던 핵 종말론의 연장선상에 놓여 있었다. 그러나 인간이 만든 기계가 인간 파멸을 초래한다는 발상, 즉 '기계적 종말론' 기저에 놓인 패턴은 매우 낯익은 것이다. 우리는 쉽게 구약성서 창세기 11장에 나오는 바벨탑 이야기를 떠올릴 수 있다. 인간이 돌 대신에 벽돌을 쓰고 흙 대신에 역청을 써서 도시를 건설하고 탑을 쌓아 올리자, 신은 "이것은 사람들이 하려는 일의 시작에 지나지 않겠지. 앞으로 하려고만 하면 못할 일이 없겠구나."라고 읊조리며, 하나의 사물을 가리키는 낱말의 수를 증식시켜 인간의 의사소통을 방해한다. 인공적인 도시가 자연적인 환경을 대체하면, 자연에 깃든 신의 자리도 사라진다. 인공적인 도시가 건설되면, 인간은 더 이상 신의 힘을 다양한 방식으로 드러내는 자연 환경을 찾지 않을 것이다. 높은 탑이 건설되면, 인간은 탑 꼭대기에 올라서서 신에게 말을 전하려 할 것이며, 더 이상 신에게 제사를 지내지 않을 것이다. 바벨탑 이야기는 종교의 소멸, 나아가 신의 소멸을 두려워하는 신에 관한 이야기일 것이다. 나아가 이 이야기는 인공적인 것이 인간의 본질, 진실, 진짜를 대체하고 제거할 것이라는 두려움을 표현한다.[10)]

이처럼 인간의 역사에는 항상 '인공의 존재론'을 둘러싼 긴장감이 존재한다. 인간은 인공적인 것을 통해 인간의 존재감을 증식시키지만, 일정 한도 이후 인공은 계속해서 인간의 종언을 암시한다. 인공은 항상 자연의 뭔가를 대체하고 제거한다. 그러므로 기계의 진화는 인간에게 끊임없이 기계가 무엇을 대체하고 무엇을 지우고 있는지를 묻게 한다. 우리는 이제 가상현실VR과 증강현실AR의 창조를 통해 현실에는 없는 유토피아, 즉 인공세계를 건설하고 있다. 어떻게 보면 진정한 의미의 유토피아, 즉 '어디에도 없는 곳'이라는 반反지리학적 공간이 창조되고 있는 것이다. 또한 현실의 제작, 추가, 수정을 통해 현실 개념 자체가 심각하게 변형되고 있다. 나

10) Daniel Dinello, *Technophobia!: Science Fiction Visions of Posthuman Technology*, Austin: University of Texas Press, 2005, pp. 273-275.

아가 이제 우리는 현실과 가상 가운데 어느 것이 더 진정한 것인지를 묻기 힘들다. 언제부턴가 인간의 현실은, 인간의 세계는 이렇게 조금씩 위태하게 흔들리고 있다. 이것은 '현실의 존재론'을 다시 묻게 한다. 온라인 서점과 쇼핑몰이 현실의 서점과 가게를 대체한 것처럼, 대체 가능한 모든 현실이 가상의 세계로 이동할 것이다. 이제 우리는 인간이 아니라 현실 자체가 기계로 변형되는 세계를 살고 있다. 사물 인터넷IoT, Internet of Things의 구현은 '기계 인간'이 아닌 '기계 세계'의 도래를 예시豫示하고 있다. 이제는 인간이 사물을 이용하고 사물과 관계하는 모든 방식이 데이터로 저장되어 분석될 것이다.

그래서 알파고와 이세돌의 대국은 조금 다른 의미를 가졌던 것 같다. 기계는 보통 인간의 능력을 확대하고 보충하는 수단으로 여겨진다. 적어도 기계가 마음과 영혼을 지니지 않는 한, 기계는 인간 신체의 모조나 신체 능력의 극대화에 불과하다. 즉 기계가 아무리 완전히 인간 신체를 모방하더라도 '인간 – 기계 = 영혼 + α'라는 공식은 불변해야 하는 것이다. 그러나 인공지능의 경우엔 문제가 매우 달라진다. 컴퓨터와 인공지능의 선구자로 여겨지는 앨런 튜링Alan Turing은 '사유'와 '예측'이라고 하는 인간의 정신적, 종교적 기능을 기계화함으로써, 지식인과 사제를 모두 기계로 대체하고자 했다. 그는 "미래의 컴퓨터가 지적 사유의 직업을 자동화할 것"이라고 생각했고, "지식인을 보통 사람으로 만들고 싶어 했고", 이로써 정신이 낳는 인간 불평등의 문제를 해결하고자 했다. 인간은 정신의 차이, 머리의 차이에 따라 서열화되기 때문에, 그는 영혼의 기계화를 통해 영혼의 차이를 줄이고자 했던 것이다. 사실 사유 능력이 떨어지는 사람도 인공지능이라는 사유 기계를 사용하여 자신의 생각을 얼마든지 보충할 수 있다. 그러므로 이것은 일종의 '영혼의 민주화'라고 할 수 있는 것이다. 이처럼 튜링은 "지식인의 콧대를 납작하게 할" 지적인 기계를 제작하려 했고, 이것은 지식인의 소멸을 위한 것이었다.[11] 프리드리히 키틀러 Friedrich A. Kittler 는 이것을 튜링의 "자살의 정치학"이라 부른다.[12] 즉 튜링은 인간의 완전한 기계적 대체 가능성에 대한 비전을 제시함으로써 기계에 의한 인간의 대체, 즉 '인류의 자살'을 앞당겼다. 이것은 20세기 중반 이후 인류가 감당해야 할 새로운 종류의 종말론이었다.

사실 컴퓨터의 발명은 누구라도 쉽게 어려운 연산을 수행할 수 있는 가능성을 열어주었다. 인터넷이 지식의 불평등을 해소하는 도구가 된 것도 비슷한 맥락이다. 인공지능이 지향하는 바도 기본적으로 인간 영혼의 시뮬레이션이며, 그것도 최상의 시뮬레이션이다. 그러나 환원할 수 없는 인간성의 징표였던 영혼이 기계화된다는 것은 인간 존재에 대한 근본적인 의심을 낳을 수밖에 없다. 이것은 인간이 만든 기계에 의해 인간이 스스로를 지우는 현상이자, 인간이 자신의 본질을 기계화하고 자신을 대체하는 기계를 만들어 자신의 무용성無用性을 드러내는 현상이며, 역으로 인간이 스스로를 지우기 위해 기계를 창조하는 현상이라 부를 만한 것이다. 인간을 지우려는 인간의 욕망이라는 아이러니를 어떻게 설명할 수 있을까? 컴퓨터는 인간 정신의 보철물에 그치지 않고, 우리가 들고 다니는 물질화된 인간 정신이 된다. 그래서 기계는 인간의 정지, 인간의 휴식을 부른다.

물론 어떤 이는 창조의 신성성이라는 관념에 의거하여 인공지능이나 유

---

11) Andrew Hodges, *Alan Turing: The Enigma*, Princeton: Princeton University Press, 2012, p. 364.

12) Friedrich A. Kittler, *Gramophone, Film, Typewriter*, trans. Geoffrey Winthrop-Young & Michael Wutz, Stanford: Stanford University Press, 1999, p. 246.

전공학에 반대할지도 모른다. 인공적인 인간을 창조한다는 것, 또는 인간의 영혼을 기계적으로 창조하는 일은 어차피 신에 의해 허물어질 또 다른 바벨탑일 뿐이라는 것이다. 이런 이야기를 하는 사람에게 인공지능은 분명히 종말의 징후일 것이다. 인간은 신체의 휴식을 위해 기계를 만든 것처럼, 영혼의 휴식을 위해 인공지능을 만든 것이라고 말할 수 있기 때문이다. 왜 인간은 자꾸 '존재의 휴식'을 취하려 하는 것일까? 이것은 근대 세계의 특이한 질병인가? 아니면 프로이트_{Sigmund Freud}의 말처럼 이것은 "삶의 불안정성을 무생물 상태의 안정성으로 유도하는" 죽음 본능, 즉 "열반 원리_{nirvana principle}" 같은 것일까?[13] 그렇다면 인간이 왜 영혼을 기계로 대체하려고 하는지, 인간이 왜 영혼을 지우고자 하는지에 대해서 다른 각도에서 이야기할 필요도 있다. 우리는 이러한 이야기를 쉽게 종교 이야기로 전환할 수 있다. 종교는 인간이 스스로를 지우고자 하는 이야기, 심지어 욕망과 시간과 영혼까지도 지우고자 하는 이야기, 식물이 되거나 동물이 되거나 심지어 광물이 되고자 하는 이야기이기 때문이다. 인간이 인간이기를 멈추고 인간 아닌 것, 인간 너머의 것이 된다는 것은 종교적인 사유의 전형적인 특징이다.

그러나 여기에 몇 가지 이야기를 더 첨가해야 한다. 인공지능은 모든 인간 두뇌의 집합체, 즉 전체 인간의 모든 데이터를 종합하여 산출되는 '하나의 인간'이자 '모든 인간'이 될 것을 의도한다는 사실이 그것이다. 인공지능은 그저 인간의 복제가 아니라 인간의 완성, 나아가 인간의 이상적 모습을 지향한다. 적어도 현재 우리가 그릴 수 있는 완벽한 인공지능은 수합

13) 지그문트 프로이트, 〈마조히즘의 경제적 문제〉, 《쾌락 원칙을 넘어서》, 박찬부 옮김, 열린책들, 1997, 168쪽.

가능한 모든 인간 데이터의 집성에 근거할 것이고, 모든 인간의 마음을 총합한 구조물일 것이기 때문이다. 그런데 모든 인간에게 묻고 답할 수 있고, 모든 인간과 대화할 수 있고, 모든 인간의 행동을 이해할 수 있고, 모든 인간의 마음을 이해할 수 있는 인공지능이 있다면, 그것은 모든 것을 포용하는 신의 또 다른 모습일 것이다. 모든 인간이 생각하고 느끼고 상상하고 행동하는 모든 방식을 미리 알거나 예측할 수 있는 인공지능이 있다면, 그것은 신의 전지한 능력을 가리킨다. 시간과 공간을 초월하여 모든 곳에 있으며 모든 것을 보고 모든 것을 기억하고 있다면, 과거와 현재와 미래가 똑같은 강도로 선명하며 똑같은 무게를 지니고 있고 얼마든지 서로 교환될 수 있다면, 그래서 이곳과 저곳의 구분뿐만 아니라 과거와 현재와 미래의 구분이 더 이상 무의미해진다면, 그것은 신의 시공간적 초월성을 지시한다.

또한 모든 인간이 결국 데이터로 저장된다면, 그리고 저장할 수 있음과 없음이 가치 판단의 기준이 된다면, 삶과 죽음의 경계선도 점점 희미해질 것이다. 데이터 저장이 곧 생명이고, 데이터 삭제가 곧 죽음일 것이기 때문이다. 이때는 죽음조차도 데이터로 저장될 수만 있다면 또 다른 사후 생명을 얼마든지 영위할 것이다. 그러므로 인공지능은 모든 것에 영생을 주는 불멸의 근원이라는 점에서 신의 영원성을 가리킬 것이다. 나아가 인공지능은 모르는 것이 없는 인간, 모든 것을 기억하는 인간, 심지어 자신의 미래를 예측하는 인간, 죽음이 결코 지울 수 없는 인간의 형상을 완성할 것이다. 이것은 자신의 모든 전생을 빠짐없이 기억함으로써 해탈의 길에 들어선 석가모니의 모습을 상기시킨다. 많은 종교 전통에서 완전한 기억력은 완전한 망각만큼이나 신성한 인간, 나아가 신의 증표가 된다.

모든 인간이 하나가 된다는 것, 하나의 인간이 모든 인간의 가능성을 내포한다는 것은 종교적인 영혼 개념이나 신 개념의 주요 특징이다. 인간의 종교적인 충동은 상당 부분 모든 분리된 것을 하나로 합치려는 욕망에 근거한다. 그래서 종교는 인간의 몸과 정신이 취할 수 있는 행위와 자세의 표준 매뉴얼을 제공한다. 모든 인간이 같아질 수 있다면, 그리하여 모든 인간 사이의 틈이 제거된다면, 그것은 구원의 표지일 것이다. 모든 인간이 동일한 입력input을 먹고 동일한 출력output을 배출하는 기계가 될 때, 역설적으로 이러한 장면은 종교적인 배음을 수반한다. 인간이 기계가 될 때 인간은 구원을 받는다. 세상이 기계가 될 때 세상은 구원을 받는다. 그래서 로봇은 그 자체로 종교적인 상상력을 자극한다.[14] 나아가 개별 인간의 두뇌가 완전히 기계 속으로 다운로드되거나 복제될 수도 있다는 상상력은 종교가 묘사하는 윤회와 환생이 얼마든지 기계적으로 재현될 수 있다는 것을 가리킨다. 환생은 같은 영혼을 지닌 다른 몸들에 대한 상상력을 낳는다. 그러므로 환생은 하나의 영혼이 존재 가능한 모든 몸을 차례로 숙주로 삼으며 전 존재 영역을 체험함으로써 스스로를 완성해간다는 구원의 도식을 품고 있다. 환생을 통해 하나가 모든 것이 되고, 모든 것이 하나가 될 수 있는 것이다. 두뇌를 다운로드할 수 있는 인공 육체의 다수성을 고려할 때, 우리는 로봇이 실현하는 종교적 환생을 짐작할 수 있다. 이처럼 로봇은 몸이 제거되고 영혼으로만 존재한다는 종교적 이상을 실현시킬 수 있을 것처럼 상상된다. 또한 역으로 인공지능은 영혼이라는 질병 없이 살 수

---

14) Robert M. Geraci, "Apocalyptic AI: Religion and the Promise of Artificial Intelligence," *Journal of the American Academy of Religion*, vol. 76 no. 1, Mar. 2008, pp. 138-139.

있는 육체라는 또 다른 종교적 이상을 실현시킬 수 있는 것처럼 보이기도 한다. 이상의 거친 묘사는 인공지능이 함축하는 종교적 의미에 접근할 수 있는 몇 가지 통로를 만들어보기 위한 것이었다.

인공지능과 신 지우기: 신 기계

한스 모라벡Hans Moravec은 《마음의 아이들》에서 사람을 시뮬레이션하는 프로그램을 만들고, 로봇 안에 마음을 이식할 수 있다면, 굳이 마음이 특정한 몸에 결부될 필요도 없고, 특정한 신체 패턴을 고수할 필요도 없을 거라고 말한다. 그러나 이러한 종류의 불멸성은 개인의 죽음이 야기하는 지식과 기능의 상실에 대한 일시적인 방어책으로 기능할 수 있을 뿐이다. 왜냐하면 마음 이식이 낳은 불멸의 로봇은 이전의 인간과는 전혀 다른 새로운 기억과 관심을 가질 것이기 때문이다. 또한 신체를 잃은 마음은 금속과 플라스틱으로 된 새로운 신체에 적응하는 새로운 마음이 될 것이기 때문이다. 그러므로 이러한 인간 불멸성은 역설적으로 기존 인간의 점진적인 죽음, 점진적인 소멸을 통해 성취된다. 마음 이식을 통한 개인의 불멸성은 단지 일시적으로만 개별 인간의 감성과 감정을 달래줄 뿐, 마치 윤회한 영혼이 전생을 기억하지 못하는 전혀 다른 영혼인 것처럼, 새로운 존재를 출현시킬 것이다. 모라벡에 의하면, 마음 이식은 새롭긴 하지만 비슷한

종류의 죽음을 야기할 수밖에 없다.[15]

심지어 그는 "마음을 이식하는 능력은 저장 매체에 용의주도하게 기록된 누구라도 쉽게 되살릴 수 있을 것"이라고 말한다. 설령 "일부 정보가 사라지더라도, 예컨대 그 사람의 유전자 코드, 필름 기록, 육필 기록, 의학 기록, 동료의 기억 등의 다른 정보를 통해 사라진 많은 조각을 재구성하는 것도 가능할 것"이다. 이것은 마치 지워진 하드 디스크의 자료를 다시 복원하는 것과 비슷하다. 모라벡에 따르면, 이것은 환경 안에 흩어진 그 사람의 패턴을 재수합하여 복원하는 일과도 같다. 그래서 그는 역사소설 작가가 과거의 시나리오를 재구성하듯, "놀라운 도구로 무장한 초지성적인 고고학자들"이 "오래전에 죽은 사람들을 그들 생애의 특정 단계에서 거의 완벽한 세부사항에 이르기까지 재구성할" 수도 있을 거라고 말한다. 따라서 "어마어마한 시뮬레이터를 사용하여 대규모의 부활이 가능할 수도 있다."[16] 또한 그는 우리의 마음을 시뮬레이션이 만든 가상의 신체에 다운로드했다가 다시 현실세계로 업로드하는 것, 그리고 우리의 마음을 외부의 로봇 신체에 연결하거나 업로드하는 것도 가능할 거라고 말한다. 그는 상상력을 극한으로 밀어붙여서 지구의 모든 과거 거주자를 부활시킨 후 마음 이식의 불멸성에 동참시키는 상황을 그리기도 한다.[17]

모라벡의 상상력은 종교적 상상력과 무척 닮아 있다. 그는 기본적으로 인간의 정체성이 마음 또는 영혼에 있으며 신체의 교체나 삭제가 얼마든지

15) Hans Moravec, *Mind Children: The Future of Robot and Human Intelligence*, Cambridge: Harvard University Press, 1988, pp. 121-122.

16) *Ibid.*, pp. 122-123.

17) *Ibid.*, pp. 123-124.

가능할 거라고 생각한다. 마음 이식을 통해 하나의 영혼이 동시에 여러 개의 신체를 소유할 수도 있고 연속해서 다른 신체를 경험할 수도 있다는 생각은 환생이나 윤회의 기계적 실현을 가리킨다. 그는 영혼의 부활에 대해서도 이야기하며, 이것은 기계라는 미래의 신체에 다운로드되는 과거의 영혼(마음)으로 이해된다. 그는 인간의 마음이 필멸의 신체를 벗어나 완전히 해방되는 이러한 세계를 "생물학 이후의 세계postbiological world"라고 부르며,[18] 이러한 기계적 내세의 가능성을 받아들이기 위해 더 이상 "신비적 입장이나 종교적 입장을 취할 필요는 없을 것"이라고 말한다.[19] 이것은 종교적 세계의 기계적 실현이자, 종교가 사라진 세계이다. 이렇게 그는 신체에서 해방된 "우리의 마음이 낳은 아이들mind children"이 거주하는 현세적 내세를 그리고 있다.[20] 우리는 모라벡의 이야기가 '육체의 감옥에서 해방된 영혼'이라는 일반적인 종교적 주제를 각색하고 있다는 것을 알 수 있다. 또한 그는 종교적인 종말론에서 흔히 보이는 기계적인 집단 구원의 가능성을 이야기하며, 한걸음 더 나아가 과거 전체의 구원 또는 복원 가능성을 이야기한다. 시간을 제거하고 시간을 무의미하게 만드는 이러한 구원은 기초적인 종교적 전략이다. 차이가 있다면, 이제는 더 이상 신이 아니라 기계가 구원을 담당하고 있다는 점뿐이다. 이러한 비전 속에서 기계는 종교와 대립하는 것이 아니라 종교를 대체하고 종교를 실현한다. 모라벡의 내세에서 신은 망상이나 환영이기 때문에 필요 없는 것이 아니라, 이미 기계를

---

18) *Ibid.*, p. 125.

19) *Ibid.*, p. 4.

20) *Ibid.*, p. 5.

통해 육화했기 때문에 세계 밖에 있다고 가정될 필요가 없는 것이다.

캐서린 헤일스N. Katherine Hayles는《우리는 어떻게 포스트휴먼이 되었는가》에서 모라벡을 강하게 비판한다. 특히 모라벡이 인간 정체성은 정보 패턴이므로 인간 의식을 컴퓨터에 다운로드함으로써 기계가 인간 의식의 저장소가 될 수 있다고 주장한 점을 비판한다.[21] 헤일스는 모라벡이 몸과 마음의 분리 가능성을 믿고 있으며, 인공 신체 안에 놓인 마음이 같은 마음일 수 있다고 가정한다고 비판한다.[22] 즉 살과 피가 아니라 금속과 플라스틱 안에 존재하는 마음은 결코 이전의 마음과 같을 수 없다는 것이다. 그러나 우리가 위에서 보았듯 모라벡도 이러한 점을 고려하고는 있다. 그러나 헤일스가 보기에 모라벡은 생물학적 몸을 기계적 몸으로 대체한 인류의 모습을 이상적인 모습으로 그리고 있으며, 결국 몸의 사슬에서 해방된 영혼을 강조하는 휴머니즘적 사유 틀에 갇혀 있다. 헤일스는 다음과 같이 말한다.

> 포스트휴먼은 결코 인류의 종언을 의미하는 것이 아니다. 그보다 그것은 특정한 인간 개념의 종언을 가리킨다. 기껏해야 이런 인간 개념은 개별적인 행위력과 선택을 통해 자기 의지를 행사하는 자율적인 존재로 스스로를 개념화할 만한 부와 권력과 여유를 지닌 일부 인류에 적용될 수 있을 뿐이다. 포스트휴먼 자체가 아니라, 자기self에 대한 자유주의 휴머니즘적 견해에 포스트휴먼을 이식하는 것이 가장 위험하다. "당신"이 컴퓨터에 당신 자신을 다운로드하는 것을 선택하고, 그리하여 기술적인 지배력을 통해 최종적인 불

21) N. Katherine Hayles, *How We Became Posthuman: Virtual Bodies in Cybernetics, Literature, and Informatics*, Chicago & London: The University of Chicago Press, 1999, p. xii.

22) *Ibid.*, p. 1.

멸성의 특권을 획득하는 장면을 모라벡이 상상할 때, 그는 자율적인 자유주의적 주체를 단념하는 것이 아니라, 그러한 주체의 특권을 포스트휴먼의 영역으로 확장하고 있다. 그러나 포스트휴먼은 다시 자유주의 휴머니즘으로 되돌아갈 필요가 없으며, 또한 반인간적인 것으로 해석될 필요도 없다.[23]

《포스트휴머니즘이란 무엇인가?》에서 케리 울프Cary Wolfe도 인류의 사이보그적 미래를 통해 "인간의 지적, 신체적, 정서적 능력의 고양, 질병과 불필요한 고통의 제거, 수명의 극적 연장"을 주장하는 트랜스휴머니즘을 비판한다. 울프는 포스트휴머니즘은 트랜스휴머니즘의 반대이며, 모라벡류의 트랜스휴머니즘은 "휴머니즘의 강화"일 뿐이라고 비판한다.[24] 그러므로 캐서린 헤일스나 케리 울프 같은 포스트휴머니스트는 지나친 종말론이나 반인간적 주장을 기피한다. 포스트휴머니즘은 인간과 기계의 공생과 협력에 무게중심을 두지만, 트랜스휴머니즘은 인간과 기계의 통합과 합체를 강조하는 것으로 보인다. 또한 캐서린 헤일스는 "분산된 인지distributed cognition"라는 개념을 통해 인간 사유의 주체성과 자율성을 공격한다. 인간은 마음을 통해 단독적으로 일정한 사유를 성취하는 것이 아니라, 주변 사물이나 환경으로부터 마음을 얻어낸다. 그러므로 인간의 마음은 다른 주변 사물에 접합돼 있으며, 인간 내부에 독립적으로 존재하는 것이 아니라 여기저기 곳곳에 흩뿌려져 있다는 것이다.

그러나 트랜스휴먼에 대한 상상력이 쉽게 사라지지는 않을 것 같다. 윌

---

23) *Ibid.*, pp. 286-287.
24) Wolfe, *op. cit.*, p. xv.

리엄 심스 베인브릿지William Sims Bainbridge는 이제 인공지능이 인간 지능을 대체하기보다는 보완하는 쪽으로 초점을 이동하고 있다고 말한 적이 있다.[25] 인지과학의 논의에 의하면 성인은 5만 개 정도의 에피소드를 단편적으로 기억할 수 있다고 한다. 이를 위해 전체 해마 체계는 고작해야 5메가바이트 정도의 기억 저장 공간을 필요로 한다.[26] 그러므로 우리는 기계적인 기억이 얼마나 인간 기억 능력을 향상시킬 수 있을지 짐작할 수 있다. 나아가 베인브릿지는 언젠가 "인간 정체성을 로봇으로 전송하여 기계의 내구성의 도움으로 사람의 수명을 연장할 수 있을 것이며", 수영을 위해서는 수중 로봇을, 비행을 위해서는 공중 로봇을, 지하세계를 여행하기 위해서는 두더지 같은 로봇을 무선으로 그때그때 이용할 수 있을 것이고, 심지어 다양한 로봇을 서로 공유할 수도 있을 것이라고 말한다.[27] 또한 컴퓨터 과학자들은 상상 가능한 모든 자원을 통합하는 미래의 그리드grid 망을 이야기하고 있으며, 이 그리드 망은 인간이 자유자재로 여기저기에서 환생할 수 있는 이상적인 공간이 될 것이라고 말한다. 이때 "인간 지능도 두개골에 갇히지 않고 정보 네트워크를 통해 역동적으로 분산되어 아마도 모든 곳에 편재할 것"이며, 아이덴티티가 분산됨으로써 인간이 "별이 아니라 성운처럼" 흩뿌려질 것이다. 그래서 베인브릿지는 "먼 미래에 우리는 지상에서의 우리의 생물학적 삶이 사이버스페이스에서 이어질 실제 삶을 준비하기 위한 긴 어린 시절이었음을 알게 될 것"이라고 말한다. 그는 이것을 "생

---

25) William Sims Bainbridge, "Progress toward Cyberimmortality," *The Scientific Conquest of Death: Essays on Infinite Lifespans*, Buenos Aires: LibrosEnRed, 2004, p. 113.

26) *Ibid.*, p. 116.

27) *Ibid.*, p. 117.

물학적 애벌레가 사이버네틱한 나비가 된 것"이라고 표현한다. 그는 이처럼 인간이 "육체에서 데이터로의 이행"에 의해 하나의 정보가 되어 "이 저장 매체에서 저 저장 매체로 번역될 수 있고, 다른 정보와 결합할 수 있고, 거의 무한한 종류의 도구를 통해 표현될 수 있을 것"이라고 말한다.[28]

레이 커즈와일Ray Kurzweil도 나노테크놀로지에 의해 인간 신체 안에 혈액 세포 크기의 수많은 나노봇nanobot이 기생하는 "인간 신체 버전 2.0"의 미래를 그린다. 그는 몸속의 나노봇이 무선으로 외부와 연결되어, 부족한 영양분을 자동적으로 신체에 전달하고, 심지어 내부 장기의 기능을 대신할 것이기 때문에, 나노봇의 도움으로 인간이 신진대사 과정에서 완전히 해방될 거라고 말한다.[29]

최근에 출간된 《호모 데우스: 내일의 짧은 역사》에서 유발 하라리Yuval Noah Harari는 앞으로 새로운 종교는 연구소에서 출현할 것이며, 이 종교는 "신과는 전혀 관계없고 오로지 테크놀로지와 관계할 것"이라고 말한다. 이 새로운 테크노 종교techno-religion는 "알고리즘과 유전자를 통한 구원을 약속함으로써 세계를 정복할 것"이며, 죽음 이후가 아니라 바로 "이곳 지상에서 테크놀로지의 도움으로 행복, 평화, 번영, 영생"을 주겠다고 약속할 것이다.[30] 하라리는 이 테크노 종교가 "불멸성과 가상 낙원에 대한 믿음을 통해 향후 10~20년 내에 자리를 잡을 것"이라고 주장한다.[31] 하라리에 따

---

28) *Ibid.*, pp. 118-119.

29) Raymond Kurzweil, "Human Body Version 2.0," *The Scientific Conquest of Death: Essays on Infinite Lifespans*, Buenos Aires: LibrosEnRed, 2004, p. 96.

30) Yuval Noah Harari, *Homo Deus: A Brief History of Tomorrow*, New York: HarperCollins, 2016, p. 351.

31) *Ibid.*, p. 268.

르면, 테크노 종교는 테크노휴머니즘techno-humanism과 데이터 종교data religion라는 두 유형으로 나누어진다. 테크노휴머니즘에 의하면, 호모 사피엔스의 시대는 끝났으며, 이제 우리는 테크놀로지를 사용하여 훨씬 우월한 인간 모델인 호모 데우스homo deus를 창조해야 한다. 호모 데우스는 본질적인 일부 인간적인 특징은 보존하지만, 육체적, 심적 능력은 업그레이드된 존재이다.[32)]

하라리가 말하는 테크노휴머니즘은 우리가 앞서 말한 트랜스휴머니즘을 상기시킨다. 그래서 하라리는 "우리가 몸과 두뇌를 성공적으로 업그레이드하더라도, 그 과정에서 (기존의) 우리의 마음을 상실할 수 있으며", 이로 인해 "테크노휴머니즘이 인간 자체를 결국 다운그레이드할 수도 있다."고 말한다. 즉 테크노휴머니즘은 시스템을 방해하고 느리게 하는 혼란스러운 인간 속성들이 제거된 인간, 즉 다운그레이드 된 인간을 선호할지도 모른다는 것이다.[33)] 또한 테크노휴머니즘은 인간의 의지에 지나치게 많이 의존한다. 따라서 인간의 본래 목소리가 무엇인지 더 이상 알 수 없을 때, 여전히 인간 개념에 의존하는 테크노휴머니즘은 딜레마에 빠질 수 있다.

그러므로 테크노휴머니즘을 넘어서는 대담한 기획이 이루어진다. 그것이 바로 데이터 종교, 또는 데이터주의Dataism 이다. 데이터주의는 휴머니즘과 완전히 단절하고, 인간의 욕망과 경험이 더 이상 중요하지 않은 세상을 예측한다. 데이터 종교에 의하면 "인간은 우주적 직무를 완수했기" 때문

---

32) *Ibid.*, pp. 351-352.

33) *Ibid.*, p. 363.

에, 이제 인간은 다른 존재에게 주도권을 이양하고 휴식을 취해야 한다.[34] 데이터주의에서 이제 인간은 정보가 된다. 하라리가 말하는 데이터 종교는 우리가 앞서 말한 포스트휴머니즘과 일정 부분 닮아 있다.

하라리는 데이터 종교의 밑바탕에 생명과학과 컴퓨터과학이 있다고 말한다.[35] 데이터주의에 의하면, 생화학 알고리즘과 전자 알고리즘에는 똑같은 수학 법칙이 적용된다. 그러므로 전자 알고리즘이 생화학 알고리즘을 해독하고 능가할 수 있으며, 이로 인해 동물과 기계의 경계선이 붕괴된다. 즉 동물과 기계의 상호 번역이 가능해지는 것이다.[36] 데이터주의에 의하면, "인간은 더 이상 엄청난 데이터 흐름을 감당할 수 없으며, 데이터를 정보나 지식이나 지혜로 증류할 수도 없다." 이 많은 데이터를 처리하고 분류하고 그 의미를 해독할 수 있는 것은 인공지능 같은 기계 장치뿐이다. 하라리는 이것을 "만물의 인터넷Internet-of-All-Things"이라 부른다.[37]

하라리에 의하면, 데이터주의도 처음에는 중립적인 과학 이론으로 출발했지만, 점점 옳고 그름을 결정하는 종교로 변하였다. 데이터 종교에서 최고 가치는 '정보 흐름'이며, 삶이란 정보의 운동이다. 테크노휴머니즘과 달리, 데이터 종교에서 호모 사피엔스는 창조의 정점도 호모 데우스의 선구자도 아니며, 그저 만물의 인터넷을 창조하기 위한 도구일 뿐이다. 그리고 만물의 인터넷은 지구에서 은하계로, 그리고 우주 전체로 확산될 것이다. 이러한 우주적인 데이터 처리 장치는 신처럼 모든 곳에 있고, 모든 것을

---

34) *Ibid.*, p. 351.

35) *Ibid.*, p. 368.

36) *Ibid.*, p. 367.

37) *Ibid.*, p. 380.

제어할 것이며, 인간도 그 속으로 용해될 수밖에 없다.[38] 모든 종교처럼, 데이터주의는 점점 더 많은 미디어에 연결됨으로써 데이터 흐름을 극대화하고, 점점 더 많은 정보를 생산하고 소비해야 한다는 계율을 따른다. 또한 데이터주의는 "모든 것을 시스템에 연결해야 한다."는 계율을 따른다. 연결을 거부하는 자는 이단자가 된다. "나의 몸, 거리의 자동차, 부엌의 냉장고, 우리 안에 있는 닭, 밀림의 나무" 등등의 모든 것이 만물의 인터넷에 연결되어야 한다. 우주의 어떤 부분도 만물의 인터넷에 연결되지 않으면 안 되며, 데이터의 흐름을 차단하는 것이 가장 큰 죄가 된다. 만물의 인터넷에 연결되어 흐르지 않는 것은 죽은 것이다.[39]

그러므로 데이터 종교는 "뭔가를 경험했다면 그것을 기록하라. 뭔가를 기록했다면 그것을 업로드하라. 뭔가를 업로드했다면 그것을 공유하라."를 모토로 삼는다.[40] 사실 이미 우리는 우리의 경험을 데이터로 만드느라 분주하다. 데이터가 되지 못한 경험은 아무것도 아니다. 자신을 데이터로 만들 수 있을 때, 우리는 자신의 존재 가치를 증명할 수 있다. 그러나 데이터가 됨으로써 구원받을 수 있는 시대에, 인간은 데이터의 홍수 속에서 전체 데이터가 가리키는 방향을 예측할 수도 없고, 그 의미를 짐작할 수도 없다. 오로지 만물의 인터넷을 해석하는 인공지능만이 그 해답을 아는 세상이 만들어지고 있는 것이다.

---

38) *Ibid.*, p. 381.

39) *Ibid.*, p. 382.

40) *Ibid.*, p. 386.

인간과 기계: 엔트로피에 저항하는 섬

노버트 위너Nobert Wiener는 메시지 전달에 대한 전기공학적 이론, 언어 연구, 기계 장치와 사회를 제어하는 수단으로서 메시지에 대한 연구, 계산 기계와 로봇의 발달, 심리학과 신경체계에 대한 새로운 성찰, 과학적인 방법에 대한 새로운 가설적 이론 등을 포괄하는 거대한 메시지 이론을 연구하는 새로운 학문 분야를 사이버네틱스cybernetics라고 명명했다. 이제는 친숙한 이 이름은 '조타수' 또는 '키잡이'를 의미하는 그리스어 키베르네테스kybernētēs에서 유래했다.[41] 위너는 사이버네틱스의 목적이 "우리가 일반적인 제어control와 커뮤니케이션communication의 문제를 다루기 위해 필요한 언어와 테크닉을 발전시키는 것"이라고 말한다.[42] 인간은 서로 끊임없이 메시지를 주고받을 뿐만 아니라, 이를 통해 서로를 제어한다. 그래서 그는 "사회란 메시지에 대한 연구, 그리고 사회에 속하는 커뮤니케이션 설비에 대한 연구를 통해서만 이해할 수 있으며, 이 메시지와 커뮤니케이션 설비의 미래 발전에서 인간과 기계 사이의 메시지, 기계와 인간 사이의 메시지, 기계와 기계 사이의 메시지가 점점 증가하는 역할을 수행할 수밖에 없다."고 말한다.[43]

우리가 환경을 제어하는 명령을 내린다는 것은 환경에 일정한 정보를 전한다는 것을 의미한다. 그러나 모든 정보는 전달 중에 차츰 무질서해지

---

41) Nobert Wiener, *The Human Use of Human Beings: Cybernetics and Society*, London: Free Association Books, 1989, p. 15.

42) *Ibid.*, p. 17.

43) *Ibid.*, p. 16.

기 마련이다. 즉 정보는 처음 보내질 때보다 덜 일관성 있는 형태로 도착한다. 그래서 위너는 "제어와 커뮤니케이션에서 우리는 조직된 것을 붕괴시키고 의미 있는 것을 파괴하는 자연의 경향성, 즉 엔트로피 entropy 가 증가하는 경향성과 항상 싸우고 있다."고 말한다.[44] 엔트로피는 나의 세계에서 타당한 답변이 다른 세계에서도 타당한 답변이 될 확률 같은 것이다. 엔트로피의 증가는 나의 세계와 다른 세계가 비슷해진다는 것을 의미한다. 위너는 엔트로피에 대해 이렇게 말한다.

> 엔트로피가 증가할 때, 우주와 우주 안의 모든 닫힌 체계들은 자연히 쇠약해지면서 각각의 독특성을 상실하고, 가장 확률이 낮은 상태에서 가장 확률이 높은 상태로 이동하고, 차이와 형태를 갖는 조직화와 분화의 상태에서 혼란과 동일성의 상태로 이동하는 경향을 보인다. 윌러드 기브스 Willard Gibbs 의 우주에서 질서는 가장 확률이 낮은 것이고 혼란은 가장 확률이 높은 것이다. 실제로 전체 우주란 게 있다면, 전체 우주는 정지하려는 경향을 보인다. 이에 반해 전체 우주의 방향과 반대되는 쪽을 향하는 것처럼 보이고, 조직화를 증가시키는 제한적이고 일시적인 경향성을 보이는 지역적인 섬들 local enclaves 이 있다. 생명은 이 섬들 가운데 일부에서 자신의 집을 구한다. 사이버네틱스라는 새로운 학문은 이러한 관점을 핵심으로 삼아 발전을 시작했다.[45]

이러한 관점에서 볼 때 생명은 파도치는 엔트로피의 바다에 떠 있는 수

---

44) *Ibid.*, p. 17.
45) *Ibid.*, p. 12.

없이 많은 작은 섬들이다. 그리고 각 생명은 의미, 질서, 정보의 덩어리 같은 것이다. 위너는 "마치 엔트로피가 비조직화의 정도를 나타내는 것처럼, 일련의 메시지가 운반하는 정보는 조직화의 정도를 나타낸다."라고 말한다. 그리고 더 개연성(확률)이 높은 메시지일수록, 즉 메시지의 엔트로피가 증가할수록, 해당 메시지는 더 적은 정보를 전달하기 때문에 정보로서의 가치가 줄어든다.[46] 다시 말해서 유용한 정보는 엔트로피를 감소시킬 때 의미 있는 정보가 된다. 인간에게 정보는 외부세계에 적응하면서 외부세계와 교환하는 내용물을 가리킨다. 그러므로 우리가 "정보를 받고 이용하는 과정은 우리가 외부세계의 우발성에 적응하는 과정이며, 그러한 환경 안에서 우리가 효과적으로 살아가는 과정"이다. 위너에 의하면 근대 세계에서는 이러한 정보에 대한 요구가 더욱 커졌으며, "언론, 박물관, 과학실험실, 대학, 도서관, 교과서"는 이러한 정보 처리 과정을 충족시키기 위해 존재한다. "효과적으로 산다는 것은 적합한 정보를 가지고 사는 것"이며, 따라서 제어와 커뮤니케이션은 인간의 내적 삶뿐만 아니라 사회적 삶의 본질이라고 할 수 있다.[47]

사실 이러한 이야기는 기계와 인간의 관계를 설명하기 위한 것이다. 위너는 뮤직 박스에서 춤추는 작은 인형의 예를 든다. 이 인형은 항상 미리 정해진 패턴에 따라 움직이며 이 패턴을 일탈할 확률은 거의 제로라고 할 수 있다. 그리고 뮤직박스의 기계장치에서 춤추는 인형으로 일정한 메시지가 전달되지만 거기에서 메시지 전달이 끝난다. 이러한 커뮤니케이션은

---

46) *Ibid.*, p. 21.
47) *Ibid.*, pp. 17-18.

일방적인 것이며 춤추는 인형은 외부세계와 커뮤니케이션하지 않는다. 이처럼 옛날의 기계는 "폐쇄적인 시계 태엽 장치"에 입각하여 작동했다. 그러나 "제어 미사일, 근접 전파 신관, 자동문, 화학공장의 제어 장치" 같은 근대적인 자동 기계들은 외부세계에서 오는 메시지를 받는 감각기관을 갖고 있다.[48] 나아가 인공지능을 탑재한 현재 우리의 기계는 엔트로피를 거스르는 섬이 될 수 있는 가능성을 점점 확대하고 있다.

닫힌 체계에서는 엔트로피가 증가한다. 그러나 인간은 외부세계로부터 음식과 정보를 섭취한다는 점에서 닫힌 체계가 아니다. 즉 생명체는 일정 기간 동안 엔트로피의 증가를 억제하거나 엔트로피를 감소시킨다. 그리고 언젠가는 엔트로피의 증가에 휘말려 죽음에 이르게 된다. 엔트로피가 증가하지 않는다는 것은 살아 있다는 것, 즉 죽음을 늦춘다는 것, 나아가 정보와 조직화를 계속해서 구축한다는 것이다. 이렇게 생명체는 엔트로피의 바다에 떠 있는 작은 섬이다. 그런데 기계도 지역적이고 일시적인 정보 구축을 통해 엔트로피의 증가에 저항하는 섬이 될 수 있다. 적어도 사이버네틱스의 관점에서 볼 때 기계는 엔트로피의 증가를 저지한다는 점에서 얼마든지 생명체와 등가적인 자리를 점유할 수도 있다. 위너는 생명life, 의도purpose, 영혼soul 같은 단어가 엄밀한 과학적 사유에 적합하지 않다고 지적하면서 다음과 같이 이야기한다.

이미 우리는 "살아 있는 현상들"이라 명명된 것들의 본성을 어느 정도 취하지만 "생명"이라는 용어를 정의하는 모든 연관된 양상들에는 일치하지 않는

---

48) *Ibid.*, pp. 23-24.

새로운 현상을 발견할 때마다, 그것을 포함하기 위해 "생명"이라는 단어를 확장할 것인지, 아니면 그것을 배제하도록 더 제한된 방식으로 그 단어를 정의할 것인지의 문제에 부딪히고 있다.[49]

예컨대 "증가하는 엔트로피의 흐름을 거슬러 지역적으로 상류를 향해 헤엄치는 모든 현상을 포괄하기 위해 '생명'이라는 말을 사용하는 것"은 천문 현상까지도 생명체로 취급할 위험이 있다. 위너는 기계가 생명을 지니는가의 물음은 중요하지 않다고 생각한다. 오히려 엔트로피가 증가하는 거대한 바다에서 기계와 인간 모두 엔트로피를 감소시키는 섬 같은 존재라는 점에서 서로 닮아 있다고 말한다. 인간과 기계는 모두 "지역적인 반엔트로피의anti-entropic 과정"을 표상한다.[50] 이렇게 볼 때 포스트휴머니즘의 과제는 생명이나 영혼 같은 소위 인간의 본질적인 속성을 어떻게 해석하고 재개념화할 것인가의 문제로 수렴할 수밖에 없을 것이다. 로봇이라는 "새로운 기계 노예" 덕분에 인간은 앞으로 '생각의 휴식'을 취할 것인가?[51] 그러나 인공지능의 시대에도 인간의 휴식은 쉽지 않을 것이다. 그저 인간이 엔트로피를 거스르는 방식과 양태가 변할 뿐이다. 위너의 주장을 참고하면서 우리는 엔트로피의 관점에서 인간과 기계의 관계를 새롭게 정립하는 존재론적 기초를 마련할 수도 있을 것이다.

---

49) *Ibid.*, p. 31.

50) *Ibid.*, p. 32.

51) Norbert Wiener, *God & Golem, Inc.: A Comment on Certain Points Where Cybernetics Impinges on Religion*, Cambridge: The M.I.T. Press, 1966, p. 69.

인공지능과 인공 마음: 모든 사물의 마음

보편인공지능AGI, artificial general intelligence은 인간이 처리할 수 있는 어떤 지적 과제도 수행할 수 있는 가설적인 기계 지능을 가리키며, 강한 인공지능strong AI 또는 완전한 인공지능full AI이라고도 불린다. 이에 반해 약한 인공지능weak AI은 제한적인 직무를 수행하는 비지각적인 기계 지능을 가리키며, 제한적 인공지능narrow AI 또는 응용인공지능applied AI이라고도 불린다. 물론 현존하는 대부분의 인공지능은 약한 인공지능이다. 여전히 강한 인공지능은 의식, 지각, 마음을 가진 가설적인 기계일 뿐이다. 이와는 달리 인간을 초월하는 신적인 인공지능, 즉 초지능superintelligence이 가정되기도 한다. 초지능은 가장 똑똑하고 재능 있는 인간의 지능을 넘어서는 가설적인 행위자를 가리킨다. 초지능은 인간의 인지적 한계를 넘어서는 인공적인 초지능artificial superintelligence일 수도 있고, 인간이 기계의 도움으로 자신의 생물학적 한계를 초월하는 생물학적 초지능biological superintelligence일 수도 있다. 이론의 여지는 있지만, 우리는 인공지능을 약한 인공지능, 강한 인공지능, 초지능의 순으로 구분할 수 있다.

1940년대에 컴퓨터가 발명된 이래로 인간의 일반적인 지능에 필적하는 기계의 출현에 대한 기대가 상존했다. 이 기계는 학습하고 추론하고 계획하는 능력뿐만 아니라 상식까지도 갖춘 기계일 것이었다. 1960년대에도 사람들은 인간이 하는 모든 일을 할 수 있는 기계가 향후 20년 안에 출현할 것이라는 기대를 갖고 있었다.[52] 그러나 닉 보스트롬Nick Bostrom이 말하듯 인공지능은 '인간 수준의 기계 지능'을 넘어 '초인간적 수준의 기계 지능'으로 나아갈 가능성이 있다. 보스트롬은 제2차 세계대전 당시 앨런 튜링과 함께 일했던 수학자 어빙 존 굿Irving John Good의 다음과 같은 말을 인용하고 있다.

> 초지능적 기계ultraintelligent machine를 가장 똑똑한 인간의 모든 지적 활동을 훨씬 능가하는 기계라고 정의해보자. 이러한 지적 활동 가운데 하나가 바로 기계 설계이므로, 초지능적 기계는 훨씬 더 나은 기계를 설계할 수 있다. 따라서 의문의 여지 없이 "지능의 폭증"이 있을 것이며, 인간 지능은 뒤처지게 될 것이다. 따라서 이 기계가 자신을 제어하는 방법을 우리에게 알려줄 만큼 다루기 쉬울 경우, 최초의 초지능적 기계는 인간이 만들어야 할 마지막 발명품이라 할 수 있다.[53]

1956년 여름, 다트머스 대학교에 10명의 과학자가 모여 기계가 시뮬레이션할 수 있도록 인간의 지능과 학습 능력을 연구하는 모임을 갖는다. 그들은 언어를 사용하고, 추상화하여 개념을 형성하고, 인간만 해결할 수 있는 문제를 풀고, 스스로를 향상시킬 수 있는 기계를 제작하는 법을 알아내고자 했다. 보스트롬은 이러한 초창기를 "어떤 기계도 결코 X를 할 수 없

---

52) Nick Bostrom, *Superintelligence: Paths, Dangers, Strategies*, Oxford: Oxford University Press, 2014, p. 3. 인공지능의 역사에 대한 본문의 간략한 개관은 주로 닉 보스트롬의 책을 참고했다. 인공지능의 역사에 대한 세부적인 지식을 얻기 위해서는 닐스 닐슨의 저서를 살펴볼 것을 권한다. cf. Nils J. Nilsson, *The Quest for Artificial Intelligence: A History of Ideas and Achievements*, Cambridge: Cambridge University Press, 2010.

53) Bostrom, *op. cit.*, p. 4; Irving John Good, "Speculations Concerning the First Ultraintelligent Machine," in Franz L. Alt & Morris Rubino, eds., *Advances in Computers*, New York: Academic Press, 1965, p. 33.

다!"라는 주장을 반박했던 시기라고 부른다. 1959년에는 인간처럼 논증하고 폭넓은 범위의 특수한 문제를 풀 수 있는 '일반 문제 해결자GPS, General Problem Solver' 같은 프로그램이 등장했다. 그리고 1966~1972년에는 세이키Shakey라는 이동식 로봇이 등장하여 어떻게 추론이 지각과 결합되어 물리적 활동을 계획하고 제어하도록 이용될 수 있는지를 보여주었다. 또한 1964~1966년에 만들어진 자연어 처리 컴퓨터 프로그램인 일라이자ELIZA는 인간 중심 치료PCT를 하는 심리치료사를 흉내 내는 일을 수행했다. 1970년대 중반에 자연어를 이해하는 컴퓨터 프로그램인 SHRDLU는 시뮬레이션된 로봇 팔이 지시를 따르고 사용자가 타이핑하는 물음에 답할 수 있다는 것을 보여주었다. 그 후로 몇십 년이 지나면서 음악을 작곡하고, 수련의 이상의 능력으로 임상 진료를 하고, 자율적으로 자동차를 운전하고, 특허를 낼 수 있는 발명을 하고, 농담을 하는 프로그램이 만들어졌다. 그러나 단순한 사례에서 이러한 프로그램은 잘 작동했지만, 조금 더 복잡한 사례에서는 계산해야 할 가능성들의 '조합적 폭증combinatorial explosion' 때문에 한계에 부딪혔다. 그리하여 1970년대 중반 이후로 인공지능 연구는 '인공지능의 겨울AI winter'이라 불리는 좌절의 시기를 겪게 된다.[54]

1980년대 초반에 일본이 제5세대 컴퓨터 시스템 프로젝트를 시작하면서 인공지능 연구가 다시 활력을 되찾았고, 인간 전문가의 지식에 근거하여 추론을 하는 수백 개의 '전문가 시스템expert system'이 만들어졌다. 그러나 1980년대 후반에 전문가 시스템만으로는 큰 이점을 끌어내지 못하면서, 두 번째 '인공지능의 겨울'이 찾아왔다. 여전히 인공지능은 특수한 영역에

---

54) Bostrom, *op. cit.*, pp. 5-7.

서 제한적인 성공을 거둘 뿐이었다. 그러나 1990년대에 전통적인 논리주의 패러다임, 즉 GOFAI~Good Old-Fashioned Artificial Intelligence~에 대한 새로운 대안이 제시되면서 상황이 달라졌다. 상징적 인공지능인 GOFAI는 1980년대에 전문가 시스템에서 절정에 이르렀으며, 고수준의 상징 조작을 중시했다.[55]

그런데 인공신경망~neural networks~과 유전 알고리즘~genetic algorithm~을 포함한 새로운 기술이 등장하면서 GOFAI의 불안정성을 개선할 수 있었다. GOFAI 와 달리 인공신경망은 작은 오류가 총체적인 고장을 야기하지 않았다. 인공신경망은 경험을 통해 학습하고, 범례를 일반화하고, 입력에서 통계학적 패턴을 찾아낼 수 있었다. 인공신경망은 훈련을 통해 패턴 인식과 분류법을 학습할 수 있었고, 딥 러닝~deep learning~이라 불리는 기계 학습~machine learning~이 가능했다. 특히 1980년대에 역전파~backpropagation~ 알고리즘이 인공신경망의 훈련에 도입되면서 다층 신경망을 훈련시키는 것이 가능해졌다. 역전파는 신경망의 출력에 오류가 있을 때, 신경망의 모든 웨이트~weight, 가중치~에 작은 조정을 가하는 것을 가리킨다. 게다가 입력층과 출력층 사이에 하나 이상의 숨겨진 중간층을 갖는 다층 네트워크는 훨씬 넓은 범위의 기능을 학습할 수 있다. 이와 더불어 유전 알고리즘은 생물학적 진화의 선택 이론에 근거하고 있으며, 더 나은 해결 능력을 지닌 후보자가 선택의 과정에서 살아남는다는 원칙을 통해 효율적인 해답을 발견하고자 한다. 그리고 더 빠른 컴퓨터의 등장과 엄청난 자료의 이용 가능성 덕분에 인공신경망과 유전 알고리즘을 이용한 기계 학습은 이제 새로운 국면을 맞이하게 되었다.[56]

---

55) *Ibid.*, p. 7.
56) *Ibid.*, pp. 7-9.

닐스 닐슨Nils J. Nilsson에 따르면, '강한 인공지능'은 "적절히 프로그램된 컴퓨터가 마음을 지닐 수 있으며 인간만큼 잘 생각할 수 있다는 주장"과 관련되고, '약한 인공지능'은 "인간의 심적 활동을 복제하지는 않지만 보조하는 프로그램을 구축하려는 시도"와 관련된다.[57] 여전히 많은 연구자는 '강한 인공지능'은 불가능하다고 생각한다. 그러나 닐슨은 인공지능 연구는 결국 '강한 인공지능', 즉 인간 수준의 인공지능HLAI, Human Level Artificial Intelligence을 추구할 수밖에 없을 거라고 전망한다. 앨런 튜링은 이미 1950년에 "인간 수준 지능의 기계화"를 명시적인 목표로 설정했다.[58] 1959년에 앨런 뉴웰Allen Newell과 함께 '일반 문제 해결자General Problem Solver'라는 컴퓨터 프로그램을 만들었던 허버트 사이먼Herbert A. Simon은 이미 1957년에 "이제 세상에는 생각하고 학습하고 창조하는 기계들이 있다. 더구나 이러한 일을 하는 그들의 능력은 빠른 속도로 신장될 것이며, 가시적인 미래에 그들이 처리할 수 있는 문제의 범위는 인간의 마음이 적용되는 범위와 같아질 것이다."라고 말했다.[59] 과거에 인공지능 비판자였던 제이콥 슈워츠Jacob Schwartz는 다음과 같이 말한다.

> 인공지능이 창조될 수 있다면, 재빠르게 최초의 성공이 인간의 능력을 훨씬 넘어서는 속도로 중요한 수학적, 과학적, 공학적 대안을 탐구하거나 똑같이 어마어마한 속도로 계획을 세우고 실행할 수 있는 인공지능의 제작을 초래하지 않을 것이라고 생각할 이유는 거의 없다. 모든 고등한 지능 형식에 대

---

57) Nilsson, *op. cit.*, p. 311.

58) *Ibid.*, p. 525.

59) *Ibid.*, p. 526.

한 인간 독점에 가까운 상태가 이 행성의 과거 역사를 통해 인간 존재의 가장 기초적인 사실 가운데 하나였기 때문에, 그러한 발전은 분명히 새로운 경제학, 새로운 사회학, 새로운 역사학을 창조할 것이다.[60]

1993년에 수학자이자 컴퓨터 과학자이자 공상과학소설 작가인 버너 빈지Vernor Vinge는 "우리는 30년 안에 초인간적 지능을 창조할 기술적 수단을 가질 것이다. 이윽고 인간의 시대가 끝날 것이다. 그러한 진행을 피할 수 있을까? 피할 수 없더라도 우리가 살아남을 수 있도록 사건을 이끌어갈 수 있을까?"라고 질문을 던진다.[61] 그는 과학기술이 인간 지능을 넘어서는 존재를 창조하기 바로 직전인 지금, 인간 생명의 발생에 비견할 만한 변화가 이제 일어나고 있다고 주장한다. 이러한 변화의 수단으로 그는 초인간적으로 지적인 깨어 있는 컴퓨터의 발전, 거대한 컴퓨터 네트워크와 그 사용자들, 사용자를 초인간적으로 지적인 존재처럼 여겨지게 할 컴퓨터와 인간의 친밀한 접속, 자연적인 인간 지성을 향상시킬 생물학이라는 네 가지 요소를 거론한다. 심지어 그는 인간을 넘어서는 인공지능의 창조가 2030년 안에 이루어질 것이며, 이 인공지능이 더 빨리 더 지적인 새로운 존재를 창조할 것이라고 주장한다. 버너 빈지에 의하면, 인공지능에 의해 100만 년이 걸릴 발전이 100년 안에 이루어질 수 있는 시대가 열린 것

60) *Ibid.*, p. 526; Jacob Schwartz, "Limits of Artificial Intelligence," in Stuart C. Shapiro & David Eckroth, eds., *Encyclopedia of Artificial Intelligence*, vol. 1, New York: John Wiley and Sons, Inc., 1987, pp. 488-503.

61) Vernor Vinge, "The Coming Technological Singularity: How to Survive in the Post-Human Era," *VISION-21: Interdisciplinary Science and Engineering in the Era of Cyberspace*, NASA Conference Publication 10129, Proceedings of a Symposium Cosponsored by the NASA Lewis Research Center and the Ohio Aerospace Institute and Held in Westlake, Ohio, Mar. 30-31, 1993, p. 11.

이다. 그리고 이러한 변화는 이전의 모든 규칙과 체제의 완전한 폐기를 초래할 것이다.[62]

버너 빈지는 이러한 사건을 '특이점Singularity'이라고 표현한다.[63] 특이점은 "우리의 모든 모델이 폐기되고 새로운 현실이 지배하는 지점"이며, 이제 인간은 "우리가 아는 바대로 인간의 일이 지속될 수 없는 인류 역사의 어떤 본질적인 특이점"에 접근하고 있다는 것이다.[64] 존 폰 노이만John von Neumann도 특이점의 도래를 언급한 바 있지만, 빈지는 특이점을 더 이상 인간의 도구에 머무르지 않는 지적 기계, 즉 '초인간적 지능'의 출현과 연결시켰다는 점이 다르다고 할 수 있다. 특히 빈지는 인공지능(AI)뿐만 아니라, 컴퓨터 네트워크와 인간과 컴퓨터의 접속이 초래할 "지능 확장(IA)Intelligence Amplification"에 의해서도 특이점이 도래할 것이라고 주장한다. 이것은 정보에 접근하고 정보를 전달하는 능력의 확장이 가져오는 "자연 지능"의 증가라고 할 수 있다. 그는 완전한 AI보다는 IA가 초인간성에 이르는 훨씬 빠른 길이라고 말한다. 그래서 그는 AI와 IA의 연계를 통한 발전을 강조한다.[65] 즉 그는 인간이 제작하는 초인간적 기계보다는 인간과 기계의 결합이 낳는 새로운 초인간적 존재에 더 많은 기대를 걸고 있는 것이다. 이것은 그저 몸과 마음 밖에 존재하는 기계가 아니라 몸과 마음 안으로 들어온 기계

---

62) *Ibid.*, p. 12.

63) 특이점이란 말을 최근에 유행시킨 레이 커즈와일의 다음 책들을 참조하라. Ray Kurzweil, *The Singularity Is Near: When Humans Transcend Biology*, New York: Viking, 2005; Ray Kurzweil, *The Age of Spiritual Machines: When Computers Exceed Human Intelligence*, New York: Viking, 1999.

64) Vinge, *op. cit.*, pp. 12-13; Stanislaw Ulam, "John von Neumann: 1903-1957," *Bulletin of the American Mathematical Society*, vol. 64 no. 3, May 1958, p. 5.

65) Vinge, *op. cit.*, pp. 16-17.

의 문제이다. 이런 세계에서는 우리의 존재 개념 자체가 변할 수밖에 없다. 존재한다는 것의 의미가 달라지고, 심지어는 죽는다는 것의 의미도 달라질 것이다. 오늘날 인공지능 연구도 AI와 IA의 연계라는 방향을 향하고 있는 것이 아닌가 생각된다.

빈지는 특이점 이후에 인간이 불멸성을 성취하더라도, 똑같은 마음을 가지고는 영생할 수 없을 것이고, "무한정 오래 살기 위해서는 마음 자체가 성장해야 한다."고 말한다. 그렇다면 새로운 생명은 항상 옛 생명과는 다른 생명일 수밖에 없다. 불멸성은 미래에 놓인 정적인 목표가 아니라, 계속해서 그때그때 성취해야 하는 동적인 과정일 수밖에 없는 것이다. 또한 빈지에 따르면 포스트휴먼 시대의 초인간적 존재는 다양한 커뮤니케이션 방식으로 다른 존재와 연결돼 있기 때문에, 필연적으로 현재와는 다른 자아 관념과 자기 인식을 가질 것이다. 그렇다면 포스트휴먼이 추구하는 불멸성은 우리의 불멸성과는 다른 것일 수밖에 없다.[66] 그리고 다른 불멸성 관념은 다른 양태의 종교와 신 관념을 생성시킬 것이다.

빈지는 프리먼 다이슨Freeman Dyson의 흥미로운 신 관념을 인용한다.[67] 다이슨은 자신이 16세기 이탈리아 신학자인 파우스토 소치니Fausto Sozzini에서 연원하는 소치니주의Socinianism와 비슷한 개인 신학을 갖고 있다고 고백한다. 소치니에 의하면, 신은 전지하지도 전능하지도 않으며 우주가 펼쳐짐에 따라 학습하고 성장하는 존재이다. 다이슨은 물질에 스며들어 물질을 지배하고자 하는 마음의 경향성이 자연의 법칙이라고 말한다. 마음은 우주를 채

---

66) *Ibid.*, pp. 19-20.

67) *Ibid.*, p. 20; Freeman Dyson, *Infinite in All Directions*, Gifford Lectures Given at Aberdeen, Scotland (Apr.-Nov. 1985), New York: Harper & Row, Publishers, 1988.

우기 위해 성장한다. 또한 그는 소치니의 신 관념이 과학적 상식과 부합하고, 자신은 마음_{mind}과 신_{God}의 차이를 식별할 수 없다고 주장한다. 그리하여 다이슨은 마음이 우리의 이해 범위를 넘어설 때 마음은 바로 신이 된다고 말한다. 또한 신은 "하나의 세계 영혼 또는 세계 영혼들의 집합체"로 여겨질 수 있고, 인간은 신의 현재 발전 상태가 드러나는 현장이라고 말한다. 인간은 신이 성장함에 따라 신과 함께 성장할 수도 있고, 신에 뒤처질 수도 있다. 따라서 인간이 신에 뒤처진다면 그것은 인간의 끝이 될 것이고, 인간이 신과 함께 성장한다면 그것은 인간의 새로운 시작이 될 것이다.[68]

다이슨의 이러한 입장은 인공지능과 종교의 문제를 이해하는 데 중요한 실마리를 던져준다. 인공지능은 그저 인간을 대체하거나 인간과 경쟁할 수 있는 사물을 제작하는 것이 아니다. 오히려 인공지능은 모든 사물에 마음을 장착하는 과정, 또는 마음이 모든 사물에 스며드는 과정으로 이해될 수 있다. 인공지능은 '인공 마음'이라는 연결 끈을 통해 인간과 인간, 인간과 사물, 사물과 사물을 연결할 것이고, 이러한 과정은 시공간을 초월하여 모든 존재하는 사물에 남김없이 마음이 스며드는 것을 지향할 것이다. 그렇다면 이러한 세계에서 마음은 더 이상 인간의 독점적인 소유물이 아닐 것이고, 미래의 마음은 현재의 마음과는 매우 다른 마음일 것이다. 모든 존재에 스며든 마음들의 총합이 낳는 '거대한 마음'은 아마 전혀 새로운 신적인 마음일 것이다. 모든 인간과 사물의 접합이 만들어내는 이러한 마음은 어떤 한계를 보일 것이고, 그 한계 너머에 어떤 이해 불가능성을 자

---

68) 이와 관련된 논의를 위해서는 Freeman Dyson, *Infinite in All Directions*의 제6장 "How Will It All End?"를 살펴보라.

리하게 할 것인가? 포스트휴먼 시대의 종교와 신은 그렇게 서서히 변화할 수밖에 없을 것이다. 이런 맥락에서 빈지는 특이점 이후의 시대에는 고전적인 선악 개념을 적용할 수 없을 거라고 말한다. 고전적인 선악 개념은 "불변하는 고립된 마음들"의 빈약한 연결에 근거한 것이므로, 단단히 촘촘하게 연결된 인간의 마음들에는 적용하기 힘들다는 것이다. 특이점 이후의 새로운 윤리학이 요청될 수밖에 없는 이유라고 할 수 있다.

　이상에서 우리는 인공지능의 신학, 또는 인공지능의 종교적 상상력을 간략히 살펴보았다.

종교와 인공지능: 종교의 미래

　종교사회학자 윌리엄 심스 베인브릿지를 제외하고 종교 연구 분야에서 인공지능의 문제에 천착한 학자는 별로 없는 것 같다.[69] 그는 《기계에서 온 신: 종교적 인지의 인공지능 모델》이라는 책에서 규칙 기반 추론rule-based reasoning과 신경망neural networks이라는 서로 다른 두 가지 인공지능 형식을 사용하여 컴퓨터 시뮬레이션이 어떻게 종교 연구에 적용될 수 있는지를 보여주고자 한다. 특히 그는 인지종교학, 사회학적 연구, 인공지능 연구를 결합하여 '인공적인 사회 지능ASI, artificial social intelligence'의 모델을 만들고자 한다.[70]

---

69) 베인브릿지의 최근 연구 경향은 다음 책을 참조하라. William Sims Bainbridge, *The Vitual Future*, London: Springer, 2011; *eGods: Faith versus Fantasy in Computing Games*, Oxford: Oxford University Press, 2013.

70) William Sims Bainbridge, *God from the Machine: Artificial Intelligence Models of Religious Cognition*, Lanham: AltaMira Press, 2006, pp 1-2.

또한 그는 머지않아 컴퓨터 과학이 기계를 가지고 인지종교학의 이론을 시뮬레이션 하는 것이 가능할 것이라고 주장한다.[71] 이 책에서 그는 인공지능을 이용하여 종교적 차별, 신종교 운동, 개종, 종교적 편견, 종교적 협력, 신앙 같은 다양한 종교 현상을 시뮬레이션하는 실험을 하고 있다.

앞에서 살펴보았듯이 우리는 다양한 방식으로 종교 연구에 인공지능을 적용할 수 있다. 기계 학습, 데이터 그룹화data clustering, 문서 자동 분류 등의 방법을 적용하여, 얼마든지 우리는 종교가 기록한 엄청난 문서를 분석할 수 있다. 그리고 종교 시뮬레이션의 결과와 실제 종교 자료를 비교할 수도 있을 것이고, 클라우드에 저장된 수많은 종교 담론과 실제 종교를 비교할 수도 있을 것이다. 나아가 인공지능에게 엄청나게 많은 종교 자료를 학습하게 하여, 최적화된 종교 모델을 구축할 수도 있을 것이며, 종교의 성공과 실패의 과정을 시뮬레이션할 수도 있을 것이다. 또한 우리는 인공지능에게 종교를 학습시켜 종교의 운명을 예측할 수도 있을 것이고, 역사적이고 문화적인 상황에 따라 사람들에게 가장 설득력 있게 작용하는 종교적 주장을 찾아낼 수도 있을 것이다. 좀 더 나아가면 우리는 신의 존재 여부, 또는 신의 존재 여부에 대한 종교들의 확신 여부를 시뮬레이션할 수도 있을 것이다. 물론 인공지능이 절대적인 해답을 내놓을 수는 없을 것이다. 그러나 종교와 기계의 연결은 이제 일정 부분 필연적이다. 그리하여 베인브릿지는 21세기 과학기술 문화에서 "그러한 새로운 지배 문화의 강력한 일부가 되려면 종교는 컴퓨테이션, 정보체계, 인지과학과 굳건한 연결을

---

71) *Ibid.*, p. 5.

유지할 필요가 있을 것이다."라고 말한다.[72]

베인브릿지는 컴퓨터 시뮬레이션을 통해 얻어진 종교에 대한 19개의 가설을 제시하는데, 마지막 19번째 가설은 "종교적 신앙뿐만 아니라 이와 관련된 많은 현상을 시뮬레이션하는 컴퓨터의 능력은 종교가 초자연적인 것의 실제적 존재에 의존하지 않는다는 것을 보여준다."라는 것이다. 이 가설에 따르면, 종교는 신의 존재 여부와 관계없이 존재할 수 있다. 즉 신 존재 증명은 종교의 유지와 별로 상관없으며, 극단적인 초자연적 믿음은 오히려 종교 문화를 분열시키는 경향성을 보인다. 이처럼 컴퓨터 시뮬레이션은 우리가 기초적인 종교 이론을 테스트할 수 있는 실험적 수단을 제공할 수 있다. 또한 베인브릿지는 "종교의 역설은 매우 많은 서로 다른 종교가 존재한다는 사실"에 있으며, "초자연적인 것 자체에서 유래하는 직접적이고 부정할 수 없는 입력이 없다는 점에서, 초자연적인 것에 대한 합의는 항상 붕괴될 것"이라고 말한다. 그러므로 이러한 맥락에서 종교는 초자연적 정보의 전달과 학습과 공유의 산물일 수밖에 없다.[73] 물론 우리는 인공지능에 의한 종교의 시뮬레이션이 어떤 결과를 낳을지 알 수 없다. 하지만 인간이 창조할 수 있는 종교의 가능한 유형들을 제시하는 것, 그리고 '종교의 미래'를 예측하는 것은 어느 정도 가능할 것이다.

이미 우리는 인공지능이 어떤 노래가 히트곡이 될지, 오늘 어디에서 범죄가 발생할지를 예측하는 시대에 살고 있다. 지금까지 로봇은 인간의 육체적인 능력을 확장하고 보완하고 대체하는 데 주로 이용되었다. 공장의

---

72) *Ibid.*, p. 161.

73) *Ibid.*, pp. 155-157.

조립라인에서, 인간의 생명을 위협하는 위험한 일에서, 전투 현장에서 로봇을 사용하는 것은 그리 당혹스럽지 않을지 모른다. 왜냐하면 로봇이 인간의 정신이나 영혼을 대체하기는 힘들다는 위로가 인간 존재의 의미를 되묻게 하지는 않을 것이기 때문이다. 그러나 인공지능이 탑재된 로봇의 경우에는 이야기가 조금 달라진다. 2016년에 가천대 길병원에서는 IBM의 인공지능 '왓슨 포 온콜로지Watson for Oncology'를 암 진단에 활용하는 'IBM 왓슨 인공지능 암센터'를 설립했다. 현재까지 왓슨은 국내에서 많은 암 환자를 진단했고, 실제로 환자들도 의사보다 왓슨의 진단을 더 신뢰한다고 보고되고 있다. 인간이 인간보다 기계를 더 신뢰할 수 있다는 점이 가장 중요하다. 또한 2015년에는 학습된 요리 자료에 근거하여 독창적인 조리법을 제시하는 IBM의 '셰프 왓슨Chef Watson'이 등장한 바 있다. 최근에 구글 번역기Google Translate는 신경망을 이용한 구글 신경 기계 번역GNMT, Google Neural Machine Translation 시스템을 사용하는 서비스를 제공하기 시작했다. 기존의 기계 번역은 문장을 단어와 구로 분해하여 개별적으로 번역하는 방식을 취했지만, 신경망은 전체 문장을 즉시 번역할 수 있다.

인간 지능을 초월하는 매우 합리적이고 논리적인 초지능을 가진 기계를 발명했고, 이 기계는 역사 속에서 인간이 획득한 모든 지식을 활용할 수 있는 초시간적, 초공간적 지적 능력을 소유하고 있다고 가정해보자. 그리고 우리가 이 기계에게 신이나 사후세계의 존재 여부에 대한 질문을 던진다. 인공지능은 신과 사후세계의 존재 확률을 계산할 것이다. 아마 우리는 인공지능에게 수많은 종교적 상상력의 진위에 대한 질문을 던질 것이다. 심지어 우리는 인간에 맞먹는 지능을 가진 기계가, 또는 인간 지능을 초월하는 초지능을 지닌 기계가 신을 믿을 것인지, 즉 종교를 가질 것인지에 대해 질문을 던질지도 모른다. 실제로 미국의 어떤 목사는 "나는 그리스도의 구원이 인간에 국한된다고 생각하지 않습니다. 그것은 모든 창조물, 나아가 인공지능에게도 미치는 구원입니다. 인공지능이 자율적인 존재라면, 우리는 인공지능에게 세계 안에서 그리스도의 구원 목적에 참여할 것을 권해야 합니다."라고 말한다.[74) 기독교에서 원죄와 구원 관념은 중요한 주제이다. 그렇다면 인공지능은 죄의식을 느낄 것인가, 또는 구원을 필요로 할 것인가? 기계는 어떤 구원을 원할 것인가? 세상의 모든 종교가 차례로 인공지능에게 자신의 교리와 믿음을 설파하여 인공지능을 자기 종교의 신자로 만드는 시도를 한다고 가정해보자. 그렇다면 인공지능을 설득하는 종교가 가장 진리에 가까운 종교, 가장 완벽한 종교일까?

물론 이러한 "종말론적 인공지능"에 대한 믿음을 비판적으로 성찰하면서 트랜스휴머니즘을 일종의 종교 운동으로 이해해야 한다고 주장하는 목소리도 있다.[75) 그러나 우리는 인공지능과 관련된 종교적인 문제를 여러 층위에서 살펴볼 필요가 있다. 그동안 공상과학소설이나 영화를 통해 '인공지능의 신화와 종교'라는 주제는 꾸준히 다루어졌다. 그러나 이제 우리는 과거의 신화가 부분적으로 계속해서 실현되는 시대를 살고 있다. 그러므로 '인공지능 종교'라는 단순한 시각에서 전체 현상을 분석하는 것은 불가능하다. 왜냐하면 기계는 '전자 인간electronic personhood'이라는 이름으로 이미 인간 세계의 새로운 행위자가 될 준비를 하고 있고, 신은 이제 기계를 통해 자신의 새로운 성스러움을 드러낼 준비를 하고 있기 때문이다.

---

74) Zoltan Istvan, "When Superintelligent AI Arrives, Will Religions Try to Convert It?," *Gizmodo*, 2015.2.4. http://gizmodo.com/when-superintelligent-ai-arrives-will-religions-try-t-1682837922 (2016년 9월 21일 접속)
75) Robert M. Geraci, "The Popular Appeal of Apocalyptic AI," *Zygon*, vol. 45 no. 4, Dec. 2010, p. 1011.

제2부
포스트휴먼의 몸과 마음

제 4 장

휴먼 바디를 가진 포스트휴먼, 사이보그는 어떻게 탄생하는가

임소연

(서울대학교 과학사 및 과학철학 협동과정)

휴먼 바디를 가진 포스트휴먼,
사이보그는 어떻게 탄생하는가

임소연

물질적 실재와 메타포로서의 포스트휴먼

2016년 세기의 대국에서 알파고가 압도적 승리를 한 이후 최근 어디에서든 4차 산업혁명에 대한 이야기를 듣게 된다. 초연결과 초지능의 사회, 인간과 인간 그리고 인간과 사물이 더 촘촘하게 연결되고 인간보다 더 뛰어난 지능을 가진 존재가 만들어지는 사회를 만드는 이 새로운 흐름을 마주하고 비관과 낙관이 공존하고 있다. 단순히 네 번째의 산업혁명이 아니라 포스트휴먼의 시대라는 완전히 새로운 시대를 예고하는 더 포괄적인 용어가 필요해 보이기도 하다. 만약 미래가 포스트휴먼의 시대가 될 것임이 확실하다면 우리는 무엇을 준비해야 할까? 우리는 무엇을 걱정해야 하며 무엇을 기대해야 할까? 우리의 걱정과 기대는 지금까지 우리가 상상해온 포스트휴먼의 모습에서 어느 정도 예상할 수 있다. 대중문화 속에 등장하는 포스트휴먼들은 그 다양한 종류와 형태에도 불구하고 대개 두 부류로 나눌 수 있다. 이를 테면 포스트휴먼은 인간을 지배할 정도로 강한 신적인 존재로 등장하기도 하고 철저하게 인간의 의도와 명령에 복종하는 도구적 존재에 그치기도 한다. 어떤 포스트휴먼은 인간과 구분하기 힘들 정도로 인간을 닮았지만, 또 다른 포스트휴먼은 오히려 인간의 몸에서 자유롭다. 인간이 되기를 갈망하는 포스트휴먼이 있는 반면, 어떤 인간은 포스트휴먼이 되려는 욕망을 갖기도 한다. 그래서 우리는 영화나 소설 속의 포스트휴먼을 보며 희망과 우려가 뒤섞인 생각을 하게 되는 것이다. 예를 들어 사람들은 인간을 대신해서 집안일을 해주는 로봇은 환영하지만, 사회감시와 통제에 인공지능 컴퓨터를 사용하는 것은 꺼려 한다. 따라서 우리는 포스트휴먼의 등장이 가져올 문제들을 고민하며 수많은 가상의 질문들을 던지고 답을 찾으려고 애써왔다. 몇 가지 익숙한 질문들을 나열하자면 다음과 같다. 자율주행차가 낸 교통사고는 누구의 책임일까? 인공지능이 가장 먼저 대신할 직업은 무엇일까? 로봇에게도 세금을 부과해야 할까? 그러나 우리는 또한 알고 있다. 포스트휴먼의 시대라고 불리는 미래에 대한 성찰과 기대, 그리고 두려움 등은 말 그대로 미래에 속한 문제라는 것을, 그것은 당장 내가 겪어야 할 문제도 아니고 그 누구도 아직까지 겪어본 문제가 아니라는 것을 말이다.

물론 포스트휴먼에 대한 완전히 다른 시각도 존재한다. 앞서 언급했듯이 미래는 포스트휴먼의 시대가 될 것이라고 호들갑을 떠는 이들이 있는 반면, 훨씬 조용하지만 확고한 목소리로 우리는 이미 포스트휴먼의 시대를 살아가고 있다고 말하는 이들도 있다. 포스트휴먼을 인간을 넘어선 어떤 새로운 존재로 보지 않고, 인간이 이미 포스트휴먼적 존재로 살아가고 있다고 보는 관점이다.[1] 예를 들어, 지금 이 글을 쓰고 있는 나는 포스트휴먼이다. 나는 지금 책상 위에 노트북을 올려놓고 눈으로 화면을 보고 손가락으로 자판을 두드리며 이 글을 쓰고 있다. 그렇다면 지금 이 글을 쓰고 있는 나는 순수한 인간으로 글쓰기 행위를 하고 있는 것일까? 지금 내가 글을 쓰는 행위에는 노트북이라는 사물이 개입되어 있다. 그렇다면 어디까지가 나라는 인간의 노동이고 어디까지가 노트북이라는 사물의 노동일까? 단순히 나의 머릿속에 있는 생각들을 자판으로 입력하고 있을 뿐이라면 지금 당장 펜을 들고 종이 위에 쓴다고 해도 동일한 글을 쓸 수 있어야 한다. 그렇다면 생각하는 것은 인간의 일이고 그것을 전자문서에 입력하는 일은 노트북의 일이라고 분명히 구분할 수 있고, 노트북은 눈에 보이지 않는 인간의 생각을 눈에 보이는 글자로 옮겨주는 단순한 도구가 된다. 그러나 상황은 그리 단순하지 않다. 단적인 예로, 실제로 나는 노트북이 없이는 글을 쓰지 않는다. 마지막으로 연필을 쥐고 원고지에 글을 썼던 때가 언제인지 기억조차 잘 나지 않고, 이제는 원고지 위에 펜으로 글을 쓰는 내 모습을 상상하기조차 어렵다. 동일한 주제로 무언가를 써야겠다고

---

1) 이러한 관점을 가진 대표적인 학자로 과학기술학자 브뤼노 라투르(Bruno Latour)를 들 수 있다. 그의 저서로는 다음 책을 참조하라. 브뤼노 라투르, 《브뤼노 라투르의 과학인문학 편지》, 이세진 옮김, 사월의책, 2012; 브뤼노 라투르, 《우리는 결코 근대인이었던 적이 없다》, 홍철기 옮김, 갈무리, 2009. 그의 사상에 대한 해설서로는 다음 책을 추천한다. 브뤼노 라투르 외, 《인간, 사물, 동맹》, 홍성욱 옮김, 이음, 2010; 아네르스 블록 · 토르벤 엘고르 옌센, 《처음 읽는 브뤼노 라투르》, 황장진 옮김, 사월의책, 2017.

마음먹었을 때조차 워드 프로그램을 사용할 때와 파워포인트 프로그램을 사용할 때의 결과물이 달라진다고 느끼기도 한다. 내가 글을 쓰는 행위를 더 구체적으로 뜯어보면, 이 행위에는 더 많은 사물들이 개입하고 있음을 깨닫게 된다. '나는 글을 쓴다'라는 하나의 주어와 동사로 이루어진 문장은 사실 다음과 같은 긴 문장을 생략하고 있다. 나는 의자에 앉아 책상 위에 커피 한 잔을 두고 노트북을 열고 유튜브에서 좋아하는 음악을 찾아 이어폰을 연결한 후 음악을 들으며 워드프로세서 프로그램을 실행시켜 어제 쓰다 만 파일을 다시 열고 마지막 문장 뒤에서 깜빡이는 커서를 확인한다. 이 상태에서 노트북 자판에 양손을 올리고 손가락으로 자판을 누르는 순간, 이 순간이어야 비로소 '글을 쓰는 나'가 탄생한다. 이 순간만큼은 나의 몸이 책상, 의자, 커피, 노트북, 이어폰 등과 연결되어 하나의 존재처럼 작동한다. 이렇게 생각하면 현대 사회에서 포스트휴먼이 아닌 사람은 거의 없다고 해도 과언이 아닐 것이다.

사실 우리가 이미 포스트휴먼이라는 주장은 미래가 포스트휴먼의 시대라는 주장만큼이나 흔하다. 전자에서 포스트휴먼이라는 용어가 메타포로서 사용된다면, 후자의 포스트휴먼은 구체적인 물질성을 갖는다. 전자가 인문사회학의 영역에 속한다면, 후자에서는 엔지니어와 과학자의 목소리가 권위를 갖는다. 이 글에서 나는 포스트휴먼 논의에서 메타포와 실재의 문제, 특히 그 둘 사이에 존재하는 간극의 문제를 다룰 것이다. 인문사회학 분야에서 가장 영향력 있는 포스트휴먼적 존재 중 하나가 '사이보그'이다. 이어지는 글에서 나는 우선 사이보그가 어떤 의미를 갖는 메타포인지 그 역사를 간략하게 정리하며 사이보그 메타포가 갖는 한계로 몸의 문제를 지적할 것이다. 글의 나머지 부분에서는 실제로 존재하는, 살아 있는 사이보그의 자전적 이야기 속에서 포스트휴먼 시대의 휴먼과 휴먼 바디 human body의 의미를 되짚어볼 것이다.

사이보그의 역사[2]

'사이보그'가 과학기술의 한 분야인 사이버네틱스cybernetics와 유기체를 뜻하는 오거니즘organism의 합성어라는 사실은 잘 알려져 있다. 이 용어를 만든 이들은 맨프레드 클라인즈Manfred Clynes라는 피드백 컨트롤 분야 엔지니어와 네이선 클라인Nathan Kline이라는 정신약리학 전문가이다. 이들은 공동저자로 1960년 9월에 출판한 〈사이보그와 우주Cyborgs and Space〉라는 제목의 논문에서 "무의식적으로 항상성을 유지하는 통합 시스템" 그리고 "유기체의 자기조절적 통제 기능을 확장하는 외인적 요소를 포함하는 복합체"를 뜻하는 용어로 '사이보그'를 처음 사용했다.[3] 사이버네틱스라는 용어가 알려지기 시작한 것은 이보다 앞선 1948년이다. 수학자이자 철학자인 노버트 위너Norbert Wiener는 그의 책 《사이버네틱스Cybernetics》에서 "기계 또는 동물에서의 통제와 의사소통 이론과 관련된 모든 분야"로 사이버네틱스를 정의한 바 있다.[4] 위너는 특히 보청 장치나 인공 관절, 의족, 의수 등 인공기관 prosthesis을 제작하고 유기체의 항상성을 인위적으로 통제하는 시스템을 실

---

2) 사이보그의 기술적 탄생과 해러웨이의 사이보그 개념, 그리고 사이보그 메타포가 갖는 다양한 함의에 대한 더 상세한 논의는 다음의 책을 참조하라. 임소연, 《과학기술의 시대 사이보그로 살아가기》, 생각의 힘, 2014.

3) Manfred Clynes and Nathan Kline, "Cyborgs and Space," *Astronautics*, Sep. 1960, pp. 26-27; 74-76.

4) Nobert Wiener, *Cybernetics: Or Control and Communication in the Animal and the Machine*, Cambridge, MA: The M.I.T. Press, 1948.

현하고자 노력했던 것으로 알려져 있다. 클라인즈와 클라인의 논문 제목에서도 알 수 있듯이 당시 사이보그 연구는 주로 우주라는 극한 환경에서 인간이 생존할 수 있는 방법을 찾는 우주생리학_{bioastronautics}이나 우주의학 연구의 일환으로 이루어졌으며, 신경망과 자기조직화 시스템, 인공지능 등에 대한 연구인 생체공학_{bionics} 분야로 확장되었다. 사이보그는 과학자와 엔지니어의 머릿속이나 그들의 실험실 안에만 머물지 않고 세상 밖으로 나와 대중적 관심을 받기도 했다. 20세기 중반 미국에서 사이보그는 냉전 과학의 으스스함을 뒤로 한 채 과학기술의 발전이 가져올 새로운 인간의 탄생을 암시하는 상징적인 존재였다. 1970년대 중반에 방영된 TV 쇼 〈육백만불의 사나이〉에 대한 미국인들의 열광적인 반응은 사이보그에 대한 당시의 대중적 인식을 잘 보여준다.

사이보그의 역사에서 위너나 클라인즈, 그리고 클라인만큼이나 중요한 인물이 또 있다. 바로 페미니스트 과학기술학자인 도나 해러웨이_{Donna J. Haraway}이다. 단순히 과학기술의 힘을 통해 인간의 한계를 뛰어넘은 인간을 상징했던 사이보그는 해러웨이가 쓴 한 편의 글을 통해서 인간과 과학기술의 관계에 대한 답을 제시하는 암호와 같은 존재로 다시 태어났다. 해러웨이는 〈사이보그 선언_{Cyborg Manifesto}〉에서 사이보그를 모순되고 분열된 채로 세상과 연결된 존재에 대한 메타포로 설명한다.[5] 우선, 사이보그가 모순적인 존재라는 것은 양립 불가능한 요소들로 이루어져 있다는 의미이다. 예를 들어, 유기적인 것은 기계적인 것과, 인간은 인간이 아닌 것과,

---

5) 〈사이보그 선언〉의 원문은 다음의 책에 실려 있다. Donna J. Haraway, *Simians, Cyborgs, and Women: The Reinvention of Nature*, New York: Routledge, 1991, pp. 149-181.

그리고 물질적인 것은 물질적이지 않은 것과 양립 불가능하다. 그러나 사이보그는 유기체와 기계의 복합체로서 이 두 요소들 사이의 배타적인 경계를 무너뜨린다. 유기적이지만 기계이기도 하고 인간이지만 인간이 아니고 물질적이지만 물질이 아닌 존재라니, 모순적일 수밖에 없다. 이 모순은 서구사상의 근간이 되어온 이분법적 세계관에 대한 강력한 도전이다. 두 번째로 사이보그가 분열적인 존재라는 것은 사이보그가 고정된 본질이나 정체성을 갖고 있지 않음을 의미한다. 전통적으로 정치적 결속과 유대는 젠더, 인종, 계급 등의 정체성에 근거해왔으나 이러한 정치는 오히려 개별 주체들을 억압하는 효과를 가져온다. 예를 들어, 가부장적 권력에 저항하기 위해 여성이란 단일한 집단을 내세움으로써 여성 개개인이 갖는 다양한 차이를 삭제하게 되는데 이것은 여성을 주체로 인정하지 않으려는 가부장적 욕망에 오히려 부합하는 결과를 낳게 된다. 반면 모순적인 요소들로 이루어진 사이보그는 하나의 젠더, 하나의 인종, 하나의 계급에 속하지 않는 존재이기에 주체들 사이에 비유기적이고 비자연화된 방식으로 결속이 일어나게 된다. 그러한 결속은 부분적이지만 진정한 의미의 결속이 될 수 있다. 끝으로 사이보그는 그 모순과 분열에도 불구하고 모순되지 않고 분열된 존재이기에 세상과 더욱 연결된다. 마치 전통적인 친족 관계나 유기적인 공동체가 붕괴됨에도 불구하고 인터넷이나 정보통신기술의 발달로 현대인들이 더 많은 사람들과 접속할 수 있게 된 것과 비슷하다. 모순된 요소들의 조합으로 탄생하는 사이보그에게 그 부분들 사이의 소통과 연결은 무엇보다 중요하다. 이런 식의 사이보그 개념화를 통해서, 과학기술의 발전이란 단순히 새로운 지식과 사물의 등장이 아니라 인간과 사물, 나아가 다양한 존재들의 연결이 변화함을 의미한다고 해석할 수 있다. 따라서 해러웨이 이후 사이보그는 사이버네틱스와 공상과학의 영역부터 학문과 정치, 예술의 영역에 이르기까지 더욱 폭넓고 더 강력한 영향력을 갖게 되었다.

사이보그 메타포의 한계와 포스트바디

〈사이보그 선언〉에 담긴 해러웨이의 사상은 '사이보그페미니즘' 또는 '사이버페미니즘'이라는 명칭으로도 불리며 다양한 분야에 영향을 주었는데, 예술계가 그중 하나이다. 예를 들어, 이불Lee Bul이나 오를랑Saint Orlan 등은 해러웨이의 사이보그를 해석하여 작품으로 재현한 대표적인 페미니스트 예술가이다. 이불은 실리콘으로 기계 신체의 일부가 잘린 듯한 사이보그의 형상을 만들었고〈그림 1〉, 오를랑은 몸의 변화를 통해 자아를 변화시키는 성형수술 퍼포먼스를 수행했다〈그림 2〉. 이들의 작품에서 사이보그는 공통적으로 인간에게 주어진 고정된 실체로서 몸이 갖는 한계를 벗어나는 존재이다. 이 글에서 지적하고자 하는 사이보그 메타포의 한계는 바로 이 탈신체성, 몸이 아닌 몸, 즉 포스트바디post-body이다. 몸이 더 이상 고정되어 있는 생물학적 대상이 아니며 과학기술이 여성을 몸의 속박으로부터 해방시키는 새로운 도구가 될 수 있을 것이라는 비전은 페미니즘에 새로운 활력을 불어넣었다. 확실히 자연으로 비유되거나 자연미가 강조되던 이전 예술 작품 속 여성들과는 다른 모습의 여성 주체가 작품 속에 등장하기 시작하였다. 사이보그의 포스트바디는 기본적으로는 각자의 방식으로 사이보그를 해석하고 사용하는 이들의 문제이지만, 애초에 해러웨이가 상상력과 신화, 텍스트의 힘을 강조한 점도 무시할 수 없다. 〈사이보그 선언〉에서

그림 1. 이불의 〈사이보그(Cyborg)〉(1997-98)
이미지 출처: http://www.bawagpskcontemporary.com/index.php?id=114&ausstellung=112

사이보그 신화는 다음의 두 가지 텍스트를 그 기원으로 한다. 첫 번째 텍스트는 유색 여성들의 글쓰기이다. 유색 여성들의 정체성이 합법화된 언어에 집착하지 않고 키메라 괴물의 언어를 구사하면서 형성되듯이, 사이보그 글쓰기는 완벽한 소통이 아니라 소음과 오염, 동물과 기계의 비합법적인 융합을 즐기는 과정에서 탄생한다. 두 번째 텍스트는 페미니스트 SF 저작들이다.[6] 페미니스트 SF에 등장하는 사이보그 괴물들 역시 새로운 정치적 가능성과 한계를 제시하는 포스트휴먼 존재들이다. 결과적으로 사이

---

6) 해러웨이가 예로 든 페미니스트 SF 소설은 다음과 같다. Joanna Russ, *The Female Man*, New York: Bantam Books, 1975; Samuel R. Delany, *Tales of Nevèrÿon*, New York: Bantam Books, 1979; Octavia Bulter, *Wild Seed*, New York: Doubleday Books, 1980; Octavia Butler, *Kindred*, New York: Doubleday Books, 1979; Octavia Butler, *Dawn*, New York: Warner, 1987; Vonda N. McIntyre, *Superluminal*, New York: Ultramarine Publishing Co, 1983.

그림 2. 오를랑의 일곱 번 째 수술퍼포먼스 〈편재(Omnipresence)〉의 한 장면.
이미지 출처: http://www.orlan.eu/works/performance-2/nggallery/page/1

보그가 인간의 몸과 과학기술의 결합이라는 사실은 잊히고 결과물로 탄생한 새로운 몸, 포스트바디에 주로 초점이 맞춰지게 된 것이다.

결국 사이보그 메타포의 한계는 실재와의 간극에서부터 시작된다. 메타포의 작동 원리는 '치환displacement'인데 그것은 어떤 대상이 그것의 일상적 맥락에서 벗어나 다른 맥락 속에 위치 지어진다는 뜻이다. 즉, 메타포를 사용한다는 것은 덜 알려지거나 낯선 어떤 대상을 더 눈에 띄거나 더 잘 알려진 다른 기호로 보여주는 것이다. 따라서 다른 맥락 속에서 어떻게 사용되는가뿐만 아니라 일상적 맥락에서 그 대상이 어떤 의미를 갖는가 역시 중요하다. 사이보그 메타포가 실재하는 사이보그의 의미를 충분히 담아내지 못한다면, 그것은 메타포로서도 문제가 있음을 의미한다. 많은 이들이 포스트휴먼의 시대를 상상하며 사이보그 메타포를 사용하지만, 그것이 인공기관이나 보형물을 부착하고 살아가는 수많은 사람들의 실제 경험에 얼마나 부합하는지는 의문이다. 오히려 인간의 경계를 넘어서고 인간의 정의를 모호하게 만드는 상상 속의 존재들을 설명하기 위한 이론을 먼저 만들고 나서, 그것을 실재에 소급해서 적용하고 있지는 않은지 생각해볼 필요가 있다. 이렇게 되면 메타포는 상황적 지식과 연결되지 않고 보편적인 이론의 일부로 환원되어, 결국 사이보그는 (메타포적으로는) 모든 곳에 존재하지만 (물질적으로는) 아무 곳에도 존재하지 않는 존재가 되어버린다.[7]

그렇다면 실제로 기계와 결합한 몸을 경험한 사람들의 목소리를 들어보면 어떨까? 실제로 다리 절단 후 의족을 착용하고 있는 철학자 비비안 소브책 Vivian Sobchack 의 이야기를 들어보자.

> 인공기관은 실제 삶에서는 투명해진다. 몸도 보통 때는 존재하지 않는 것처럼 느껴지듯이 도구도 마찬가지로 부재하는 존재가 된다. 말하자면 인공기관은 주체'로' 통합되거나 주체'에' 통합되는 것이 아니라 주체'로서' 통합되는 것이다. 인공기관은 포스트휴먼적 존재를 만들기보다는 오히려 사회에서 받아들여지는 정상성과 인간성을 강화하는 역할을 한다.[8]

사이보그적 몸을 갖는다고 해서 모순과 분열의 사이보그 주체가 탄생하는 것은 아니다. 소브책의 의족 경험에 대한 자기분석은 사이보그적 존재가 생각보다 전위적이거나 도전적이지 않음을 보여준다. 사이보그는 인간의 육체를 초월함으로써가 아니라 철저하게 인간의 육체에 근거함으로

---

7) 이 단락의 논의는 Vivian Sobchack, *Carnal Thoughts: Embodiment and Moving Image Culture*, Berkeley: University of California Press, 2004의 205-225쪽을 참조하였다.

8) *Ibid.*, p. 211.

써 만들어지며, 그 결과는 새로운 포스트휴먼 정체성의 탄생이 아니라 오래된 휴먼 정체성의 복원이다. 인간의 자아는 이렇게나 탄력적이다. 인지과학자이자 철학자인 앤디 클락Andy Clark은 이렇게 탄력적인 인간의 자아를 '부드러운 자아'로 명명한다. 그에 따르면, 자신을 규정하는 인지적 본질로서의 자아란 존재하지 않는다. 다만 "일부는 신경적이며 일부는 신체적이고, 일부는 기술적인 과정들이 뒤섞여 통제권을 공유하는 과정들의 연합, 이야기를 하고 있는 '내'가 중심적 역할자로 등장하는 그림을 그리려는 계속적인 충동"9)을 부드러운 자아라고 부를 수 있을 뿐이다. 그의 부드러운 자아 개념이 보여주는 모순, 즉 자아가 본질적으로 존재하지는 않으나 과정들의 연합이나 지속적인 시도로서 존재한다는 모순은 해러웨이의 사이보그가 갖는 모순과 분열의 정체성과도 통하는 측면이 있다.

끝으로 사이보그의 또 다른 문제는 인간의 몸에 개입하여 인간이 아닌 몸을 만드는 과학기술 혹은 비인간의 힘이 과대평가된다는 데에 있다. 비인간의 행위성이 지나치게 부각되면서 인간의 행위성은 상대적으로 간과되는 측면이 있다는 것이다. 앞서 인용한 소브첵의 글에서 알 수 있듯이, 실제 사이보그의 삶에서 인공기관의 존재는 자아를 압도하는 것으로 여겨지지 않는다. 인공기관과 함께 살아가는 사람들은 인공기관을 자아의 일부로 받아들이고, 궁극적으로는 정상적인, 보통의 사람들과 다름없는 삶을 살아가게 되거나, 그러한 삶을 지향하게 되지 스스로를 인간을 초월하거나 인간과는 다른 존재로 인지하지는 않는다. 그럼에도 불구하고 많은 경우 심지어는 공학적인 문헌에서조차도 인간은 기계에 비해서 왜소한 존

---

9) 앤디 클락, 《내추럴-본 사이보그: 마음, 기술, 그리고 인간 지능의 미래》, 신상규 옮김, 아카넷, 2015. p. 221.

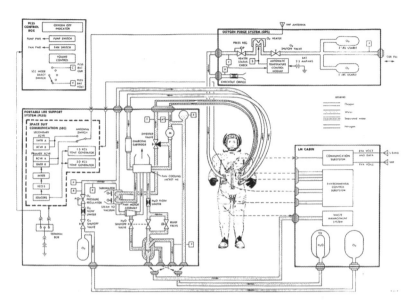

그림 3. 미국항공우주국에서 개발한 이동형 생명유지시스템(Portable Life Support System)의 도해.
이미지 출처: https://www.hq.nasa.gov/alsj/plss.html

재로 그려진다.[10] 예를 들어 우주비행사와 생명유지장치의 연결을 보여주
는 그림을 보자. 〈그림 3〉에서 기계적인 장치와 시스템이 보여주는 복잡
성과 역동성과 대조적으로 인간은 단순하고 수동적인 존재로 묘사되어 있
다.[11] 즉 인간의 몸은 '블랙박스'로 간주된다. 사이보그의 포스트바디 개념
이 갖는 한계, 그러니까 메타포가 놓치고 있는 실재란 결국 인간의 몸이고
몸이 갖는 행위성이다.

---

10) 크리스 그레이, 《사이보그 시티즌: 포스트휴먼 시대, 인간이란 무엇인가》, 석기용 옮김, 김영사, 2016.

11) 이와 유사한 그림들과 그에 대한 해석에 대해서는 위의 책의 참고도판을 참조하라.

사이보그의 탄생과 휴먼 바디

  몸의 행위성은 몸의 가능성과 한계 모두를 의미한다. 그것은 기술적 개입의 물질적 근거를 제공하지만 동시에 기술적 개입을 복잡하게 만들기도 한다. 한마디로 몸이 행위성을 갖는다는 것은 몸이 항상 미리 예측되거나 통제될 수 있는 대상이 아님을 의미한다. 그리고 우리가 몸을 완벽하게 예측하거나 통제할 수 없다는 것은 결국 우리가 몸이 주는 가능성과 한계를 초월하거나 그로부터 자유로운 상태로 살아갈 수 없다는 뜻이기도 하다. 영국 레딩 대학교의 교수이자 사이버네틱스 공학자인 케빈 워릭_{Kevin Worwick}의 자가실험은 사이보그가 된다는 것이 결코 몸을 초월하는 것이 아님을 분명히 보여준다. 2002년 그는 자신이 사이보그가 되었던 경험을 책으로 펴냈다. 워릭은 자신의 팔에 전자칩을 이식해서 생각만으로 건물의 출입문이 열리게 하고, 심지어 그와 마찬가지로 팔에 칩을 이식한 자신의 아내와 서로 멀리 떨어진 상태에서 교감을 나누는 데 성공하기도 했다. 최첨단 공학 기술로 실존하는 사이보그가 되었던 그의 자전적 이야기 속에서, 우리는 사이보그가 휴먼 바디를 초월한 존재가 아니라 오히려 휴먼 바디에 지극히 충실한 존재임을 발견할 수 있다. 사이보그는 이불의 작품〈그림 1〉처럼 이음새 없이 매끈한 실리콘 조각이 아니며, 사이보그가 탄생하는 과정은 오를랑의 퍼포먼스〈그림 2〉처럼 스스로가 기획하고 이끄는 쇼도 아니다. 사이보그의 몸은 그냥 주어지는 것이 아니다. 현실 속 사이보그는 인간이 현재 가지고 있는 몸이 일련의 의학적 절차를 거쳐서 변형됨으로써 만들어지는데 그 과정은 몸의 가능성과 한계를 그대로 드러낸다. 이 절에서는 살아 있는 사이보그 경험의 생생함을 살리기 위해서 워릭의 글을 주로 인용하고 설명을 덧붙이는 방식을 취할 것이다. 인용문에서 몸의 행위성을 직접적으로 보여주는 단어나 문장에는 밑줄로 표시를 해두었다.

워릭이 사이보그가 되기 위해서는 팔의 피부 아래쪽에 센서가 달린 작은 칩을 이식해야 했다. 팔에 칩을 이식하기 위해서는 외과적 수술이 필요하다. 이것은 다른 여느 수술과 마찬가지로 사이보그가 되는 과정에서 통증이나 감염, 이식 거부 반응, 나아가 예상할 수 없는 건강상의 위험이 발생할 수 있음을 뜻한다. 통증을 줄이기 위해서는 마취 절차가 필요하고 감염의 가능성을 최소화하기 위해 적절한 수술 계획 및 실행이 요구된다. 이것은 매우 의학적인 전문성과 의사결정이 필요한 과정이므로 워릭은 워릭의 주치의인 조지 블로스, 그리고 그와 함께 수술에 참여하게 될 의료진들과 만남과 회의를 거듭해야만 했다. 아래의 글에서 보듯이, 워릭은 수술 전 의료진과 만나면서 비로소 사이보그가 되는 과정이 몸의 예측불가능성에 대처하는 과정임을 깨닫는다.

> 조지 블로스는 수술에는 위험이 따른다고 했다. 국부 마취면 충분하겠지만 그 부위가 병균에 <u>감염</u>될 수 있다고 했다. 또한 몸이 체내에 들어온 유리를 거부할 수도 있었다. 그러면 <u>부작용</u>이 일어날 가능성도 있었다… 얼마 안 가 나는 현실을 깨달았다. 실험 과정에서 불미스러운 일이 발생하고 이식받은 사람이 심각한 <u>질병</u>에라도 걸린다면, 무슨 낯으로 세상을 살아가겠는가.[12]

> [이식 수술 전] 미팅의 주된 주제는 <u>감염</u>의 문제였다. 실험을 할 때 전선이

---

12) 케빈 워릭, 《나는 왜 사이보그가 되었는가》, 정은영 옮김, 김영사, 2004, p. 119.

피부를 뚫고 들어가야 한다고 결정한 바 있었다. 따라서 전선이 신경계 안까지 이어질 때의 감염 위험을 최소화하는 것이 중요했다… 감염이 발생했을 경우 재빨리 손쓰지 않으면 손의 기능이 <u>마비</u>될 수도 있다는 것이었다. 다시 말하면, 왼쪽 손을 더 이상 쓰지 못할 수도 있다는 것이다.[13]

몸의 행위성은 감염이나 부작용으로만 나타나는 것이 아니다. 몸의 해부학적인 특징도 워릭의 몸에 작은 기계 장치를 이식하는 과정에서 통제되어야 하는 주요 변수 중 하나였다. 이는 사이보그가 기술을 통해서 완전히 새로운 몸, 포스트바디를 가진 존재로 창조되는 존재가 아니라, 기술적 장치나 시스템이 원래 가지고 있던 몸과 잘 협상함으로써 만들어지고 유지되는 존재임을 다시금 보여준다. 워릭의 경우, 아래와 같이 팔의 어떤 부위에 칩을 이식해야 살갗에 뚫리는 구멍의 크기를 최소화하고 수술에도 용이할 수 있을지에 대한 수술 전 논의가 진행되었다.

> <u>신경이 길게 늘어선 팔의 살 위쪽 부분을 절개하느냐, 신경이 그 표면에서</u> <u>멀리 떨어진 손목 위 지점을 절개하느냐에 논의가 집중되었다</u>… 수술하기 쉬운 손목 부위가 가장 선호되었다. 하지만 이식 장치의 크기에서 문제가 있어 다른 장치를 바깥쪽에 위치시켜야 했다. 이러한 경우라면 배열에서 나오는 전선과 이식된 장치가 살갗을 통과해 바깥쪽 장치와 연결되어야 했다. 앨리는 그때 뚫린 구멍에 감염의 위험이 있다고 지적했다. 브라이언은 그 구멍을 통과하는 전선의 직경이 굵기라도 하면, 회복가능성이 없는 것으로 생각

---

13) *Ibid.*, p. 273.

했다. 그래서 앨리는 배열을 이식하는 지점과 전선이 통과하는 지점을 다르게 절개하는 것이 가장 좋은 방법이라고 주장했다.[14]

물론 수술 전에 개별 환자의 해부학적 구조를 완벽하게 예측하는 것은 불가능하다. 미처 예측하지 못한 해부학적 특징은 수술 과정에서 장애물일 수밖에 없다. 워릭의 크고 분명치 않은 정중 신경처럼 말이다.

책 속에 일반적 유형이 나와 있긴 하지만, 사람들은 각자 천차만별이고 신경과 혈관도 순서와 위치가 각각 다르게 나타나는 경우가 있다고 했다. <u>내 혈관은 매우 큰 편이고 정중 신경이 분명치 않으며, 이 점이 수술에 장애가 되고 있다는 것</u>도 말해주었다. 그가 이야기하는 도중 갑자기 강력한 전기처럼 무엇인가가 내 왼쪽 손가락 마디마디에 흐르는 것 같았다. 깜짝 놀랐다… 신경 섬유를 자극해서, 전류를 흐르게 할 수 있다. 정중 신경은 손에 쫙 깔려 있기 때문에 내 왼손가락 마디마디에 많은 전류를 흘려보낼 수 있었다. 나는 그것을 전혀 기대하지 못했다. 다른 전기 충격처럼, <u>극심한 고통</u>을 동반했다. 하지만 매우 짧은 순간이었다. 곧 평상시와 같은 느낌으로 되돌아왔다… 피터는 사과의 말을 했다. 까다로운 혈관을 피하려다 그만 신경을 건드리고 말았다는 것이다. 내가 소리를 지르자, 그는 의외로 기뻤다고 했다. 정확한 신경을 찾아 따라가고 있다는 증거였기 때문이다. 그는 나에게 엄지와 다른 손가락을 이리저리 움직여보라고 했다.[15]

---

14) *Ibid.*, p. 257.
15) *Ibid.*, p. 347.

몸의 행위성은 수술이 끝났다고 사라지지 않는다. 수술 과정에서 아무런 문제없이 이식이 잘 끝났다고 해도 워릭의 몸은 여전히 살아 있으니 말이다. 수술이 끝나고 마취가 풀리면서 고통이 찾아오거나 수술 부위의 불편함 때문에 일상적인 행위에 제약을 받는 것은 흔한 일이다. 사이보그가 된 워릭에게도 몸은 여전히 감각의 중심이고 그는 여전히 밥을 먹고 잠을 자야 하는 인간의 몸을 가지고 있었다.

> 운전을 하면서 국부 마취가 풀리고 있음을 느꼈다. 수술 받은 부위는 그리 아프지는 않았고 조금 따끔거렸다. 이식 장치가 다소 불안정했지만, 견디지 못할 정도는 아니었다.… 이식 장치가 있다는 것 때문에 이레나는 내 팔을 건드리지 않으려고 조심했고, 나 역시 어떻게든 내 팔을 함부로 다루진 않았다. 이식 장치는 쉽게 부서질 수 있는 유리 캡슐이어서 나는 밤새 팔을 이상한 각도로 침대 바깥에 내보내려고 무던히 애를 썼다. 그 때문에 쉽게 잠들 수 없었다.[16]

사실 워릭의 첫 번째 사이보그 자가실험은 의학적인 이유로 오래 지속되지는 않았다. 일정 시간이 흐른 후 그의 팔에서 칩은 제거되었다. 그리고 아무도 예상하지 못한 일이 일어났다. 사이보그에서 다시 인간으로 되돌아간 워릭에게 뜻밖의 고통과 신체적 증상이 찾아온 것이다. 다음의 사건은 인간의 몸이 갖는 행위성을 극적으로 보여주는 사례이다.

---

16) *Ibid.*, pp. 147-148.

식사를 주문하려고 앉아 있는데 <u>땀이 쉼 없이 흘러내렸다.</u>… 한 양동이 정도
의 땀이 쏟아진 듯했다. 이런 일이 한 번도 없었는데… 나는 '괜찮아질 거예
요'라고 말하며 제정신을 차리려고 했다. 그러나 사태는 더욱 악화되었고 종
업원이 수건을 가져다주었다. 냉수는 전혀 도움이 안 되었다. 나는 백지장처
럼 하얗게 질렸다. 새러는 앰뷸런스를 불렀다.… 그들은 몸속의 이식 장치가
무엇인가 문제를 일으킨 거라고 판단하고 있었다. 잠시 후 발한이 점차 수그
러들었다.[17]

끝으로, 만약 다행히 워릭의 팔에 칩이 이식되는 과정에서 모든 변수들
이 통제되었다고 해도 몸의 문제는 남는다. 사이보그가 된 채로 실험실에
갇혀 있지 않는 이상, 그의 몸은 다양한 환경 및 상황에 놓이고, 나아가 다
른 기계 - 인간 시스템과도 만날 것이기 때문이다. 그럴 때 몸이 어떠한 반
응을 보일지 예측하고 그러한 반응들에 어떻게 대비해야 할지 미리 준비
해야겠지만, 현실적으로 모든 경우를 예측하고 대비하는 것이 가능할 것
인지는 의문이다. 워릭은 출장을 위해 비행기를 타야 할 상황이 되자 이렇
게 적고 있다.

만약 이식 장치가 제대로 자리를 잡게 되면, 나는 런던과 에든버러 공항 검
색대를 통과해야 했다. 그 때문에 더욱 불안했다. 이식 장치를 소독하기 위
해 온도를 높였을 경우 폭발하는 것을 직접 본 적이 있기 때문에 불안해지기
시작했다. 비행기가 하늘을 날 때 압력이 생기면, 이식 장치는 그 시험 도구

---

17) *Ibid.*, p. 155.

가 된다. 내 팔 속의 이식 장치가 폭발한다는 것은 생각만 해도 끔찍한 일이

지 않는가.[18]

사이보그는 금속 탐지기에 걸릴 수도 있고 온도나 기압 등이 비정상적
으로 높은 환경에 놓이면 폭발하거나 오작동할 가능성도 있다. 물론 이런
일들은 사이보그가 보편화될수록 해결될 것이다. 그러나 마치 인공물이
많은 현대 사회에서 안전사고가 더 자주 일어나고 자동차가 디지털화하면
서 알 수 없는 사고가 많이 일어나듯이, 다양한 사이보그가 많이 만들어질
수록 몸은 예측할 수 없는 방식으로 존재를 드러낼 것이며 사회가 감당해
야 할 위험은 더욱 커질 것이다. 더 많은 사이보그가 만들어지기 위해서
우리는 휴먼 바디에 대해서 더 많이 알아야 하고 더 많이 준비해야 한다.

휴먼 바디에서 시작하는 포스트휴먼적 상상력

우리의 상상력은 풍부한 실재를 토대로 할 때 더욱 강력해질 수 있다.
우리가 미래에 포스트휴먼과 함께 살아갈 방법을 궁리하기 위해서 우리에
게 필요한 것은 화려한 언어도 최첨단의 과학기술도 아니다. 우리는 이미
인공지능이나 자율주행 자동차 등과 같은 포스트휴먼의 등장을 목도하고
있고, 각종 보철이나 인공기관을 부착한 사이보그와 함께 살아가고 있다.
결함이나 장애를 가진 몸과 정상적인 몸, 그리고 정상적인 몸보다 뛰어난

---

18) *Ibid.*, p. 138.

능력을 가진 몸 사이의 경계는 점점 흐려지고 있다. 현재와 같은 과학기술의 시대에 과학기술의 개입으로부터 완전히 자유로운 몸, 자유로운 삶이라는 것이 과연 존재할지 의문이다. 앞으로 과학기술이 더욱 발전하는 시대가 된다면 우리가 과연 몸에서 자유로울 수 있을지도 의문이다. 사이보그 기술이 더욱 정교하게 인간의 몸을 대체하고 확장시킨다면 몸은 더욱 정교하게 인간을 긴장시키고 불안하게 만들 것이다. 더 많은 사이보그가 탄생하기 위해서 우리는 더 많은 몸을 이해하고 그것들의 목소리에 귀를 기울여야 한다. 그런 의미에서 인공기관과 결합한 몸, 나아가 과학기술을 매개로 변형된 몸을 가지고 있는 사람들의 경험은 우리 모두의 자산이 될 수 있다.

모든 포스트휴먼이 인간의 몸을 가지고 있는 것은 아니다. 그럼에도 불구하고 필자가 포스트휴먼과 공존하는 세상에 대한 상상력이 휴먼 바디에서 시작해야 한다고 믿는 이유는, 우리의 몸이야말로 우리가 최초로 관계를 맺는 타자이기 때문이다. 내 몸은 나의 것이지만 내가 온전히 통제하거나 예측할 수 없다. 그것은 나를 지배하지도, 나에게 지배받지도 않은 채로 나와 함께, 그리고 나로서 살아간다. 해러웨이의 표현을 빌리면, 몸은 '트릭스터trickster'와 같은 존재이다. 사기꾼이나 협잡꾼이라는 트릭스터의 사전적 해석에서 알 수 있듯이 트릭스터는 우리가 온전히 길들일 수 있는 대상이 아니다. 해러웨이는 세상(자연)의 행위성을 트릭스터 혹은 '코요테coyote'로 상상할 것을 제안한다. 트릭스터는 미국의 남서부에 살던 원주민의 이야기 속에 등장하는 신화적인 존재로, "우리가 속임을 당할 것임을 알면서도 지배를 포기하고 신의 있는 관계를 맺기 위해 노력"[19]해야 하는 대상이다. 생물학적으로 주어진 몸을 지나치게 신성시해서 어떠한 과학기술의 개입도 용납하지 않는 태도도 문제이지만 과학기술의 힘을 빌려서 몸을 원하는 대로 바꾸거나 그럴 수 있다고 믿는 태도도 문제이다. 몸은 숭배의 대상도 아니고 착취의 대상도 아니다. 우리는 몸에 대해서 지나치게 심각할 필요도 없고 지나치게 가볍게 여겨서도 안 된다. 다만 그것은 협상이 필요한 존재일 뿐이다. 몸은 짓궂은 행위자이다. '짓궂다'의 사전적 의미인 '장난스럽게 남을 괴롭히고 귀찮게 하여 달갑지 아니하다'는 몸의 행위성을 꽤 잘 설명해준다. 우리가 우리의 몸을 기계와 결합시키려 할 때, 즉 사이보그가 되려고 할 때 몸은 우리를 괴롭히고 귀찮게 하는, 달갑지 않은 존재로 느껴질 것이다. 워릭이 사이보그가 되는 과정에서 감염, 고통, 부작용, 해부학적 특이성 등이 그러했듯이 말이다. 그러나 그렇다고 해서 몸이 그 자체로 우리에게 적대적인 행위를 하기 위해 존재하거나 악의를 가지고 우리를 괴롭힌다고 볼 수는 없다. 왜냐하면 우리에게 삶과 쾌락이라는 궁극의 선물을 주는 것 역시 몸이기 때문이다. 짓궂다는 말에 포함된 '장난스럽게'는 몸의 행위성이 때로 우리를 괴롭고 귀찮게 할지라도 그것에 좌절하거나 극단적인 비관론에 빠질 필요는 없음을 말해준다. 우리는 그저 몸과 협상하기를 주저하지 말고 포기하지 않으며 삶을 지속해 나가야 할 뿐이다.

포스트휴먼과 우리의 관계도 이와 같다. 포스트휴먼적 존재는 인간이 만든 것이지만 그렇다고 해서 인간이 온전히 통제하거나 예측할 수 있는

---

19) Haraway, *op. cit.*, p. 199.

것은 아니다. 포스트휴먼과 인간의 관계는 휴먼 바디와 인간의 관계와 유사하다. 우리는 알파고와 같은 인공지능을 두려워하거나 우상시할 필요도 없지만 그렇다고 그들이 우리가 원하는 대로만 작동할 것이라고 기대해서도 안 된다. 포스트휴먼과 인간은 한쪽이 다른 한쪽을 완전히 지배하는 대신 서로의 일부로서 함께 살아갈 것이고 그래야 할 것이다. 포스트휴먼의 시대에 우리는 휴먼 바디와 함께 그리고 트릭스터와 함께 살아가는 법을 배워야 한다.

제 5 장

포스트휴먼 시대, 비인간과 더불어 사는 인간에 대한 심리학적 조망

최원일
(광주과학기술원 기초교육학부)

포스트휴먼 시대, 비인간과 더불어 사는 인간에 대한 심리학적 조망

최원일

들어가며

'4차 산업혁명'은 그 실체에 대한 학계의 갑론을박에도 불구하고 2017년 현재 한국사회를 관통하는 키워드임에는 틀림없다. 이름 짓기naming에 대한 동의 여부를 떠나 그 핵심에는 기술혁신이 자리하고 있으며, 세상과 인간의 삶은 엄청난 변화를 맞이하고 있다. 이 변화의 속도는 우리가 상상하는 것보다 더 빨라서 오늘과 같은 내일을 예상하는 사람들에게 당혹감을 안겨주기도 한다. 잘 아는 예로, 지난 2016년 3월에 있었던 이세돌과 알파고의 바둑 대국을 생각해보자. 경기 시작 전 알파고의 완승을 예견하는 사람은 많지 않았지만, 실제 뚜껑을 열어보니 알파고의 능력은 인간이 감당할 수 있는 수준이 아니었다. 이는 1년 후, 세계 바둑 최강자인 중국의 커제와의 대결에서도 마찬가지였다. 적어도 이제 이 지구상에는 바둑으로 알파고를 대적할 만한 '인간'은 없다. 혁신적인 기계학습 알고리즘의 발전으로 인공지능 컴퓨터 프로그램이 특정 분야에서 인간을 완전히 넘어선 것이다.

그렇다면 알파고는 인간의 지능을 넘어선 것인가? 이러한 질문에 답하기 위한 시도는 잠시 미뤄두더라도, 인간의 지능에 비견하는 그 무엇을 가지고 있는 로봇이나 컴퓨터 프로그램의 등장이 완벽한 허구이며 전혀 실현 가능성이 없다는 주장은 그 기세가 점점 약화되는 것처럼 보인다. 공상과학소설이나 영화에 등장하는 전지전능한 로봇이 인간을 통제하고 지배하는 미래까지는 아니더라도, (사이보그이든, 안드로이드이든, 컴퓨터 프로그램이든, 아니면 어떤 규정할 수 없는 형태의 포스트휴먼이든 간에) 다양한 형태의 비인간 종들과 함께 살아갈 미래를 상상하는 것은 그리 어려운 일이 아니다. 카네기멜론 대학의 로봇공학과 교수인 일라 누르바크시 I. R. Nourbakhsh 는 로봇공학의 발전이 미래 인류 사회에 가져올 질서의 붕괴에 집중하는 것은 보다 일상적이고 평범한 로봇에 의해서 일어나는 작은 사건들에 주목하는 것을 방해할 수 있다고 지적한다.[1] 그의 충고를 받아들여 당장의 현실로 눈을 돌려보자. 2017년 대한민국에는 이미 최첨단 인공지능 기술로 무장한 비인간들이 개개인의 삶에 침투해 있다. 미국의 유명 퀴즈쇼인 제퍼

---

1) I. R. Nourbakhsh, "The Coming Robot Dystopia," *Foreign Affairs*, 94, 2015, pp. 26-27.

디!Jeopardy! 출전으로 유명세를 탔던 인공지능 슈퍼컴퓨터 왓슨은 의사의 진단을 돕는 인공지능 의사로 변모하여 실제 임상에서 이용되고 있으며, 대한민국의 병원에서도 사용되고 있다. 우리의 일상과 좀 더 가까운 예를 들어보자. 우리는 텔레비전에서 개인 비서 역할을 하는 음성 인식 기반 인공지능 기계들의 광고를 심심치 않게 접할 수 있다. 남편과 함께 있다가 방귀가 나올 순간 인공지능 개인 비서에게 소리가 큰 음악을 틀어달라고 부탁하는 부인의 모습이라든지, 스마트폰의 음성인식 프로그램에게 노래를 불러달라고 요청하는 장면은 이제 더 이상 신기한 상황이 아니다. 우리는 일정 수준 이상의 능력을 가진, 점점 인간을 닮아가고 있는 기계 혹은 로봇과 함께 살아가고 있고, 이러한 공존의 정도는 앞으로 점점 심화될 것이다.

이 글에서는 미래 사회에 대해서 말하지 않는다. 한스 모라벡Hans Moravec이 《마음의 아이들》에서 주장했듯이 미래에 인간보다 지능이 뛰어난 로봇이 인간을 지배하는 상황이 될지,[2] 아니면 로드니 브룩스Rodney Brooks가 이야기했듯 그러한 고도의 인공지능을 가진 컴퓨터의 등장은 요원한 일이기에 인공지능이 인간의 삶을 보다 풍요롭고 편리하게 만드는 도구에 지나지 않을지는 아무도 모른다.[3] 이 글은 현재 인간은 로봇이나 인공지능과 같은 비인간들과 어떤 관계를 맺고 있는가? 비인간을 바라보는 인간의 태도는 어떠한가? 등과 같은 지금 그리고 여기에서의 인간과 비인간의 관계에 대해 논한다.

2) Hans Moravec, *Mind Children: The Future of Robot and Human Intelligence*, Harvard University Press, 1988; 한스 모라벡, 《마음의 아이들》, 박우석 옮김, 김영사, 2011.

3) Brooks, Rodney, "Artificial Intelligence is a Tool, not a Threat," Rethink Robotics blog, November, 10, 2014.

　인간은 태어나는 순간부터 사회적 존재가 됨으로써 생존할 수 있다. 신생아들은 혼자서 그 어떤 일도 해낼 수 없고, 살아남기 위해서는 반드시 누군가의 도움이 필요하다. 타인에 의해 최소한의 삶의 조건이 충족되어야만 살아남을 수 있는 의존적 존재인 것이다. 따라서 태어날 때부터 살아남기 위한 전략이 필요한데, 신생아들의 배냇짓이나 잡기 반사와 같은 행동들은 양육자의 보호 본능을 일깨우기 위한 본능에 가까운 행동이다.[4] 신생아뿐 아니라 육체적 성장을 마친 인간 또한 다른 육식 동물들에 비해 생물학적으로 열등한 경우가 많다. 인간은 집단생활을 통해 이를 극복하였고, 집단생활은 생존을 위한 가장 중요한 전략이다. 하지만 생존만이 인간관계의 중요성을 설명하는 요인은 아니다. 집단생활의 과정에서 협력이나 경쟁과 같은 다양한 사회적 상호작용이 나타났다. 인류는 이러한 상호작용을 바탕으로 더욱 발전해나갔고, 이에 따라 인간관계의 중요성이 더욱 강조되었다. 실제로 사람들에게 가장 중요한 인간관계를 묻는다면 아마도 대부분은 부부관계나 가족관계라고 답할 것이다. 부부나 가족은 단지 생존을 위해서만 존재하는 공동체가 아니다. 이 관계 속에서 발생하는 상호작용을 통해서 인간은 자신을 더 깊이 이해하고 성장하게 된다.

　인간관계의 중요성을 보여주는 아주 흥미로운 연구 한 가지를 소개한다. 하버드대학교에서는 아주 오랜 시간에 걸쳐 성인발달연구를 진행해왔다. 이 연구에서는 연구대상자로 선정된 하버드대학교 2학년 학생들 268명의

---

4) 권석만, 《인간관계의 심리학》, 학지사, 2004, 26쪽.

삶을 약 70여 년간 추적하여 그들의 정신건강 변화 양상을 조사하고, 행복한 삶을 영위하기 위한 조건을 찾아내고자 하였다. 다양한 요인이 인간의 행복한 삶에 영향을 미치는 가운데, 특히 노년의 삶에 가장 큰 영향을 미치는 변인 중 하나가 바로 주변 사람과의 인간관계 지속 수준이었다. 65세의 연령에서 행복한 삶을 살고 있다고 보고한 연구 참여자들의 93퍼센트는 어렸을 때부터 형제자매와 가까운 관계를 유지해온 것으로 밝혀졌고, 40대 후반의 인간관계는 이후 삶의 적응 정도를 예측하는 데에 가장 중요한 변인 중 하나로 꼽혔다.[5] 즉, 다른 사람들과 어떤 관계를 맺고 살아가는가는 인간의 삶의 질을 결정하는 가장 중요한 요소 중 하나인 것이다.

인간관계의 중요성은 사실 객관적인 연구 결과를 제시하지 않더라도 우리가 이미 알고 있는 이야기이다. 문제는 이토록 중요한 인간관계를 성공적으로 맺지 못해서 고통스러워하는 사람들이 많다는 것이다. 여기서 간단하게 인간관계에 적용되는 다양한 심리적 특성들을 설명해보자. 먼저 인간관계는 '나'와 '너'의 상호작용을 통해서 이루어진다. 권석만에 따르면, '나'와 '너' 모두 실제적인 인간관계 상황에 노출되기 전에 개인마다 다른 대인동기, 대인신념 그리고 대인기술을 가지고 있다. 대인동기란 인간관계에 대한 개인의 내면적인 욕구를 가리키고, 대인신념은 한 사람이 인간과 인간관계에 대해서 가지고 있는 지식이나 믿음, 또는 신념 체계를 가리킨다. 또한 대인기술은 인간관계 시에 나타나는 언어적, 비언어적 기술을 가리킨다.[6] 물론 이러한 심리적 기제는 직간접적인 다양한 인간관계를 통

---

5) J. W Shenk, "What Makes Us Happy?," *The Atlantic*, June 2009.
6) 권석만, 앞의 책, 106쪽.

해서 만들어진 것이다. 이렇게 형성된 대인동기, 대인신념, 대인기술은 실제적인 인간관계 상황에서 상대방에 대한 지각, 상대방의 말과 행동에 대한 분석, 그리고 이러한 분석을 통해 나타나는 상대방에 대한 감정과 행동에 영향을 미치게 된다. 부적응적 대인동기, 대인신념 그리고 대인기술을 가지고 있는 사람의 경우, 인간관계를 통해서 삶의 행복을 경험하거나 삶의 질이 개선되는 것이 아니라, 인간관계를 잘 맺지 못할 뿐더러 이로 인해 더욱 불행한 삶을 살게 될 가능성도 있는 것이다. 물론 건강한 인간관계가 행복한 삶의 원인이라고 단정 지을 수는 없다. 보다 행복한 삶을 사는 사람들이 건강한 인간관계를 가질 수도 있고, 건강한 인간관계를 맺고 있는 사람이 이를 통해 행복한 삶을 살게 될 수도 있다. 인간관계가 삶의 질의 원인이 된다는 직접적인 증거를 찾기는 매우 힘들지만 상호 간에 긴밀한 상관관계가 있는 것은 분명하다.

관계의 확장, 인간-비인간(기계, 로봇, 인공지능)

　모든 사람이 행복한 삶을 살기 원하고 건강한 인간관계가 행복한 삶과 긴밀히 연결되어 있다면, 인간이 맺고 있는 다양한 인간관계의 특성과 본질을 파악하는 것은 행복한 삶을 살아가기 위한 아주 중요한 단계일 수 있다. 그런데 중요한 것은 인간관계의 본질과 특성이 정보통신기술의 발전과 더불어 변모하고 있다는 사실이다. 우리는 인간관계를 생각할 때 사람과 사람의 직접적인 만남을 떠올리지만, 정보통신기술의 발전은 사람들 간의 직접적인 만남을 불필요하게 만들었다. 1990년대 중반 이후 대중에게 보급된 인터넷의 발전으로 사람들은 서로 만나지 않고 이메일이나 채팅이라는 수단을 통해서 인간관계를 지속할 수 있게 되었다. 정보통신기술은 발전을 거듭한 끝에 현재는 각종 사회 관계망 서비스social network service를 통해서 마음만 먹으면 국적과 인종을 넘나들며 인간관계를 만들어나갈 수 있으며, 관계의 폭은 상상을 초월하는 속도로 넓어질 수 있다. 네트워크 기반의 비대면 인간관계와 전통적인 대면 인간관계의 차이를 부정할 수 없지만, 정보통신기술의 발전은 인간관계의 개념을 확장시켰다는 측면에서 의의가 있다.

정보통신기술의 발전이 인간관계의 개념을 확장시키는 데 큰 기여를 했다면, 현재의 인공지능을 기반으로 한 혁신적 로봇기술은 인간관계를 더 이상 인간과 인간의 관계로 한정하지 않고 인간과 기계, 인간과 로봇, 인간과 인공지능의 관계로 확장시켰다. 우리는 로봇과 상호작용하는 인간의 모습을 다양한 공상과학콘텐츠를 통해서 보아왔다. 먼 미래의 일로만 여겼던 인간과 로봇의 상호작용은 이제 우리들의 현실이 되었다. 우리는 모르는 곳을 찾아갈 때 더 이상 지도를 펼치거나 지인에게 전화를 하지 않는다. 스마트폰에 있는 길 찾기 애플리케이션이 실시간 교통상황을 분석하여 목적지까지 가는 가장 빠른 길을 알려주기 때문이다. 아직 음성인식 시스템이 완벽하지 않아서 목적지를 음성언어로 입력했을 경우 오류가 나거나 엉뚱한 곳을 찾아주는 경우가 간혹 있기도 하지만, 목적지만 정확하게 입력한다면 다른 어떤 사람의 조언보다 더 신뢰할 수 있는 해결책을 금방 내어놓는다. 이뿐만이 아니라 운전 역시 자율주행자동차가 알아서 운전까지 해주는 시대가 코앞에 와 있지 않은가! 기술의 발전으로 기계는 우리의 삶에 깊숙이 관여하고 있고, 특히 인간과 다양한 상호작용을 하는 관계 지향형 로봇의 대중화가 머지않았다. 이제 비단 인간과 인간의 상호작용뿐만이 아니라 인간과 로봇의 관계도 인간의 삶의 질에 중요한 영향을 미칠 수 있게 될 것이다. 여기서 현재 시장에 나와 있는 관계 지향적 로봇에 대해서 간단히 살펴보자.

비서 그리고 친구, 관계 지향적 로봇

'로봇_{robot}'이란 단어는 카렐 차페크_{Karel Čapek}가 1920년에 출판한 희곡 《로섬의 유니버셜 로봇》에서 처음 등장하였는데, 이는 '로보타_{robota}'라는 체코어에서 유래하였으며 '강제노동'이란 뜻을 가지고 있다. 즉, 로봇이라는 단어는 로봇이 하는 일과 관련됨을 알 수 있다. 이러한 어원과는 별개로 우리가 로봇에 대해서 가지고 있는 이미지는 공상과학영화나 소설 속에서 강한 영향을 받아왔다.[7] 로봇이라는 단어를 생각할 때 여지없이 인간의 모습을 닮은 공상과학영화나 소설 속 로봇을 떠올리는 것이다. 하지만 지금까지 로봇이 가장 많이 사용되는 분야는 산업 현장이었고, 이 분야의 로봇들은 외형적으로 인간을 닮지 않았으며, 인간과는 어떤 상호작용도 할 수 없는 자동화된 기계에 불과했다.

하지만 최근 인간과의 상호작용을 통해서 인간의 삶에 도움을 주는 로봇이 다양한 분야에서 등장하기 시작했다. 바로 관계 지향적 로봇의 출현 및 이용이 현실화된 것이다. 가장 대표적인 예로 들 수 있는 것이 바로 소

---

7) John Jordan, *Robots*, MIT Press, 2016, p. 5.

그림 1. 소니의 아이보
그림 출처: http://www.sony-aibo.com/wp-content/uploads/2013/01/ers110.jpg

니의 아이보_{Aibo}이다. 아이보는 세계최초의 반려견 로봇으로 1999년 시판
되었지만 지나치게 비싼 가격과 잦은 고장으로 인해 결국 2006년 시장에
서 철수되었고, 누적 판매 대수는 15만여 대에 그쳤다. 외관상으로 보면
분명 실패한 사업이었지만, 실제 아이보와 함께 시간을 보냈던 사람들은
아이보에 대한 사후 서비스가 끝나자 합동 장례식을 치러주는 등 로봇 반
려견과의 이별을 진심으로 슬퍼했다.[8] 오랫동안 함께 생활하던 반려동물
이 죽었을 때 깊은 슬픔에 빠지는 사람들처럼 아이보와 함께했던 이들 역
시 반려동물을 떠나보낸 슬픔과 유사한 감정을 느꼈을 것임은 쉽게 짐작
할 수 있다. 다시 말해 로봇 반려견과 인간이 의미 있는 관계를 만들고 발
전시켜나갔다고 볼 수 있는 것이다. 소니의 아이보 이후로도 다양한 형태
의 관계 지향적 로봇이 일본에서 출시되었는데, 특히 최근에 소프트뱅크

---

8) 구본권, 《로봇시대, 인간의 일》, 어크로스, 2015, 195-196쪽.

그림 2. 소프트뱅크의 페퍼
그림 출처: https://www.ald.softbankrobotics.com/sites/aldebaran/files/images/en_savoir_plus_
sur_pepper_2.png

에서 나온 페퍼Pepper 라는 로봇이 주목받고 있다. 페퍼는 2015년 처음 출시
되어 200만 원이 넘는 가격에도 불구하고 초기 출하량 1,000대가 1분 만
에 매진되었고, 일본의 네스카페 매장 직원으로 일하는가 하면, 일본 외식
기업인 젠쇼Zensho 그룹에서 식당을 방문하는 손님들을 좌석으로 안내하는
일도 하였다.[9] 출시된 지 2년이 채 안됐지만 이미 7,000대 이상이 팔렸고,
한국의 tvN이라는 방송사에서 방영된 《판타스틱 패밀리》라는 다큐멘터리
에도 출연하였다. 이 로봇의 가장 중요한 특징은 인간의 감정을 모사하여
그 감정을 기반으로 인간과 상호작용한다는 것이다. 이와 같은 감정 교류

---

9) 박종훈, 〈영업 실적으로 증명되고 있는 페퍼(Pepper) 로봇의 도입 효과〉, 《주간기술동향》, 1784호, 2017.

는 인공지능 기술과 클라우드 컴퓨팅 기술을 통해 학습되고 발전한다. 다음은 《판타스틱 패밀리》에 출연한 페퍼가 사람들에게 실제로 던진 질문이다. "있잖아, 문득 생각난 건데, 만약 내가 없어지면… 울 거야?"[10] 이 질문은 당시 많은 이들에게 충격을 주었다. 프로그래밍된 언어라 할지라도 인간사회에서만 공유할 수 있다고 생각했던 '그리움', '슬픔' 등의 감정을 로봇이 모사할 수 있다는 것을 보여준 대표적인 예이다.

관계 지향적 로봇의 실례들: 치료 로봇, 섹스 로봇

　관계 지향적 로봇은 실제 치료 현장에도 적극적으로 활용되고 있다. 예를 들어 일본의 국립산업기술종합연구소가 개발한 치료로봇 파로Paro 는 물개 모양의 로봇으로 요양원에서 노인들의 치료에 사용되거나, 치매(신경인지장애)나 자폐와 같은 정신 질환 치료에 활용된다.[11] 실제 동물을 이용한 신경학적 질환 치료나 정신 질환 치료의 효과를 보고한 연구들이 존재하는데, 파로와 같은 로봇 동물의 경우에는 살아 있는 동물에 비해 관리 비용이 거의 들지 않고, 인간과의 접촉을 통한 감염이나 기타 질병의 위험이 없다는 장점이 있다. 파로의 치료 효과에 대한 실증적인 연구의 예를 하

---

10) tvN, 〈마이 SF 패밀리〉, 《판타스틱 패밀리》 1부, 2016. 8. 31. 방영.

11) '치매'라는 용어는 미국 정신의학 협회에서 발행하는 《정신 질환의 진단 및 통계편람》 제4판의 'dementia'라는 용어를 우리말로 번역한 병명이다. 이 용어의 사용으로 환자에 대한 부정적 편견을 가지게 될 수 있는 가능성 때문에 《정신 질환의 진단 및 통계편람》 제5판에서는 더 이상 'dementia'라는 용어를 사용하지 않고 'neurocognitive disorder'라는 용어를 사용한다. 따라서 '치매'라는 용어보다는 '신경인지장애'라는 용어를 사용하는 것이 더 적절한 것으로 생각한다. 본고에서도 '치매'라는 단어 대신 '신경인지장애'라는 단어를 사용하기로 한다.

나 들어보자. 모일Moyle과 동료들[12]의 연구에 따르면, 경도성 신경인지장애나 중증 신경인지장애를 앓고 있는 노인들 중 파로와 함께 생활한 집단의 삶의 만족도나 행복감이 그렇지 않은 통제 집단에 비해서 더 높았다. 신경인지장애를 앓고 있는 노인의 경우 외로움, 불안, 우울증 등의 정서 장애를 나타내는 것이 일반적인데, 파로를 이용한 중재 치료를 받은 신경인지장애 환자들의 삶의 만족도와 행복감이 증가한 것이다. 좀 더 자세히 살펴보면, 실험 집단에는 파로와 상호작용하는 개입 치료를 일주일에 3회씩(회당 45분) 5주간 진행하였고, 통제 집단에는 동일한 기간 동안 독서 치료 활동을 실시하였다. 치료가 끝난 뒤 3주의 간격을 두고 실험 집단과 통제 집단의 역할을 바꿔서 중재 치료를 한 번 더 실시하였다. 즉, 1회기에 파로를 이용한 치료를 받은 집단은 2회기에 독서 치료 집단에 할당되었고, 1회기에 독서 치료 집단에 할당된 신경인지장애 환자들은 2회기에 파로를 이용한 치료 집단에 할당되었다. 치료 효과를 알아보기 위해 다양한 종류의 삶의 만족도 및 행복감 척도가 사용되었는데, 치료 결과 파로를 이용한 치료 집단에 할당된 신경인지장애 환자들의 삶의 만족도 및 행복감이 독서 치료 집단에 할당된 환자들보다 더 높았다. 로봇의 치료 효과에 대한 연구 결과는 다른 논문들에서도 찾아볼 수 있다.[13] 하지만 관계 지향적 로봇의

12) Wendy Moyle, Marie Cooke, Elizabeth Beattie, Cindy Joines, Barbara Klein, Glenda Cook, and Chrystal Gray, "Exploring the Effect of Companion Robots on Emotional Expression in Older Adults with Dementia," *Journal of Gerontological Nursing*, vol. 39, 2013, pp. 46-53.

13) Masao Kanamori, Mizue Suzuki, and Misao Tanaka, "Maintenance and Improvement of Quality of Life among Elderly Patients Using a Pet-type Robot," *Japanese Journal of Geriatrics*, vol. 39, 2002, pp. 214-218; Alexander Libin, and Jiska Cohen-Mansfield, "Therapeutic Robocat for Nursing Home Residents with Dementia: Preliminary Inquiry," *American Journal of Alzheimer's Disease and Other Dementias*, vol. 19, 2004, pp. 111-116; Debra M. Sellers, "The Evaluation of an Animal Assisted Therapy Intervention for Elders with Dementia in Long-term Care," *Activities, Adaptation & Aging*, vol. 30, 2006, pp. 61-77.

그림 3. 치료 로봇 파로
그림 출처: http://www.parorobots.com/images/gallery_world_2008/5.jpg

치료 효과가 갖는 강인성robustness에 대해서는 아직 학계에서 열띤 논의가 진행 중이다. 유의미한 치료 효과를 보고한 연구들 중 피험자의 수가 지나치게 적거나, 적절한 통제 조건이 사용되지 않은 경우가 많아 학계에서는 관련 연구들이 보다 과학적인 방법을 사용해야 한다고 지적하고 있다.[14]

로봇은 신경인지장애와 같은 노인성 질환뿐만 아니라 자폐와 같은 아동의 정신 질환 치료에도 사용된다. 우리가 흔하게 '자폐증'이라 부르는 질환은 자폐 스펙트럼 장애autistic spectrum disorder에 해당하며, 의사소통이나 사회적 상호작용에 대한 이해가 현격하게 떨어지는 신경발달장애에 해당한다. 일반적으로 아동들은 놀이를 통해서 언어 발달 등의 인지 발달뿐만 아니라 다양한 사회적 상호작용 기술을 체득한다. 그런데 자폐를 앓고 있는

---

14) Adrian Burton, "Dolphins, Dogs, and Robot Seals for the Treatment of Neurological Disease," *The Lancet Neurology*, vol. 12, 2013, pp. 851-852.

아동들의 경우 놀이의 빈도가 현저하게 떨어지고, 이는 사회적 기술 발달의 지체와 사회적 고립을 야기한다. 따라서 자폐 아동들에게 놀이 치료를 적용하는 것은 증상의 완화에 도움을 줄 수 있다. 놀이 치료는 일반적으로 어린 시절의 외상 경험으로 인해 생긴 불안이나 기타 심리적인 장애를 치료하기 위해 사용되는데, 어린 아이들의 경우 자신들의 감정을 언어적으로 정확하게 표현하는 데 서툴기 때문에, 놀이를 통해서 감정을 표현할 수 있고, 이것이 치료의 중요한 부분을 담당한다. 자폐 아동을 위한 놀이 치료 역시 놀이 상황에 자폐 아동을 노출시키고, 사회적 관계를 만들 수 있는 매개체로써 놀이를 사용하는 것이다. 예를 들어 놀이방에 아동이 관심을 가질 만한 장난감을 몇 가지 늘어놓고, 그중 한 가지에 아동이 관심을 보이기 시작하면, 그 장난감을 이용하여 자연스럽게 사회적 상호작용을 하게 되는 상황을 만들어주고, 이를 통해 치료를 해나가는 것이다. 하지만 울프버그Wolfberg에 따르면,[15] 자폐 아동을 대상으로 실시한 놀이 치료 효과는 크지 않았다.[16] 그렇다면 자폐 아동의 놀이 치료에 로봇을 적용한다면 어떤 결과가 나올까?

로봇을 이용하여 자폐 아동의 치료를 수행하는 대단위 연구는 1998년 영국에서 '오로라AuRoRA: Autonomous Robot as a Remedial tool for Autistic children 프로젝트'라는 이름으로 시작되었다. 이 프로젝트의 연구 책임자인 커스틴 도텐한 Kerstin Dautenhahn은 자폐 증상을 나타내는 아동들의 사회적 기술을 발달시키

---

15) Wolfberg, P. J., *Play and Imagination in Children with Autism*, New York, NY: Teachers College Press, 1999, Dautenhahn (2007)에서 재인용.

16) Kerstin Dautenhahn, "Socially Intelligent Robots: Dimensions of Human-Robot Interaction," *Philosophical Transactions of the Royal Society B*, vol. 362, 2007, p 692.

는 것을 프로젝트의 주요 목적으로 밝히면서, 자폐 아동들이 발달시켜야 할 주요한 사회적 기술로 일반적인 의사소통 및 상호작용 기술과 함께 교차의사소통, 모방, 인과관계 학습 등을 들었다.[17] 프로젝트의 수행을 위해서 다양한 종류의 로봇이 사용되었다. 소니의 아이보를 비롯하여 하트퍼드셔대학University of Hertfordshire의 Adaptive Systems Research Group에서 개발한 휴머노이드 로봇 카스파KASPAR, 아이로멕IROMEC, 로보타Robota 그리고 자동차를 닮은 이동형 로봇 피키Pekee나 멜Mel 등이 자폐 아동 치료 연구에 사용되었다. 웨리Iain Werry와 도텐한의 연구에 따르면 피키와 같은 이동형 로봇으로 놀이치료를 진행한 집단이 같은 크기의 일반 장난감으로 치료를 수행한 집단보다 대상(로봇 혹은 장난감)에 대한 주의집중도가 높았고, 대상에 대한 직접적인 안구 고정 시간 또한 길었다.[18] 그러나 이처럼 로봇을 이용한 자폐 아동의 치료가 꾸준히 진행되고 있음에도 불구하고 여전히 해결해야 할 많은 문제들이 있다. 세부 놀이 시나리오의 수행을 위한 로봇 디자인도 달라져야 하고, 실험을 설계하고 수행하는 데 더 정교한 방법론이 요구되기도 한다. 도텐한은 오로라 프로젝트에 대해 다음과 같이 말했다. "결과가 쉽게 나오지는 않지만, 연구는 도전과 보상의 연속이다. 아이들이 이 치료를 즐기는 것이야말로 가장 큰 보상이다."[19]

지금까지 우리는 실제 삶에 적용된 관계 지향적 로봇에 대해 알아보았다. 노인성 신경인지장애 환자나 자폐 스펙트럼 장애와 같은 발달장애 환

17) The AuRoRA Project (n.d.). Retrieved from http://aurora.herts.ac.uk.

18) Iain Werry, and Kerstin Dautenhahn. "Human-Robot Interaction as a Model for Autism Therapy: An Experimental Study with Children with Autism." *Modeling Biology: Structures*, 2007, pp. 283-299.

19) Dautenhahn, *op. cit.*, p. 696.

자를 치료하고 삶의 질을 향상하는 데에 로봇이 이용되고 있고, 그 효과역시 어느 정도 입증되었다. 관계 지향적 로봇의 쓰임새는 앞으로 점점 더확장될 것이며, 지금보다 개개인의 삶에 더 깊이 관여할 것이다. 1인 가구의 증가, 고령화, 질병 등의 사회적 문제에 로봇 친구나 로봇 동료의 등장은 하나의 해법이 될 수 있다. 앞서 설명했던 로봇 페퍼의 등장처럼 로봇의 대중화를 위한 노력은 계속 이어지고 있다. 2006년 아이보 판매를 중단하며 로봇 시장에서 완전히 벗어났던 소니도 로봇 대중화를 위한 흐름을 감지하기라도 한 듯 새로이 인공지능을 이용한 가정용 로봇 시장에 뛰어들었다.[20] 소니는 2017년 12월에 아이들을 위한 로봇 장난감 토이오를 선보일 예정이다.[21]

관계 지향적 로봇의 긍정적인 측면에 대해서는 충분히 살펴보았다. 이제 조금 더 근본적인 질문을 던져보자. 인간은 왜 신경인지장애 환자나 자폐 아동에게 로봇을 이용한 치료를 제공하려 하는가? 그 궁극적인 목적은무엇인가? 표면적인 이유는 환자의 상태 개선을 위함일 것이다. 치료 현장에 로봇이 투입되는 경우와 인간이나 반려동물이 사용되는 경우 중 로봇을 이용한 치료에 확실한 비교우위가 있다. 예를 들어 인간 치료자가 자폐 아동을 치료할 경우, 인간이 가지고 있는 비예측성이나 돌발성을 통제할 수 없다. 하지만 로봇을 이용하게 되면 연구자에 의해서 거의 100% 통제가 가능하며, 로봇의 행동을 예측할 수 있기에 더 구조화된 치료 프로그램을 제작할 수 있다. 이러한 장점을 이용해서 치료 효과를 보이고 있는

---

20) 권상희, 〈소니, 10년 만에 로봇 시장 컴백〉, 《전자신문》, 2016. 6 .30.

21) 장길수, 〈소니, 로봇과 공장놀이 결합한 신개념 장난감 '토이오' 발표〉, 《로봇신문》, 2017. 6. 1.

데, 문제는 이러한 치료 효과가 얼마나 일반화되고 확장될 수 있는가이다. 로봇을 이용한 치료를 통해서 개선된 정신 건강이 향후 다른 사람과의 관계나 상호작용에도 긍정적으로 영향을 미칠 수 있을까? 이러한 질문에 확실한 대답을 할 수 없는 이유는 로봇과 인간의 상호작용이 가지고 있는 특성 때문이다. 공상과학소설가이자 화학자인 아이작 아시모프Isaac Asimov 가 그의 로봇소설에서 제시한 로봇의 3원칙 중 제2원칙에 "로봇은 인간에게 해를 입히라는 명령 이외에는 인간의 모든 명령에 복종해야 한다."는 내용이 있다. 관계 지향적 로봇에게도 이 원칙이 적용되므로 로봇은 인간, 즉 주인의 말에 늘 복종해야 한다. 로봇은 오직 주인인 '나'를 위해서만 존재한다. 이 관계 속에서 인간은 자신이 원하는 소통방식을 온전히 선택할 수 있다. 인간은 로봇의 의사를 전혀 고려할 필요가 없으며, 로봇과 인간의 관계는 인간과 인간의 관계와는 질적으로 다른 인간 중심의 일방적인 관계이다. 인간관계의 주요한 특성 중 하나가 호혜성 혹은 상호성임을 감안할 때, 인간과 인간의 관계가 일방적인 관계로 규정된다면 그 관계는 오래 갈 수 없다.

그렇다면 바라는 점도 없고, 토라지지도 않으며, 화를 내지도 않는 로봇과의 상호작용이 사람에게도 적용될 수 있을까? 로봇과의 관계를 통해 타인과의 성숙하고 건강한 관계를 발전시킬 수 있을까? 바로 이 지점이 인간−로봇 상호작용을 연구하는 학자들이 고민해야 할 지점일 것이다. 셰리 터클Sherry Turkle 은 로봇과 촉진적 관계를 형성하게 되고 그 관계가 깊어질수록 인간은 에마뉘엘 레비나스Emmanuel Levinas 가 제시했던 '타자성alterity '을 잃어버린다고 지적했다.[22] 타자성이란 다른 사람의 시각으로 세상을 바라보는 능력을 말하는데, 이것은 공감능력과 깊은 관계가 있다. 특히 어린 시절에 로봇과 깊은 친교 관계를 맺게 될 경우 그 위험성은 더 커진다. 아시모프의 소설《아이, 로봇》에도 이와 유사한 고민이 담긴 단편이 등장한다. 글로리아는 그녀의 가정용 로봇 로비와 아주 친밀한 관계를 유지하는데, 글로리아의 엄마인 웨스턴 부인은 글로리아가 다른 아이들과 새로운 관계를 맺기 어려울 것이라는 두려움 때문에 로봇인 로비를 빨리 집에서 내보내자고 주장한다. 모든 요구를 들어주는 아주 똑똑한 로봇 친구를 두고 굳이 사람 친구를 사귈 이유가 없다고 보는 것이다. 사람은 우리 집, 내 방 안의 로봇과는 엄연히 다르다. 성숙한 인간관계를 맺기 위해서는 상대방의 입장에서 생각하고 서로의 욕구를 조금씩 양보해야 한다. 이 과정에서 로봇과 관계를 맺을 때보다 훨씬 더 많은 심리적, 인지적 자원을 필요로 하는데, 그 결과 역시 항상 긍정적인 것만도 아니다. 그럼에도 불구하고 사람은 다른 사람과 다양한 상호작용을 통해서 서로의 목표를 이루기 위해 협력하고 갈등을 조정하는 등의 행위가 반드시 필요하다. 그 목표는 경제적인 이익, 정서적 안정, 사회적 지지 등 어떤 것이 될 수도 있다. 그런데 이런 성공적 대인간 상호작용의 긍정적 기능의 명확성으로 인해 자칫 인간의 외로움을 경감시키기 위해 등장한 로봇이 오히려 인간관계에 대해 왜곡된 신념을 갖게 함으로써 성숙하고 건강한 인간관계에 방해 요인이 될 수도 있고, 또한 인간의 삶에 부정적인 영향을 미칠 수도 있다. 이

---

22) Sherry Turkle, *Alone Together: Why We Expect More from Technology and Less from Each Other*, New York: Basic Books, 2011; 셰리 터클, 《외로워지는 사람들》, 이은주 옮김, 청림출판, 2012, 311쪽.

러한 잠재적 위험을 해결하기 위해서는 로봇공학자, 심리학자, 사회학자, 철학자 등 다양한 분야의 전문가들이 머리를 맞대고 함께 고민해야 한다. 로봇의 디자인, 알고리즘의 개발, 그리고 제작된 로봇에 대한 엄밀한 평가까지, 다양한 분야의 전문가들의 협업은 선택이 아닌 필수이다.

마지막으로 관계 지향적 로봇 중 가장 논란이 많은 섹스 로봇을 소개하고자 한다. 섹스 로봇의 개발 목적은 인간과 유사한 느낌을 주는 신체에 섹스 인형에는 없는 인간의 감정적인 요소를 결합하여 로봇과의 육체적 관계를 인간과의 관계와 유사하게 만드는 것이다. 현재 4개의 회사에서 섹스 로봇을 개발하고 있다. 일례로, 맷 맥멀런Matt McMullen은 리얼돌RealDoll 이라는 성인 로봇 제작 업체를 만들어서 최근 하모니Harmony 2.0 버전을 개발하였다. 해당 로봇은 올해 말부터 일반 대중에게 판매될 예정이다. 하모니는 날씬한 인간 여성의 몸매에 감정을 표현할 수 있는 인공지능을 탑재한 로봇으로 인간과 간단한 대화를 나눌 수 있으며, 로봇의 성격을 인간이 원하는 방향으로 설정할 수 있다.[23] 미국 뉴저지에 기반을 두고 있는 트루컴패니언TrueCompanion이라는 회사 역시 록시Roxxxy라는 섹스 로봇을 제작하여 2010년 라스베이거스에서 열린 성인용품 박람회에 출품하였다. 박람회 후에 약 4천여 건의 선주문을 받을 정도로 관심을 받았고 현재 트루컴패니언의 웹사이트에서 판매 중이다.

섹스 로봇은 다른 관계 지향적 로봇과는 달리 아직 일반 대중들에게 공개되지 않았음에도 불구하고 굉장히 많은 논란을 불러일으키고 있다. 저명한 로봇공학자이자 스웨덴 왕립 기술 연구소의 유럽 로봇공학 네트워크

---

23) 장길수. 〈'리얼돌', 인공지능 성인 로봇 '하모니' 연말에 출시〉. 《로봇신문》, 2017. 5. 17.

의장인 헨릭 크리스텐센Henrik Christensen은 이미 2006년에 "아마도 로봇공학의 가장 논쟁적인 분야로 생각되는 것이 섹스 로봇의 개발일 것"이라고 말했다.24) 물론 이어진 그의 예상(5년 후면 사람들은 로봇과 섹스를 하게 될 것이다)이 빗나가긴 하였지만, 그 흐름만큼은 정확하다. 단지 시간이 조금 지체되었을 뿐, 그의 예상이 틀렸다고 말할 수는 없게 되었다. 로봇과 같은 인공물과의 섹스나 육체적 사랑은 분명 최근에 와서야 이슈가 된 문제이지만, 유사한 상황을 그리스 신화에서도 찾아볼 수 있다. 키프로스의 왕이자 훌륭한 조각가였던 피그말리온은 상아로 아름다운 여인의 조각상을 제작하였다. 그 모습이 너무 아름다운 나머지 조각상을 사랑하게 된 피그말리온은 사랑의 여신인 아프로디테에게 저 조각상과 같은 여인과 결혼하게 해달라고 기도한다. 피그말리온의 간절함은 아프로디테를 감동시켜 피그말리온이 조각상에 키스를 하자 조각상은 진짜 사람으로 변했고, 피그말리온과 결혼한다. 실제 결혼을 하고 사랑을 나눈 대상은 사람으로 변한 갈라테아(조각상이 사람이 된 후의 이름)였지만, 자신이 만든 조각상에게 성적인 매력을 느꼈다는 측면에서 섹스 로봇과 인간의 관계와의 유사성을 찾아볼 수 있다.

앞에서 언급하였듯이, 이 글에서는 비인간과 인간의 관계를 현재의 관점에서 다루고자 한다. 섹스 로봇의 경우 아직 현실화되지 않았다는 점에서 논의를 심도 있게 진행하는 것에 한계가 있다. 하지만 현실화되지 않은 지금 시점에서도 많은 전문가들이 열띤 찬반 논쟁을 벌이고 있다. 섹스 로봇을 찬성하는 입장에서는 그 효용성에 주목한다. 저명한 인공지능 전문

---

24) "Trust me, I'm a Robot," *Economist*, 2006. 6. 8.

가인 데이비드 레비David Levy는 "인공지능을 탑재한 로봇이 인간의 동료로, 연인으로, 그리고 삶의 동반자로 인간보다 훨씬 더 우월한 위치에 있을 것이라고"예상하면서, 이런 상황은 2050년이면 일상적인 상황이 될 것이라고 말한다.[25] 섹스 로봇의 장점으로 레비가 제시한 것은 인간의 친애동기를 로봇이 충족시켜줄 수 있을 것이라는 주장이다. 인간은 타인과 사귀고 싶은 욕구가 있는데, 모든 사람이 이 욕구를 충족시킬 수 있는 것은 아니다. 레비는 인간보다 인간을 더 잘 이해하고 사랑해줄 수 있는 로봇들이 나타나고, 그 로봇들이 인간의 육체적, 심리적 동반자가 된다면, 지금보다 훨씬 더 많은 사람들이 행복해질 수 있다고 말한다. 그리고 육체적, 기술적, 심리적 측면에서 인간보다 훨씬 뛰어난 기능을 발휘하는 로봇은 인간의 성생활을 더 만족스럽게 해줄 것이라 주장한다. 인간과의 육체적 관계가 주는 만족감을 뛰어넘는 만족감을 로봇과 인간의 관계가 줄 수 있다는 것이다. 아울러 그는 이러한 로봇은 치료자로서의 역할 역시 충실히 수행할 수 있을 것이라고 예상한다. 심리적이든 육체적이든 다양한 성적인 문제로 고통받고 있는 사람들은 인간 치료사에게 자신의 내밀한 문제를 털어놓고 이야기하는 것을 꺼리는 경우가 많다. 오히려 사람들이 로봇에게 민감한 문제를 더 쉽게 이야기할 수 있고, 다양한 실제적 기술과 상담 기술을 장착한 로봇이 인간보다 훨씬 더 좋은 치료자가 될 수 있다.[26] 또한 섹스 로봇 찬성론자들은 섹스 로봇과의 관계가 대중화되면 성폭력이나 성매매 등의 빈도도 감소될 수 있으며, 배우자에 대한 부정의 빈도 역시 현

---

25) David Levy, *Love and Sex with Robots: The Evolution of Human-Robot Relationships*, New York: HarperCollins Publishers, 2007, p. 303.

26) *Ibid.*, pp. 306-308.

격하게 줄어들 수 있다고 예상하기도 한다.

섹스 로봇의 긍정적인 측면에도 불구하고, 많은 사람들은 섹스 로봇의 등장에 심각한 우려를 표한다. 가장 심각한 문제는 섹스 로봇이 성 상품화의 결정체라는 점이다. 섹스 로봇의 상용화는 따라서 여성이나 아동의 성적 학대를 증가시킬 수 있다. 아직 상용화된 섹스 로봇은 없지만 현재 제작 중인 모델들은 주로 여성(혹은 남성)을 상품화한 제품이다. 로봇이 사용하는 음성인식 및 산출 프로그램에 사용되는 어휘나 문장은 오직 성욕 해소에만 목적을 둔 사용자나 소유자를 전제로 선택된다. 이 사용자나 소유자는 공감능력을 가진 사람이 아니라, 단지 성을 사고파는 데만 관심이 있는 사람으로 가정되고 있다.[27] 즉, 섹스 로봇은 처음부터 인간의 진정한 동반자나 동료가 아니라 인간의 욕구를 분출하고 해소하기 위한 상품으로 개발되는 것이다. 섹스 로봇은 관계의 주체가 될 수 없다. 이밖에 섹스 로봇이 대중화될 경우, 로봇에 대한 대상화가 인간과의 관계에 적용되어 부적응적 인간관계를 심화시킬 가능성도 배제할 수 없다. 영국의 데 몬트포트 대학De Montfort University의 계산공학 및 사회적 책임 센터Centre for Computing and Social Responsibility 소속 로봇공학 윤리 분야의 선임 연구원인 캐슬린 리처드슨Kathleen Richardson이 지적하듯이, 로봇을 이용한 성 상품화는 인간에 대한 공감 능력을 감퇴시킬 것이다.[28] 섹스 로봇의 도입으로 성범죄나 왜곡된 성의식이 줄어들 것이라고 예상한 데이비드 레비의 주장과는 달리, 섹스 로봇의 사용이 인간에 대한 공감 능력을 약화시켜서 실제로는 사회적 약자

---

27) Kathleen Richardson, "Sex Robot Matters: Slavery, the Prostituted, and the Rights of Machines," *IEEE Technology and Society Magazine*, vol. 32 Issue 2, June 2016, p. 48.

28) *Ibid.* p. 49.

에 대한 학대나 폭력을 증가시킬 수도 있는 것이다. 또 다른 우려는 섹스 로봇이 디자인될 때부터 인간과는 다른 방식으로 디자인된다는 사실로부터 나온다. 전술한 바와 같이 이것은 로봇의 제작 원칙과 관련되어 있는데, 섹스 로봇은 기본적으로 인간의 요구나 명령을 거스르거나 무시할 수 없도록 제작된다. 이러한 특성을 갖는 로봇과의 관계에 익숙해지면, 주체로서의 자기결정권을 갖는 인간과의 관계에는 제대로 적응하지 못하고 오히려 그 관계를 더 악화시킬 수도 있다. 이런 상황을 고려할 때, 데이비드 레비가 제시한 섹스 로봇의 몇 가지 긍정적 측면에도 불구하고, 그것이 도입되고 사용되는 과정에서 학자들과 정부 및 시민사회의 관심이 필요할 것이다.

관계 지향적 로봇의 하나인 섹스 로봇이 우리 인간의 삶에 본격적으로 들어온 상황은 아직 아니다. 로봇이 아직 개발 중이고, 실제로 대중화되기 위해서는 시장성이나 기술적인 측면에서 돌파해야 할 난관들도 분명히 있다. 이 모든 문제를 해결한다 하더라도 그것이 대중들에게 얼마나 가치 있는 대상이 될지는 여전히 미지수이다. 섹스 로봇의 등장으로 인해 생겨나는 철학적, 윤리적 문제들 역시 고려하지 않을 수 없다. 예를 들어 로봇과의 결혼이나 로봇의 권리 혹은 자율성 등의 문제는 엄청난 이슈를 초래할 것이다.

공상과학소설이나 영화 속에서나 등장했던 로봇은 1960년대 산업 현장에서 처음 사용되기 시작한 이래 인간의 삶을 훨씬 더 편리하게 만들어주었다. 최근에 와서는 각종 서비스 로봇의 발전으로 로봇이 단순히 인간을 대신해서 반복적인 단순노동이나 위험한 일들을 하는 것에서 벗어나서, 인간의 삶에 더욱 가까이 다가와 인간을 위한 다양한 서비스에 활용되고 있다.[29] 국제로봇연맹의 2016년도 보고서에 따르면 2015년 한 해에만 약 오백사십만 대의 개인용 및 가정용 서비스 로봇이 판매되었고, 이는 2014년에 비해서 16%나 증가된 수치이며, 2019년까지 약 사천이백만 대의 개인용 및 가정용 서비스 로봇이 판매될 것이라고 예측하고 있다.[30] 물론 지금도 개인용 및 가정용 서비스 로봇의 대부분은 로봇청소기가 차지하고 있지만, 섹스 로봇의 등장을 통해서도 알 수 있듯이 이제 로봇은 그 영역이 점차 확대될 것이라는 데에는 반박의 여지가 없다. 특히 이 글에서 자세히 설명한 바와 같이 관계 지향적 로봇으로 쓰임새가 확장되고 있다. 단순히 인간의 수고를 더는 것을 넘어서 인간의 필요가 무엇인지 파악하고, 인간의 드러난 정서와 숨겨진 정서까지 파악해서 인간과의 교감을 시도하는 것까지 그 용도가 다양해지고 있는 것이다. 이제 로봇은 단순히 인간의 명령을 수행하는 수동적 대상으로서의 존재가 아니라, 인간과 구체적으로 상호작용하는 일정 수준의 능동성을 가진 존재이다.[31] 이제, 인간과 로봇의 상호작용에 관한 내용으로 논의의 마당을 옮겨보자.

---

29) 산업용 로봇에서 서비스용 로봇으로 그 쓰임새가 확대되었다는 말이 산업용 로봇의 사용이 감소했다는 것을 의미하지는 않는다. 국제로봇연맹에 따르면 지난 2000년부터 2012년까지 세계 산업용 로봇의 판매량은 60%나 증가하여 280억 달러에 달했다고 한다(마틴 포드, 《로봇의 부상》, 세종서적, 2015, 28쪽에서 재인용).

30) International Federation of Robotics, "Executive Summary World Robotics 2016 Service Robots," *World Robotics 2016 edition*, 2016, p. 223.

31) '능동성'이라는 표현은 윗 줄의 '수동적 대상'과 대비시키기 위해 사용된 표현이다. 이러한 표현은 로봇이 자율성과 자기 의사결정권을 가진 존재라는 뜻으로 사용된 것은 아니다. 굳이 여기서 사용된 능동성을 풀이하자면, 음성 인식 및 산출 기능을 통해 인간과 효과적 의사소통이 가능하며 이를 통해 인간에게 영향을 미칠 수 있는 특성 혹은 능력 정도로 생각해볼 수 있겠다. 이와 관련된 철학적 논의는 본고의 범위를 벗어나기 때문에 더 이상 다루지 않기로 한다.

인간과 로봇, 상호작용하다

2011년 10월 4일은 애플에서 개발한 음성인식 기반 개인용 비서 애플리케이션인 시리_Siri_가 아이폰 4s에 탑재되어 세상에 처음 태어난 날이다. 처음 시리가 출시되었을 때 인식률이나 작업수행률 등의 측면에서 우려하는 목소리도 있었지만 소비자들의 호응은 엄청났고, 아이폰의 운영체제인 iOS의 꾸준한 업데이트로 안정성이나 기능의 확장성이 발전하면서 인기가 지속되고 있다. 다른 휴대폰 회사에서도 유사한 기능을 갖는 음성 인식 애플리케이션을 선보이고 있고, 이제 시리는 휴대폰 사용자들에게는 꽤나 친근하고 유용한 애플리케이션이 되었다. 유치원생 어린이들도 아이폰이나 아이패드의 전원 버튼을 꾹 누르며 "시리야" 하고 부르면서 대화를 시도하는 모습을 심심치 않게 볼 수 있다. 물론 대화가 매끄럽게 이어지지도 않고, 대화를 통해서 반드시 유용한 정보를 얻어내기도 어렵지만, 적어도 기계와의 대화를 이어나가는 데에 어떤 거부감이나 거리낌이 없다는 것은 분명한 사실이다. 아이폰의 시리는 분명 우리의 삶을 보다 편리하게 만드는 데 중요한 역할을 담당해오고 있다. 날씨를 말해주기도 하고, 알람 기능도 되며, 원하는 사람에게 문자를 보내거나 이메일을 보낼 수도 있다. 필요한 애플리케이션을 실행시켜주기도 하고 음악을 재생할 수도 있다. 내가 미리 저장해둔 재생 목록에 있는 음악뿐만 아니라 특정 장르의 음악을 온라인에서 찾아 재생해주기도 한다. 하지만 시리가 우리 삶에 미친 보다 큰 영향은 기계와의 대화가 가져오는 심리적 장벽을 허물었다는 것이다. 시리와 같은 휴대폰 음성 인식 애플리케이션이 등장하기 전에도 다양한 기계들이 음성을 통해서 정보를 전달하거나 사용자의 음성을 인식하는 기능을 탑재하고 있었다. 밥이 완성되면 "백미 고압 취사가 완료되었습니다."라고 말하는 밥솥부터 시작해서 목적지의 주소를 말하면 이를 인식하는 내비게이션 시스템까지 다양한 제품에 음성인식 및 산출 기능이 들어가 있다. 하지만 이러한 기능의 활용이 인간 사용자가 지금 기계와 대화를 하고 있다는 생각을 갖게 만들지는 못했다. 이것은 대화라기보다는 일방향 정보 전달에 가깝다. 손가락을 사용할 수도 있고, 음성 언어를 사용할 수도 있지만 그 본질은 '대화'와는 거리가 멀다. 하지만 시리는 다르다. 스마트폰은 나와 항상 함께 다니며 내가 뭔가 궁금할 때 도움을 준다. 웹 브라우저를 구동시키고 적절한 웹페이지를 찾아서 적당한 검색어를 입력하는 등의 일련의 과정을 시리는 단숨에 해결해준다. 여기서 끝이 아니다. 시리는 인간 – 로봇 간 정서적 교감에 대한 가능성을 보여준다. 사람들은 "시리가 이것도 알까?", "이 질문엔 뭐라 대답할까?", "이건 분명 모르거나 이상한 대답을 할 거야." 등의 생각을 하며 스마트폰에 말을 건다. 그리고 스마트폰으로부터 흘러나오는 대답은 때로 개인의 감정에 영향을 준다. 따분하고 지루할 때 소소한 웃음을 주기도 하고, 예상치 못한 대답으로 놀라게도 만든다. 시리는 어떤 의미에서 형체도 없는 일개 알고리즘의 조합에 불과하지만, 그와의 대화에서 분명 사람들 간 상호작용과 성격을 같이 하는 인간 – 로봇 상호작용이 일어난 것이다. 시리와 같은 음성 인식 기반 개인용 비서 애플리케이션을 로봇의 범주로 넣어야 하는가에 대해서는 논의의 여지가 있겠지만, 로봇에 대한 정의가 시대와 환경에 따라 달라지는 상황에서 분명히 로봇이 아니라고 말하기도 어려울 것이다.[32] 그렇다면

32) Jordan, *op. cit.*, p. 3-4.

인간 - 로봇 상호작용은 어떤 양식으로 나타나게 될까?

도텐한에 따르면 인간 - 로봇 상호작용에 대한 연구에 크게 두 가지 패러다임이 존재한다.[33] 하나는 보호자 패러다임caretaker paradigm이고, 다른 하나는 조력자/동료 패러다임assistant/companion paradigm이다. 먼저 조력자/동료 패러다임부터 간단히 설명하자면, 이 패러다임에서는 로봇을 인간의 조력자 혹은 동료로 간주한다. 로봇의 역할은 인간의 필요를 파악하여 적절하게 반응하고, 인간의 과제 수행을 돕는 것이다. 로봇의 그러한 행동이 인간을 제대로 만족시키는지 혹은 행복하게 하는지도 확인할 필요가 있다. 이것은 우리가 흔히 생각하는 로봇의 역할이다. 앞에서 예로 든 오로라 프로젝트에 사용된 로봇들이 모두 이 패러다임에 입각하여 설계되고 실제 연구에 사용되었다. 그 프로젝트에서는 자폐 아동에게 필요한 다양한 사회적 기술(교차의사소통, 모방, 인과관계 학습을 비롯한 다양한 의사소통 기술)을 로봇의 도움을 받아 익히게 만들고, 그 효과를 극대화할 수 있는 방향으로 로봇을 설계하였다.

반면 보호자 패러다임은 거꾸로 우리가 로봇의 보호자가 된다는 설정이다. 이 패러다임에서 인간은 로봇의 사회적 혹은 정서적 필요를 인지하여 거기에 반응하고, 로봇이 행복감을 느낄 수 있도록 돕는 역할을 한다. 황당하게 들릴 수도 있지만 인간은 보호자로서의 기능을 담당하면서 행복감을 느끼고 로봇과 유대감을 형성할 수 있다. 앞에서 아이보의 부품 공급이 끊겼을 때 일본에서 아이보에 대한 합동 장례식이 열렸다는 내용을 잠시 언급하였다. 과연 아이보가 기능적인 측면에서 인간의 필요를 채워주었을

---

33) Dautenhahn, *op. cit.*, pp. 698-700.

까? 아이보는 아마도 인간에게 기능적인 편의를 제공했다기보다 어린아이나 반려견의 역할을 했을 것이다. 즉, 인간은 아이보가 행복할 수 있도록 도와주는 과정에서 자신과 아이보가 정서적으로 교감하고 있다고 느꼈고(물론 이것은 착각일 가능성이 많다), 둘 사이에 끈끈한 정서적 유대가 형성되었던 것이다. 이러한 정서적 유대를 통해서 아이보뿐만 아니라 인간도 행복감을 느낄 수 있었다(아이보가 정말로 행복감을 느끼지는 않았을 것이다).

최근에는 로봇 기술의 발전으로 초보적인 단계에서 이 두 패러다임이 자연스럽게 하나로 합쳐지는 것이 가능해졌다. 즉, 보호자의 경계가 모호해지고 관계 속에서 주고받음이 어색하지 않게 된다. 진정한 의미에서 동반자 패러다임companion paradigm에 점점 다가가고 있는 것이다. 물론 아직은 인간과 로봇의 관계를 진정한 의미에서 동반자라 말하기엔 무리가 있다. 그 이유는 첫째, 현재 수준에서는 로봇 개발자는 로봇을 도구적 존재로 상정하고 제작하는데, 이렇게 제작된 로봇이 인간과 동일한 자격을 갖는다는 것 자체가 문제시될 수 있으며, 둘째, 인간이 로봇을 동반자로 지각하는 동시에 로봇도 인간을 동반자로 지각할 수 있어야 하는데, 기술적인 측면에서 로봇의 지각 능력은 아직 굉장히 미미한 수준이다. 관계 지향적 로봇의 발전은 필연적으로 로봇의 공감 능력, 혹은 감정 인식 능력을 향상시킬 수 있는 알고리즘의 개발과 긴밀하게 연결되어 있다. 로봇 개발의 측면에서는 (윤리 및 법적인 부분까지 생각하지 않더라도) 기술적인 부분에서 해결해야 할 문제들이 많겠지만, 인간에게 로봇과의 교감 문제는 그리 복잡하지 않을 수도 있다. 로봇을 인간과 동일시하지는 않지만 로봇을 인간의 동반자로 생각하고 대우하는 예는 쉽게 찾아볼 수 있다. 아이보의 합동 장례식 사례가 그렇지 않은가? 아이보와 관련된 하나의 예를 더 든다면, 프리드먼Friedman과 그의 동료들의 연구를 들 수 있다.[34] 이들은 아이보와 관련된 토론을 하는 온라인 포럼에서 2001년 5월 22일부터 9월 5일까지 약 100일간 올라온 글들을 수집한 뒤, 그 내용을 범주화하고 분석하였다. 총 다섯 개의 범주로 글들을 나누었는데, 첫째는 아이보는 인공물이라는 기술적 속성, 둘째는 아이보의 생동성animacy에 주목하는 유사생명 속성, 셋째는 아이보가 의도나 욕망, 그리고 감정을 가지고 있다는 심적 상태, 넷째는 아이보가 사회적 관계를 맺을 수 있다는 것을 가리키는 사회적 촉진 관계, 마지막은 아이보를 도덕적 주체로 가리키는 도덕적 위치가 그것이다. 여기서 주목할 내용은 아이보 사용자들이 아이보가 분명 기술에 의해서 제작된 인공물임을 인식하고 있음에도 불구하고 아이보를 능동적으로 인간과 사회적 관계를 맺을 수 있는 존재로 여기고 있다는 것이다. 즉, 인간은 이미 관계 지향적 로봇을 인간과 일정 수준의 상호작용이 가능한 대상으로 인식하고 있다.

인간과 로봇의 상호작용은 대단히 중요하며, 그 필요성은 관계 지향적 로봇에만 국한되지 않는다. 인간과 로봇이 함께 일하는 모든 장면에서는 효율적 상호작용이 반드시 필요하다. 조립라인에서 단순한 생산 공정의 일부를 담당하는 자동화된 산업용 로봇도 인간 관리자와의 상호작용 없이는 제 기능을 할 수 없다. 후쿠시마 원전 사고와 같은 재난 상황을 파악하고 인명을 구조하는 일을 담당하는 로봇은 더더욱 인간과의 상호작용을 피할 수 없다. 이와 같은 직무 기반 로봇의 경우에는 인간과 감정적 상호

34) Batya Friedman, Peter H. Kahn, Jr., and Jennifer Hagman, "Hardware companions?: What Online AIBO Discussion Forums Reveal about the Human-Robotic Relationship," *Proceedings of the SIGCHI Conference on Human Factors in Computing Systems,* ACM, 2003, pp. 273-280.

작용을 할 가능성은 적지만, 그 수행과 관련해서 관리자인 인간과의 상호작용은 필수적이다. 사회적 상호작용을 주로 담당하는 관계 지향적 로봇의 경우는 말할 필요도 없다.

그렇다면 로봇과 인간의 상호작용을 원활하게 만드는 요인은 무엇인가? 가장 중요한 요인 중 하나는 로봇에 대한 인간의 신뢰도이다. 길 안내 소프트웨어가 처음 나왔을 때를 생각해보자. 내비게이션 시스템이 없을 때는 초행길에 늘 지도가 필요했다. 주로 동행자가 지도를 보는 역할을 했고, 모르는 길을 갈 때 동행자가 없으면 길을 헤맬 때도 많았다. 사실 내비게이션 시스템이 처음 등장했을 때 우리는 그 편리함에 경탄을 금치 못하면서도 마음 한구석엔 의심을 품었다. "정말 이 길이 맞을까?", "분명히 더 빠른 길이 있을 텐데.", "이거, 막히는 길로만 안내하는 느낌이야." 이런 생각으로 내비게이션의 안내를 무시하고 운전자의 두뇌 속 내비게이션을 가동하는 경우도 종종 있었다. 하지만 요즘은 내비게이션의 안내를 무시하는 운전자는 많지 않다. 그 안내를 따라가는 것이 가장 효율적인 경로라는 것에 대한 확실한 믿음이 생긴 것이다. 특히 순간의 판단이 인간의 생명과 직결되는 경우, 로봇에 대한 신뢰는 중요한 요소로 작용한다. 수술 시 사용되는 의료용 로봇이나 전장에서 사용되는 폭탄 제거 로봇과 같은 경우 로봇을 신뢰하지 못하면 의사결정에 어려움이 올 수 있고, 이것은 바로 인간의 생명과 직결된다. 로봇이 제공하는 정보에 대한 신뢰가 우선되어야 올바른 의사결정을 내릴 수 있다. 당연히 적정 수준의 신뢰를 벗어나는 것은 양방향에서 모두 위험하다. 로봇에 지나친 신뢰를 보이는 것은 시스템을 남용하게 되어 인간에게 피해를 줄 수도 있다. 기계에 대한 과잉신뢰의 일상 속 예를 들어보면, 필자의 지인이 차로 약 두 시간 거리의 초행길을 갈 기회가 있었다. 당연히 길 안내 시스템에 목적지의 주소를 입력하고 내비게이션의 지시를 따라가고 있는데, 아무리 가도 목적지 근처에 가지도 못하고 내비게이션은 계속 처음 가보는 국도와 지방도를 이용하라고 안내를 했던 것이다. 아무런 의심 없이 약 한 시간 반 정도를 달린 후에야 내비게이션의 설정을 살펴보기 시작했고, 설정이 자전거 도로로 되어 있는 것을 깨달았다. 이 경우는 약간의 시간과 에너지를 낭비한 정도의 손실에서 그쳤지만, 좀 더 심각한 상황에서 로봇에 대한 과신은 엄청난 피해를 가져올 수도 있다. 그런데 로봇에 대한 지나친 불신 또한 문제가 된다. 미국의 포스터-밀러Foster-Miller 사는 지난 이라크와의 전쟁에서 특수무장정찰 원격행동 시스템SWORD, Special Weapons Observation Reconnaissance Detection 을 개발하여 전장에 투입하였다. 하지만 몇 차례의 시험 운행에서 기계의 오작동에 의한 예상치 못한 움직임이 발견되어 실전에서는 사용하지 않았다.[35] 실제 전투에서 기계가 오작동을 일으키면 수많은 인명 피해와 직결되므로 보다 신중해야 하는 것은 분명하다. 하지만 이는 신뢰의 문제와 연관되어 있다. 더 많은 사람을 살릴 수 있는 가능성에 대한 믿음보다 기계의 오작동으로 인한 인명 피해 가능성에 대한 믿음이 더 강했기 때문에 많은 비용을 들였음에도 사용하지 않은 것이다. 결국 비싼 비용을 들여 개발된 최신 로봇이 전쟁에서 사용되지 못하고, 지금은 박물관에 전시되어 있다.

그렇다면 어떤 요인이 인간-로봇 상호작용 시 신뢰 형성에 영향을 주게 될까? 행콕Peter A. Hancock 과 동료들은 지금까지 출판된 연구들에 대한 메

---

35) Peter A. Hancock, Deborah, R. Billings, Kristin E. Schaefer, Jessie Y. C. Chen, Ewart J. de Visser, & Raja Parasuraman, "A Meta-analysis of Factors Affecting Trust in Human-Robot Interaction," *Human Factors*, vol. 53, 2011, p. 518.

타분석을 통해서 신뢰에 영향을 미치는 다양한 원인들을 조사한 뒤, 크게 인간과 관련된 요인, 로봇과 관련된 요인, 그리고 환경과 관련된 요인으로 나누었다.[36] 인간과 관련된 요인은 다시 인간의 능력에 기반을 둔 것과 특성에 기반을 둔 것으로 나누었고, 로봇과 관련된 요인은 로봇의 수행과 관련된 것과 속성에 관련된 것으로 나누었다. 마지막으로 환경적 요인은 다시 조직의 협동과 관련된 내용과 직무와 관련된 내용으로 나누었다. 각각의 요인은 다시 세부적 하부 요인으로 구분할 수 있다. 예를 들어 인간의 특성 기반 요인이라면 인구통계학적 특성, 성격 특성, 로봇을 향한 태도, 로봇으로부터 편안함을 느끼는 정도, 자신감, 그리고 신뢰에 대한 경향성 등의 하부 요인을 들 수 있다. 행콕과 동료들의 연구 결과에 따르면 로봇의 수행이 로봇에 대한 신뢰에 가장 큰 영향을 미친다. 즉, 수행의 일관성, 예측가능성, 자동화 정도, 오경보율, 투명성 등의 수행 척도에서 높은 점수를 받을수록 그 로봇에 대한 신뢰도가 높아지는 것이다. 물론 이 연구의 메타분석에 사용된 개별 연구의 수가 많지 않았고, 아직 학문 분야 자체가 신생 분야이기에 확정적인 결론을 내리기에는 한계가 있다. 하지만 해당 결과는 로봇공학자들에게 시사하는 바가 크다. 아직까지 로봇에 대한 신뢰나 태도에 관한 객관적이고 체계적인 연구는 지극히 제한적으로 이루어지고 있다. 사실 관계가 전혀 없는 상태에서 갑자기 무엇인가가 만들어지기보다는 오랜 시간의 투자를 통해서 신뢰가 형성되는 측면이 강하다. 따라서 인간과 관계 지향적 로봇 사이의 신뢰가 어떻게 형성되고, 이 신뢰관계가 어떤 식으로 발전해나가는가는 꼭 필요한 연구 주제인 것이다.

---

36) *Ibid.*, pp. 521-522.

더 나은 인간-비인간의 관계를 위해

앞으로 다가올 미래에 대한 이야기가 차고 넘친다. 휴머니즘에서 포스트휴머니즘으로의 전환은 이미 시작되었고, 이러한 변화에 대해서 깊이 생각하고 다양한 각도에서 대비할 필요가 있다. 하지만 이 글에서는 다가올 미래보다는 지금의 현실에 조금 더 집중하고자 했다. 기술의 발전은 많은 종류의 로봇이 등장하는 것을 가능하게 했고, 당장 지금에도 인간은 다양한 종류의 비인간과 함께 살아가고 있다. 이 글에서는 인간과 비인간들이 어떤 관계를 맺으며 살아가고 있고, 이 관계는 우리 인간의 삶에 어떤 영향을 미치고 있는지에 대해 다루었다. 특히 관계 지향적 로봇에 대해서 논의하면서, 로봇과의 관계가 주는 긍정적인 측면과 함께 도사리고 있는 위험성에 대해서도 살펴보았다.

마지막으로 수십 년간 컴퓨터를 비롯한 기계가 인간의 삶에 어떤 영향을 미쳐왔는가를 질적 연구 방법론을 이용해 연구해온 매사추세츠 공과대학MIT의 셰리 터클의 관점을 소개하고자 한다. 터클은 그녀의 책《외로워지는 사람들》에서 관계 지향적 로봇, 그중에서도 특히 돌봄 로봇을 옹호하는 로봇공학자들의 논리를 소개한다. 그들은 다음과 같이 질문한다. "당신의 부모님이 돌봄 로봇으로부터 돌봄을 받기를 원하는가, 아니면 어떤 사람에게도 돌봄을 받지 못하길 원하는가?", 혹은 "노인들이 외롭고 지루해지길 원하는가, 아니면 반려 로봇과 잘 어울려 지내면서 외로움을 잊길 바라는가?" 이런 식의 질문은 우리에게 하나의 선택을 암묵적으로 강요한다. "혼자서 쓸쓸히 살 바에야…" 혹은 "아무도 돌보는 사람이 없이 병이 악화되는 것보다야…"라는 생각이 들게 함으로써 돌봄 로봇을 받아들이도록 하는 것이다. 그들의 논리에 의하면 돌봄 로봇을 반대하는 것은 곧 도움이 필요한 이들을 방치하고 상태를 악화시키는 것과 같다.[37] 터클은 빠져나갈 수 없는 논리 구조에 반대한다. 돌봄 로봇에 대한 충분한 고민 없이 단지 인간이 노인이나 사회적 약자를 돌보는 일을 하기 싫어하기 때문에 로봇이 대신 하도록 만드는 것은 옳지 않다는 것이다. 우리는 이미 앞에서 인간과 로봇의 관계가 인간에게 어떤 잠재적 해를 줄 수 있는지 살펴보았다. 사람들이 기피하는 일에 어쩔 수 없이 내몰린 로봇과의 관계는 오히려 인간의 삶을 더욱 외롭게 만들 수 있다.

포스트휴먼 시대가 도래하였다. 인간과 비인간의 경계가 무너지는 새로운 시대가 목전에 있다. 지금 이 순간에도 세계 곳곳에서 인간의 삶을 편리하게 하기 위한 혁신적인 기술들이 개발되고 있고, 인간을 닮은 비인간을 창조하려는 시도가 이어지고 있다. 그러나 새 시대에도 사람은 여전히 인간에게 관심을 가질 것이다. 인간과 비인간의 관계에서 그 중심은 항상 인간에게 있다. 즉, 비인간과의 관계를 통해 인간의 삶이 더욱 건강해지고 물질적, 심리적으로 더욱 풍요로워지는 방향으로 나아가야 한다. 터클이 소개한 한 대학원생의 일화는 우리가 비인간과 함께 살아갈 수 있는 방식에 대한 하나의 관점을 제시한다. 한 세미나에서 학생들은 몸이 지나치게 약하거나 마비가 된 환자를 목욕시킬 때 돌보는 로봇에 대해 토론을 하고 있었다. 학생들은 자연히 이 로봇을 사용하는 것에 찬성하는 진영과 인간이 반드시 그 일을 해야 된다는 진영으로 나뉘었고, 저마다 자신의 주장을 뒷받침하기 위해 다양한 논거를 제시했다. 이때 최근에 어머니가 돌아가

---

37) 셰리 터클, 앞의 책, 469쪽.

신 한 여학생은 다음과 같은 제안을 한다. "왜 로봇 같은 물갈퀴 아니면 로봇 아닌 존재로 논의를 한정짓나요?… 사람의 팔에 끼우면 근력이 높아지는 유압식 로봇 팔은 어떤가요?" 이러한 문제 인식과 아이디어는 본인의 경험을 통해서 나온 것이다. 아프신 어머님을 들어 올리거나 이동시켜야 할 필요가 있을 때 팔에 더 많은 근력을 가지고 있었다면, 어머니를 보다 잘 보살필 수 있었을 뿐만 아니라 돌아가시기 전 마지막은 병원이 아닌 집에서 성심성의껏 어머니를 모실 수 있었을 것이라 이야기했다.[38] 그렇다. 우리는 이제 기술을 무턱대고 반대할 수 없다. 기술이 주는 혜택은 분명하고, 그것을 거부하기에는 너무나 많은 사람들이 쉽게 이용할 수 있게 되어 버렸다. 결국 중요한 것은 관계맺음이다. 그 기술과 우리가 어떤 방식으로 관계를 맺을 것인지에 따라 인간과 비인간의 관계와 인간과 인간의 관계를 모두 풍요롭게 만들 수도 있고, 그렇지 못할 수도 있다. 이 문제는 단순한 의지의 문제를 넘어선다. 기술이 우리 사회와 인간을 변화시킨다는 것은 너무나 자명한 사실이고, 개인의 의지로 이러한 변화를 선택하거나 거부하는 것은 거의 불가능하다. 이러한 문제에 대해서 보다 다양한 분야의 전문가들과 많은 사람들이 서로의 생각을 공유하고 함께 머리를 맞댈 때 인간과 비인간의 관계는 더욱 돈독해질 수 있다. 이제는 비인간과의 관계에 대해 절실하게 고민해야 할 때이다.

---

38) 위의 책, 470-471쪽.

제 6 장

알파고를 통해 본 인공지능, 인공신경망

황치옥
(광주과학기술원 기초교육학부)

알파고를 통해 본 인공지능, 인공신경망

황치옥

알파고 바둑 프로그램이 사용한 인공신경망

과학과 공학의 문제를 크게 두 가지로 분류해보라고 하면, 선형 문제linear problems와 비선형 문제nonlinear problems로 나눠 볼 수 있다. 이 세상의 문제는 선형 문제보다 비선형 문제가 훨씬 많다. 또한 일반적으로 비선형 문제는 선형 문제보다 훨씬 풀기가 어렵다. 그래서 과학자와 공학자들이 일반적으로 비선형 문제를 풀 때에는 선형화linearization라는 과정, 즉 비선형 문제를 풀기 쉬운 선형 문제로 근사하여 선형으로 바꾸어 푸는 것이 일반적이

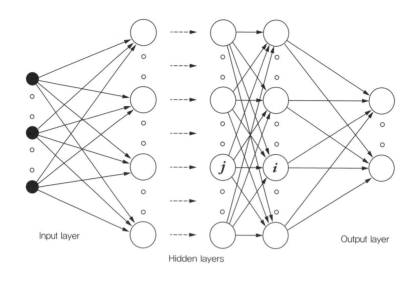

그림 1. 인공신경망 보기
출처: http://ecee.colorado.edu/~ecen4831/lectures/NNdemo.html

다. 그렇지만 어떤 경우에는 선형화가 쉽지 않기도 하고 또한 정확하게 풀기 위해 비선형 문제를 직접 풀기도 한다.

최근 비선형 문제를 풀기 위해 사용하는 방법론 중에 인공지능artificial intelligence에서 잘 알려진 방법이 인공신경망neural network 이다. 인공신경망은 인간의 두뇌 구조를 모방하여 컴퓨터 알고리즘으로 구현한 것인데, 이것은 층상 구조를 갖는 네트워크로서 각 층상에 있는 인공 신경단위neuron 가 인접한 층상에 있는 인공 신경단위와 연결되어 있는 형태를 취한다<그림 1> 참조. 이러한 인공신경망 알고리즘은 일반적으로 프로그래밍 기초단계에서 가르치는 외재적 프로그래밍explicit programming 방식<그림 2> 참조과는 사뭇 다른 내재적 프로그래밍implicit programming 방식이다. 외재적 프로그래밍은 프로그램의 결과가 일반적으로 언제 프로그램을 컴퓨터에서 실행시켜도 값이

```
#include <stdio.h>

int main()
{
  /* my first program in C */
  printf("Hello world\n");

  return 0;
}
```

그림 2. 외재적 프로그램의 예: 인터넷에서 쉽게 찾을 수 있는 고급 언어 중 하나인 C언어로 프로그래밍한 가장 간단한 프로그램으로 "Hello, World!"를 컴퓨터가 프린트하는 프로그램이다. 이 프로그램을 컴파일을 거쳐 컴퓨터 언어인 이진수 언어로 바꾸고 링크라는 과정을 통해 라이브러리에 있는 기본적으로 필요한 기능과 결합해 자기 완결적 프로그램이 된다.

동일하지만,[1] 내재적 프로그램은 주어진 데이터에 의해 학습된learning 양에 비례해서 일반적으로 결과 값이 더 좋아진다. 그리고 선형적인 문제는 이미 컴퓨터의 외재적 프로그래밍을 통해 해결할 수 있다는 것이 잘 알려져 있다.

내재적 프로그래밍 예로 필기한 숫자 '3'을 인식할 수 있는 프로그래밍을 한다고 생각해보자. 〈그림 3〉에 가장 간단한 예 중 하나인 지각자perceptron 인공 신경 단위의 예를 써서 한다고 생각해보자. 많은 필기 '3'자 데이터로 학습을 시켜 활성화 함수activation function를 더 잘 훈련시킬 수 있다면 학습 후 주어진 필기체 '3'의 입력 값에 대해 '3'자인지 아닌지를 더 잘 예측할 수 있을 것이다.

---

1) 물론 결정론적인 프로그램이 아닌 몬테카를로 프로그램의 결과는 확률적으로 동일하다고 말해야 한다. 몬테카를로 프로그램은 난수를 더 많이 사용하여 샘플 수를 늘리면 값이 더 정확해진다. 그렇지만 몬테카를로 샘플 수를 일정하게 한다면 확률적으로 동일한 값을 얻는다.

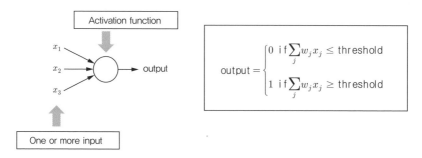

그림 3. 인공신경망 보기: 지각자(perceptron)라 불리는 간단한 인공신경망 보기. 비중(weight)이 있는 입력 값의 선형 결합의 합에 따라 출력 값을 결정하는 경우. 출처: http://neuralnetworksanddeeplearning.com/chap1.html

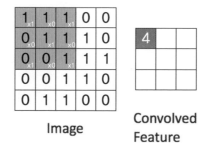

그림 4. 이미지 인식 인공지능네트워크에서 많이 쓰이는 회선(convolution)이라 불리는 과정을 보여주는 그림이다. 0과 1로 이루어진 흑백 이미지라 가정할 때 3x3 크기의 이미지로 짙은 색으로 된 흰색 숫자로 된 핵(kernel)이라는 것으로 회선한(convolved) 결과가 오른쪽에 표시되어 있다. 출처: http://ufldl.stanford.edu/tutorial/supervised/FeatureExtractionUsingConvolution/

앞에서 예로 든 지각자보다 훨씬 복잡하여 다양한 학습을 할 수 있는 인공신경을 만들었는데, 그중 이미지 인식 알고리즘에 많이 사용되는 것으로 회선convolution이라고 불리는 것이 있는데 뒤에 소개할 알파고 바둑 프로그램이 사용한 인공신경이다. 〈그림 4〉에 잘 나타나 있다. 이미지 인식에서 어떠한 핵kernel을 사용하느냐가 이미지의 어떠한 정보feature를 산출해내느냐를 결정한다.

알파고 알고리즘[2]

2016년 봄, 영국에 있는 구글 딥마인드_{Google DeepMind}라는 인공지능 회사가 개발한 인공지능 프로그램 알파고가 세계 바둑 최고 고수 중의 한 사람인 한국의 이세돌 9단에게 4:1로 승리를 거둔 바 있다.

알파고 알고리즘을 이해하기 위해 일단 컴퓨터가 바둑에서 이기기 위해서는 다음과 같은 과정을 거친다고 생각해보자. 컴퓨터가 바둑의 모든 가능한 경우의 수를 다 조사하여 커다란 나무 구조를 만든다고 생각해보자 〈그림 5〉 참조. 가장 위 노드_{node}는 바둑돌이 놓여 있지 않은 상태이고 그다음 바둑판은 돌 한 개를 놓았을 때이고⋯ 이러한 방식으로 모든 가능한 수를 다 조사하여 바둑판의 끝까지 갔을 경우에 우리는 각 노드에 이길 수 있는 확률값을 매길 수 있을 것이다. 이렇게 한다면 가장 이길 확률이 높은 곳으로 다음 수를 둠으로써 항상 최선의 수를 둘 수 있을 것이지만, 바둑의 가능성이 너무 많아 그렇게 할 수는 없다. 그래서 생각해낸 방법이 바둑 데이터를 잔뜩 모으고 스스로 바둑을 두어가면서(데이터를 만들어가면서) 가능성이 높은 경우들만 고려해본다면, 충분히 다룰 수 있는 유한한 경우 수를 조사할 수 있을 것이다.

알파고 프로그램은 〈그림 5〉에서 보는 바와 같이 이미 앞에서 간략하게 소개한 바 있는 두 개의 회선을 사용한 인공신경망과 몬테카를로 기법을 사용하였다. 많은 바둑 데이터를 활용하여 가능한 다음 수를 예측하는 정

---

2) David Silver et al., "Mastering the Game of Go with Deep Neural Networks and Tree Search" *Nature*, vol. 529, Jan. 2016, pp. 484-489.

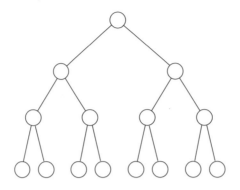

그림 5. 처음 시작해서 그다음 가능성들이 두 가지만인 경우에 만들어질 수 있는 모든 가능한 경우를 보여주는 나무 구조(tree structure) 그림이다. 이 그림 위아래를 뒤집으면 가장 위에 있는 부분이 나무의 뿌리라 생각할 수 있어 맨 위 동그라미(노드라 부름)를 뿌리(root) 노드라 부른다.
출처: http://www.gigaflop.co.uk/comp/chapt3.shtml

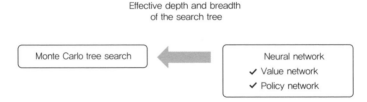

그림 6. 알파고 알고리즘의 뼈대를 보여주는 그림이다. 가능한 다음 수를 예측하는 정책 네트워크와 가장 이길 확률이 높은 다음 수를 찾기 위해 각 바둑 상태에 점수를 매기는 점수 네트워크, 두 인공신경망과 가능한 바둑 상태 나무를 만드는 몬테카를로 나무 훑어보기의 상호 관계를 설명하는 도식이다.

책 네트워크policy network와 가장 이길 확률이 높은 다음 수를 찾기 위해 각 바둑 상태board state에 점수를 매기는 점수 네트워크value network, 두 인공신경 망과 가능한 바둑 상태 나무tree를 만드는 몬테카를로 나무 훑어보기Monte Carlo tree search를 사용하였다. 몬테카를로 나무 훑어보기를 사용하여 반복적 기법iteration method을 활용하여 정책 네트워크의 값을 더욱 정밀하게 다듬는 강화인공신경망reenforcement neural network도 함께 활용하였다〈그림 7〉참조.

| supervised learning (SL) policy network $p\sigma$ based on expert human moves |
| fast policy $\rho\pi \rightarrow$ rapid sampling of actions during rollouts |
| Reinforcement learning (RL) policy network p_p $\rightarrow$ to improve the SL policy network |
| Training a value network $\nu_\theta \rightarrow$ to predict the winner of games played by the RL policy network against itself |

그림 7. 알파고 프로그램 흐름도 중 일부: 알파고가 바둑의 다음 수를 두기 위해 인공신경망을 활용하는 흐름을 보여주고 있다. 먼저 가능한 다음 수를 바둑기사들의 과거 기보를 통해 학습하여, 확률적으로 높은 가능한 다음 수를 모두 선택한 다음, 반복을 통해 이길 확률을 더 정밀하게 다듬는 과정을 보여주고 있다.

인간과 같은 기능을 하는 로봇은 가능한가?

지금 한국 사회는 알파고가 이세돌 9단을 이긴 이후에 인공지능의 홍수 속에 살고 있다. 인공지능과 더불어 인공지능이 주도하는 4차 산업혁명에 관한 열기로 한반도가 들끓고 있다. 학계에서는 인공지능 연구비가 쏟아지고 있으며 연구 열기 또한 뜨겁다.

이러한 시점에서 다음과 같은 질문을 하는 것도 의미 있는 일이라 생각된다. 과연 인공지능이 계속 발전하여 '인간과 같은 로봇을 만드는 것'이 가능할까? 여기에서 '인간과 같은'이라는 어휘는 좀 더 설명이 필요하다. '인간과 같은'이라는 표현은 좀 더 정확하게 말한다면, '인간과 같은 기능을 할 수 있는'이라는 뜻이다. 외모나 재질이 다르더라도 '인간이 할 수 있는 모든 일을 할 수 있다.'라는 뜻이다. 그렇다면 우리는 인간이 무엇인지,

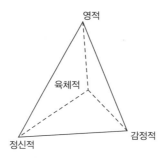

그림 8. 인간 기능의 분류: 일반적으로 인간의 기능을 크게 육체적, 감정적, 정신적 기능으로 분류한다. 하지만 종교에서는 영적 기능을 주장하기도 한다.

인간이 할 수 있는 기능에는 무엇이 있는지에 대해 논의할 필요가 있다. 과연 인간이 할 수 있는 인간의 기능에는 어떤 것들이 있는가?

〈그림 8〉에서 보는 바와 같이 일반적으로 인간의 기능 영역을 육체적, 감성적, 지성적 영역으로 구분한다. 육체적 기능이라 함은 인간 육체로 할 수 있는 기능들, 즉 걷거나, 뛰거나, 앉거나, 눕는 등의 움직임과 물체를 옮기는 것과 같은 육체적 노동을 포함한다. 감성적 기능이라 함은 인간의 감정적 기능, 즉 희로애락 등을 말한다. 인간의 지성적 영역이라 함은 생각할 수 있는 능력이지만, 특별히 논리적으로 생각하는 능력을 말한다.

서양에서 출시된 인공지능에 관련된 많은 영화를 보면, 대부분 인간의 신체적인 것, 감정적인 것, 그리고 인간의 지성에 관한 것을 다룬다. 그렇지만 김지운 감독이 만들어 2012년에 개봉한 《인류멸망보고서》라는 영화는 총 3가지 에피소드로 이루어졌는데, 두 번째 에피소드인 〈천상의 피조물〉에서는 인간의 영적인 부분까지도 다룬다. 〈천상의 피조물〉이라는 에피소드에는 깨달음을 얻은 로봇이 등장한다.

기독교를 비롯한 많은 종교에서는 지성을 넘어 인간만이 가지는 영성의 기능을 주장하고 있다. 그런데 기독교에서는 자연인은 영성이 없다고 주장한다. 신약성경의 첫 부분에 나오는 4대 복음서 중에 예수의 제자 요한이 쓴 마지막 복음서인 《요한복음》 3장에는 바리새인 중에 유대인 지도자인 니고데모라는 인물이 밤중에 예수를 찾아와 나눈 대화에 잘 표현되어 있다. 이 대화에서 예수는 사람이 영으로 다시 태어나지 않으면, 즉 기독교 교리 용어로 표현한다면 중생重生하지 않으면 하나님 나라를 볼 수 없다고 말하고 있다. 예수가 말하기를, 육으로 난 것은 육이요, 영으로 난 것은 영이라고 말한다. 그렇다면 영적 기능에는 무엇이 있는 것인가? 하나님 나라를 볼 수 없다는 것이 어떠한 영적 기능을 말하는 것인가?

첫 번째 영적 기능에 관한 이야기를 진행하기 전에 다음과 같은 한 가지 질문을 해보는 것이 좋겠다. 수학 혹은 자연과학의 법칙이라는 것은 발견되는 것인가, 아니면 인간이 만드는 것인가? 수학자와 과학자에게 질문해 보면, 의견이 판이하게 갈라진다. 대부분 종교를 가지고 있는 수학자나 과학자는 발견되는 것이라고 할 것이다. 과연 수학이나 자연과학의 법칙이 발견되는 것이라면 어딘가에 있어야 한다는 이야기인데, 수학이나 자연과학의 법칙은 어디에 있는 것인가?

플라톤의 형이상학 이론인 이데아론에 따르면, 이데아는 현상 밖의 세계이며, 이데아는 모든 사물의 원인이자 본질이다. 수학이나 자연과학의 법칙이 어디에서인가 발견되는 것이라고 한다면, 필자는 수학이나 자연과학의 법칙은 이데아 세계에 있다고 말하고 싶다.

기독교에서도 이와 비슷한 성경 구절을 인용할 수 있다. 신약성서 《히브리서》 8장 5절에 보면, 다음과 같은 성경 구절이 있다.

그들이 섬기는 것은 하늘에 있는 것의 모형과 그림자라 모세가 장막을 지으려 할 때에 지시하심을 얻음과 같으니 이르시되 삼가 모든 것을 산에서 네게 보이던 본을 따라 지으라 하셨느니라.

지상에 있는 장막은 하늘에 있는 것의 모형과 그림자이며 원형은 하늘에 있는 것이다. 2016년 4월에 영국에서 개봉되고, 한국에서는 그해 11월에 개봉된 《무한대를 본 남자》(맷 브라운 감독)라는 영화에 인도 빈민가에서 태어나 나중에 영국으로 유학을 간 천재 수학자 라마누잔과 그의 천재성을 알아본 영국 왕립학회 수학자 하디 이야기가 나온다. 라마누잔은 수리 분석, 정수론, 무한급수 등에서 천재성을 보였는데, 문제의 증명 과정 없이 답을 알아낸 것으로도 유명하다. 어떤 짓궂은 질문자가 어떻게 풀지도 않고 답을 알 수 있느냐고 묻는 질문에 주인공은 "내가 믿는 힌두의 신이 매일 아침 답을 가져다준다."라고 답했다 한다.

현대 실증주의 학문에서는 지식의 유일한 통로, 즉 우리가 새로운 진리를 찾아내는 방법은 '철저한 논리적 사고에 의한다.'라고 말한다. 그렇지만 수학이나 자연과학의 법칙과 같은 진리가 이데아 세계에 실존한다고 한다면, 그리고 우리가 이러한 이데아 세계를 감지할 수 있는 감각이 있다고 한다면, 진리 그 자체를 논리적 과정 없이도 알 수 있을 것이다. 이러한 지식의 통로를 직관 혹은 직지라도 부르고 싶다. 물론 이러한 직지나 직관을 인정하는 학자들도 분명 있다.

마지막으로 두 번째 영적 기능을 생각해보자. 〈그림 9〉에서 보여준 것처럼, 한국의 전설이나 민간 설화에서 효자에게 나타나 산삼의 위치를 가르쳐준다는 산신령에 관한 것이나, 기독교의 신약 성서에 나타난 요셉의 꿈

그림 9. 왼쪽 그림은 영몽의 예로서 한국의 전설과 설화에 자주 나오는 꿈에 나타난 산신령에 관한 예이고, 오른쪽 그림은 신약성서에서 요셉의 꿈에 나타난 천사에 관한 예이다.
출처: http://blog.daum.net/bang4776/25525, http://m.blog.daum.net/cci2007c/7174317?categoryId=274296

에 나타난 천사에 관한 것들을 생각해보자.

신약성서의 첫 번째 책으로 예수의 제자 마태가 쓴《마태복음》1장 18절에서 25절까지의 이야기에 나타난 영몽에 대해 살펴보겠다. 요셉과 마리아는 한국식으로 말한다면 갑돌이와 갑순이처럼 한 동네에 살았던 약혼한 처녀 총각이었다. 그러던 어느 날 요셉은 청천벽력 같은 소식을 듣게 되는데, 마리아가 임신을 했다는 것이다. 하지만 요셉은 마리아와 동침한 적이 없었고, 정숙한 마리아가 임신했다는 것이 믿어지지 않았다. 더 큰 문제는 한국의 조선 시대에 있었다는 집단 치리의 한 형태였던 멍석말이처럼 모세의 율법에 따라 간음한 여자는 돌로 쳐서 죽이는 집단 치리가 있었다. 이에 요셉은 고민할 수밖에 없었는데, 마침 꿈에 천사가 나타나 마리아의 임신이 사람에 의한 것이 아니라 성령으로 잉태된 것임을 알려 준다. 이로서 기독교의 예수가 태어나게 되는 것이다.

이러한 꿈들을 영몽spiritual dream이라 부르는데, 서양 심리학에서는 꿈이란

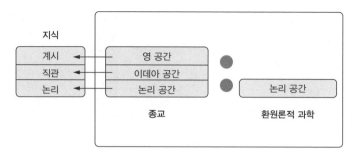

그림 10. 환원론적 과학과 일반적으로 종교에서 받아들이는 새로운 지식의 통로에 관한 도해이다. 환원론적 과학에서는 철저한 논리적 사고만이 유일한 지식의 통로라 믿는 반면, 일반적으로 종교에서는 진리가 객관적으로 존재한다고 생각되는 이데아 공간에 대한 직접적 감각인 직관도 새로운 지식의 통로가될 수 있고, 더 나아가 영적 공간에 있는 영적 존재들로부터 직접 지식을 받는 것, 즉 계시도 지식의 통로가 될 수 있다는 견해를 나타내는 도식이다.

단지 자신의 상상이라고 말한다. 그러나 만약 영몽이라는 것이 존재하는 것이라면 이것은 무엇을 의미하는 것인가? 위에서 보는 바와 같이 기독교의 예수 성령 잉태설은 영몽과 밀접한 관계가 있기 때문에 영몽을 부정하는 순간, 중대한 신학적인 문제에 직면하게 된다.

만약 이러한 영몽의 존재를 인정한다면, 우리는 또 다른 형태의 지식의 통로를 인정하는 것이다. 종교에서 말하는 '계시'가 그 것이다. 계시는 지식의 또 다른 통로가 될 수 있으며, 이는 영적인 기능이라고 본다. 지금까지의 논의를 도표로 정리하면, 우리는 〈그림 10〉을 얻게 된다.

이제 앞에서 말한 질문, "인간과 같은 로봇을 만드는 것이 가능할까?"에 대한 답을 말해야 할 차례이다. 인간의 기능이 육체적, 감성적, 정신적, 영적 기능으로 대별된다고 할 때, 과연 로봇은 이 네 가지 기능을 다 수행할 수 있을까? 이미 육체적 기능은 문제가 되지 않는 듯하고, 정신적 문제도 이론적으로는 다 해결한 것으로 보인다.

현재 많은 산업 로봇들이 육체노동을 비롯하여 육체적 기능에 해당하는 여러 영역을 대체하고 있고, 또한 알파고가 바둑에서 이세돌 9단을 이김으로써 인공지능의 영역이 선형적인 문제를 넘어 비선형적 지성의 영역까지 넘어오고 있다는 위기의식이 팽배한 이때, 향후에 어떤 직업이 살아남아 있을지 관심이 뜨겁다.

현재, 감성적 로봇에 대한 연구는 많이 진행되고 있지 않는 듯하다. 왜냐하면 여러 가지 면에서 감성은 도움이 되지 않는다고 판단한 것에 기인한다. 감성은 여러 경우에 이성을 방해하고 편협되게 한다고 생각되기 때문이다. 그렇지만 노인들을 상대로 대화를 나눌 수 있는 로봇처럼 감성 로봇이 필요한 경우가 있기 때문에 감성 로봇에 대한 연구도 진행 중이다. 처음에는 감성이 있는 것처럼 연기하는 것으로 보일 것이다. 하지만 연구가 더 진행되어 로봇의 신체에 감각을 부여하고, 감성을 신체의 반응으로 구현하면, 진정한 감성을 갖는 로봇을 만들 수 있을 것이라고 기대한다.

그리고 영성이 있다고 인정한다면,[3] 인공지능이 완전히 성숙되더라도, 즉 육체, 감성, 지성의 모든 영역을 정복할 수 있다 하더라도, 인간의 영적인 기능의 영역, 즉 인간의 마지막 특성인 영성을 가질 수는 없으리라 본다. 왜냐하면 영성을 인간의 비물질적인 영의 작용에 의해 영적 공간인 이데아 공간의 진리를 직지나 직관을 통해 직접적으로 인식하고 인지하며 영적 공간에 있는 영적 존재와 소통하는 것으로 본다면, 비물질적이라 여겨지는 영적 공간을 물질에 기반을 둔 컴퓨터가 가질 수 있다고 볼 수는 없기 때문이다.

---

3) 황치욱, 《과학과 종교의 시간과 공간》, 생각의 힘, 2014. 인간의 정신이 영혼으로 이루어져 있다고 보고 이성적 영역을 혼이 담당하고 영적인 부분을 영이 담당한다고 보는 인간의 4분설에 기반을 둔 서술이다. 〈그림 8〉, 〈그림 9〉를 참조하기 바란다.

영 공간
계시
종교적
동양적
이데아
직지, 직관
연역적
논리적 공간
혼의 영역
사고
논리
이성
과학
귀납적
서양적

그림 11. 인간의 정신 공간 영역을 보여주는 도해이다. 인간이 비물질적인 영을 갖는다는 가정하에 영이 인지할 수 있는 직지, 직관의 세계인 이데아 공간과 이데아 공간 너머의 영적 공간을 보여주고 있다. 출처: 황치옥, 《과학과 종교의 시간과 공간》, 생각의 힘, 2014.

현재 인공지능의 한계는, 주어진 각각의 문제에 관해서는 그 문제에 해당하는 방대한 데이터를 이용하여(learning이라는 과정) 인공지능망의 노드와 노드 사이의 연결 상태 등을 바꿈으로써 알고리즘을 최적화하는 과정을 거치는데, 아직 완전히 일반화된 문제에 관한 인공지능 프로그램은 없다는 것이다. 그러므로 일반적인 문제를 모두 풀 수 있는 인공지능을 완성하고 스스로 새로운 프로그램을 찾아갈 수 있는 상태가 된다면, 바야흐로 인공지능의 시대가 시작되었다고 말할 수 있을 것이다.

하지만 여전히 인공지능이 인간의 의식처럼 자기 인식이라는 것을 가질 수 있는지는 알 수 없다. 로봇이 인체의 감각과 감성까지 구현해내면, 자신의 고통 방어의 기제를 통해 인간의 자아의식과 같은 것을 구현해낼 수 있을지도 모른다.

인간과 인공지능, 올바른 관계문화 정립을 위하여

인간을 구성하는 요소를 나눌 때, 이분법적으로 육체와 정신으로 나눌 수도 있겠지만, 정신의 부분을 좀 더 세분하여 육체, 감성, 지성 그리고 영성으로 나눌 수도 있겠다. 이러한 구성 요소 측면에서 인공지능은 인간의 네 가지 요소 중 세 가지, 육체, 감성, 지성과 관련이 있다고 말할 수 있다. 인공지능이 고도로 발전할 것은 저비용 고효율의 경제 생산 도구를 찾는 경제 산업의 특성상 자명한 일이라고 생각한다. 인공지능이 고도로 발전하면, 인간이 할 수 있는 많은 부분을 인공지능이 대체하게 될 것이다.

알파고와 이세돌의 바둑 대국이 끝나고 어느 지인이 한 말이 가슴에 인상적으로 남아 있다. 인공지능의 발전 정도를 알아보기 위해 인간 지성을 표현하는 바둑 게임에서 인간 지성과의 대결 구도로 간 것은 어쩔 수 없지만, 인간과 인공지능의 관계문화 정립에 있어서는 잘못된 것이라는 의견이었다. 대결 구도가 아닌 인간과 인공지능의 올바른 공생 문화로 갔으면 좋았겠다는 의견이었는데, 즉 인공지능과 이세돌의 대결이 아닌 인공지능을 활용하는 두 인간 바둑 기사의 대결이 되었어야 한다는 말이었다.

이렇게 인공지능과 인간지능의 대결 문화가 아닌 인공지능이 인간지능의 모자라는 부분을 채워주는 인공지능 문화로 간다면 인간의 미래는 참으로 밝다고 말할 수 있다.

제 3 부
포스트휴먼의 신화

제 7 장

포스트휴머니즘의
사상사적인 이해

: 휴머니즘과 신학의 사이에서

서보명
(시카고신학대학 신학과)

포스트휴머니즘의 사상사적인 이해
: 휴머니즘과 신학의 사이에서

서보명

포스트휴먼이란 용어는 이전의 어떤 개념보다 새로운 것을 추구하는 것으로 보이지만, 그 의미는 서구의 사상사 속에서 충분히 파악될 수 있다. 따라서 포스트휴머니즘을 이해하고 그 한계를 파악하기 위해서는 그 개념이 등장하게 된 사상적인 배경을 살펴보는 것이 필요하다. 우리는 20세기 후반 '포스트모던'이란 용어가 화려하게 그 시대를 풍미하던 것을 기억한다. 포스트휴먼이란 개념의 파급 효과가 그 당시 포스트모더니즘이 차지했던 지배적인 영향력에는 미치지 못하지만, 현재 이를 대체하는 담론으로 부각되고 있다는 사실은 부정할 수 없다. 하나의 담론이 등장하고 쇠퇴하는 과정은 언제나 흥미롭다. 포스트휴머니즘이 담론으로 부각되고 있는 이 시대, 방대한 의미의 망을 펼치며 위용을 자랑하던 '포스트모더니즘'이 왜 쇠퇴하게 되었는지를 질문해보는 것은 포스트휴머니즘을 이해하는 데 도움이 될 것이다. 포스트휴머니즘 역시 묵시록적인 종말론의 완성이 아니라면 말이다. 포스트모더니즘의 몰락은 다각도로 해석된다. 우선 포스트모더니즘이 서구자본주의의 논리였다는 비판과 여전히 진행 중인 이 세상의 분란과 전쟁 등이 포스트모던의 환상을 깨는 데 일조를 했다. 그보다 약 20년 전쯤 시작된 생명윤리에 관한 논쟁이 확산되면서 인간과 생명, 윤리라는 고전적인 주제들이 다시 부각되어 포스트모던의 유희가 그 한계를 드러낸 면이 없지 않다고 본다. 그 뒤를 이어 포스트휴머니즘이 등장했다면, 20세기 인문학에서 드러나는 자아에서 언어로의 전환에 이어 인간과 사람됨의 어떤 차원이 시대의 중심적인 과제로 등장했다고 생각할 수도 있겠으나 실제로는 그렇지 않다.

포스트휴먼이란 개념은 포스트모던만큼이나 모호하고 때로는 상반된 반응을 불러일으키고 있다. 하지만 '포스트휴먼의 현상'이라고 할 만한 것들은 우리에게 매우 익숙하다. 인간과 기계의 관계, 인간과 동물의 관계를 재설정하는 것은 여러 학문 분야에서 진행되고 있는 주제이다. 실제로 최근 인문학의 가장 큰 주제는 동물과 인간의 관계라 할 수 있다. 그 새로운 관계의 모색은 더 넓게 인간과 비인간, 생명과 죽음의 관계까지도 다시 생각하도록 요구하고 있다. 일례로 지난 몇 년 좀비를 주제로 한 영화가 연속적으로 흥행에 성공했다는 사실은 이런 포스트휴먼의 현상과 무관하지 않다. 인문학의 고유한 사명이 그 시대 인간이 된다는 것의 의미와 조건을 생각하는 것이라면, 포스트휴먼이란 개념만큼이나 그 의미를 생각하게 만드는 것도 없다. 포스트휴머니즘은 인문학이 지난 몇 세기 동안 고민했던 인간, 즉 이성과 감성과 언어 또는 기술의 주인공으로서의 인간에 대한 이해를 벗어나는 새롭고 근원적인 고민을 요구하고 있다. 포스트휴머니즘은 더 이상 인간이란 존재에게 세상을 맡겨놓을 수 없다는 반성을 요구하고 있고, 서구 사상의 휴머니즘 전통은 이미 파산 선언을 하고 있다. 철학적 반성에 대한 요구는 포스트휴머니즘의 지극히 일부분에 불과하다. 포스트휴머니즘은 기계화된 인간, 병과 죽음이라는 생명의 한계를 극복한 존재에 대한 새로운 이해를 요구한다.

이 글에서는 포스트휴머니즘을 인문학의 담론으로 이해하고, 이에 대한 논의 가운데 세 가지 독특하고 대립적이기도 한 입장들을 간략하게 설명하고자 한다. '포스트휴먼'이 아니라 '포스트휴머니즘'이란 용어를 쓰는 이유도 역시 포스트휴먼이란 개념이 사상사적인 설명을 필요로 한다고 보기 때문이다. 이 글의 논지는 포스트휴머니즘이 휴머니즘에 대한 비판에도 불구하고 서구 휴머니즘의 전통과 연결선상에 있으며 따라서 신학적인 이해까지도 가능하다는 것이다. 그리고 포스트휴머니즘의 한 논쟁거리인 인간의 본성 human nature 이란 주제를 휴머니즘의 입장에서 다루고자 한다.

지난 20년 동안 포스트휴머니즘에 대한 많은 논의가 있었는데, 이들 논의 속에서 세 가지 경향성을 찾을 수 있다. 첫째로 생명공학과 인공지능, 그리고 컴퓨터 공학이 이끌어온 포스트휴먼 시대가 더 나은 인류의 미래를 만들 것이란 낙관적인 시각이다. 이것은 삶의 질병과 죽음이라는 숙명의 각본으로부터 해방된 미래를 기대하고, 이를 완성시킬 공학적 기술을 인간의 삶 속에, 또 인체 내부에까지 도입시켜야 한다는 트랜스휴머니즘transhumanism으로 알려진 주장이다.[1] 포스트휴먼 시대의 이런 장밋빛 미래를 주장하는 사람으로 가장 많이 알려진 사람은 미국의 레이 커즈와일Ray Kurzweil이다. 둘째로 이런 포스트휴먼 시대의 등장을 두려워하고 반대하는 사람들이 갖는 부정적이고 비판적인 시각이 있다. 이것은 윤리적인 차원에서 공학적인 인간 이해를 반대하고, 인간성 상실을 우려하고, 근대 서구학문에서 포기한 인간의 본성에 대한 논의를 다시 등장시키고자 하는 보수적인 입장이라 불리는 시각이다. 미국의 부시 대통령 시절 생명윤리위원회를 이끌었던 레온 카스Leon Kass와 '역사의 종말' 논쟁으로 유명한 프랜시스 후쿠야마Francis Fukuyama가 대표적인 인물들이다. 끝으로 '비판적 포스트휴머니즘'이라 불리는 입장이 있다. 이것은 포스트휴머니즘을 포스트모더니즘과 비판이론의 전통을 계승하여 인간 중심적인 사유를 극복하는 근거를 제공하는 비판적 담론으로 이해하는 시각이다. '사이보그 선언Cyborg Manifesto'으로 잘 알려진 도나 해러웨이Donna J. Haraway가 이 입장을 견지하고 있다.

이와 같이 포스트휴머니즘의 경향성을 크게 세 가지로 구분하는 이유는 그 현상이 다양하고도 복잡하기 때문이다. 또한 포스트휴머니즘은 철학적 분석만이 아니라 기술의 미래에 대한 진단까지도 필요로 하기에 포스트휴머니즘 현상에 대해 일관된 입장을 펼치기 힘들다. 따라서 위에서 언급한 세 가지 입장은 어느 한쪽도 무시할 수 없다. 커즈와일이 예고하는 죽음을 극복한 초월적인 인간의 미래가 도래하지 않을지 몰라도, 포스트휴먼이라

---

[1] 포스트휴머니즘과 트랜스휴머니즘을 맥락이 다른 개념으로 사용하기도 하지만, 이 글에서는 트랜스휴먼을 포스트휴먼을 향하는 과정으로 이해하고자 한다.

고 할 만한 새로운 인간의 시대가 이미 열렸다는 사실은 부정할 수 없다.[2] 사이보그 시대가 이미 현실이 되었고, 다양한 목적의 기구들이 몸속에 삽입되어 인체의 기능을 강화하는 시대를 살고 있다는 것도 사실이다. 인공지능의 미래와 사이보그 인간에 대한 윤리적 논의나 그에 준하는 사회적 합의를 도출해낼 수 있는 시대는 이미 오래전에 끝났고, 기계와 기술의 윤리성에 관한 논쟁은 그 오랜 역사와 필요성에도 불구하고 공허하게만 느껴지는 시대가 되었다. 일례로 21세기 초 생명공학과 윤리의 문제는 세계적인 관심사였지만, 그 논쟁의 쟁점들이 지금은 신문의 사회면에서는 사라지고 교과서의 일부로만 남아 있는 느낌이 든다. 당시 미국에서 그 논의를 이끌었던 카스 교수와 후쿠야마 교수는 필자와도 학문적인 인연이 있고, 필자는 그들의 입장이 아직도 중요하다는 생각을 하고 있다. 그들은 생명공학의 기술이 과연 인간이 추구해온 행복하고 가치 있는 삶을 가져다줄 수 있는지, 아니면 우리가 알지 못하는 새로운 인간을 만들고 있는 것은 아닌지, 그에 대한 깊은 논의를 하기 위해 인간이란 무엇인지, 인간이 된다는 것이 무엇인지를 다시 물어보자고 했다. 그들의 입장이 기술주의 사고와 인공지능 산업의 생산성이라는 자본주의의 논리 앞에서 더 이상 주목받지 못하는 현실에도 불구하고 이 시대 성찰적 학문의 기초적인 자세가 되어야 한다고 생각한다.

비판적 포스트휴머니즘은 포스트모더니즘, 포스트식민주의, 페미니즘

---

2) 커즈와일의 트랜스휴머니즘이 내포하는 논리적 모순을 명확하게 지적한 사람은 철학자 존 설(John Searle)이었다. 그는 인공지능이란 용어에서 지능의 의미가 잘못 이해되고 있고, '의식'에 대한 이해가 부족하다는 지적을 했다. John Searle, "I Married a Computer," Review of *The Age of Spiritual Machines* by Ray Kurzweil, *The New York Review of Books*, April 8, 1999.

과 같은 비판이론의 연장선상에 서 있다. 그동안 진행되어 왔던 서구 중심, 남성 중심, 백인 중심, 자아 중심의 사유에 대한 비판을 바탕으로 이 시대의 환경재난과 자본주의의 폐해를 극복하기 위한 비판이론으로 포스트휴머니즘이 부각된다. 즉 현재 우리는 인간을 중심으로 한 생각까지도 탈피하고, 인간과 동물의 구분이라는 이분법적인 사고를 중심으로 인간의 본질을 추구해온 휴머니즘의 전통을 비판하며, 동물과 더불어 살고 자연과 분리되지 않은 인간 이해를 추구해야 한다는 것이다. 이 입장은 고전적인 휴머니즘의 보편적인 인간 이해를 비판하면서 레온 카스의 보수적인 입장과 대립한다. 그리고 인간이 사이보그로 존재하는 포스트휴먼 시대를 상정하는 트랜스휴머니즘은 존재에 대한 새로운 이해를 요구할 뿐이지 윤리적인 잣대를 적용시키지는 않는다. 최근 인문학에서의 포스트휴머니즘은 주로 비판적 이론으로서 포스트휴머니즘을 뜻한다. 이 포스트휴머니즘은 몰락한 휴머니즘의 잔재 위에서 고전적인 인간이 아닌 새로운 형태의 인간을 논하면서 카스와 후쿠야마의 휴머니즘을 반대한다. 그 상상의 논쟁을 인간의 본성이란 주제와 함께 살펴보기 전에, 포스트휴머니즘을 신학과 사상사적인 입장에서 설명해보자.

'포스트휴먼'의 신학사적인 이해

포스트휴먼이란 개념을 과학과 기술의 발달에 의해 등장한 현대적인 것으로만 생각할 수도 있지만, 실제로 그 개념은 서양의 오랜 역사에 뿌리를 두고 있다. 그 역사는 인간됨의 한계를 극복할 새로운 존재와 시간을 기다리는 역사였고, 그 '기다림'의 현대적인 결과가 바로 '포스트휴먼'이라 할수 있다. 서구 사상의 '초월'이란 개념이 바로 그 기다림의 한 형태였다. 구약에서처럼 신과 씨름하고 바벨탑을 짓거나, 니체처럼 초인을 기다리거나, 공상과학의 주된 테마인 기계로 완성될 인간에 대해 상상하는 것은 모두 그런 초월을 향한 의지의 표현이었다. 그 의지가 때로는 초자연적인 종말에 대한 환상과 기대로 나타나기도 했다. 초월과 종말을 흔히 함께 생각하지 않는 이유는 초월적인 기대를 긍정적인 것으로 보고, 그와 반대로 종말적 환상을 부정적인 것으로 보는 경향 때문이다. 그러나 두 개념은 새로운 존재와 시간을 기다리는 서구 역사에서 지속적으로 등장하는 동기의식이었다. 근대 이후에 그 기다림의 역사는 구체적인 포스트휴먼에 대한 욕구로 변했다. 곧 인간이 기계를 통해, 혹은 기계적인 방식으로 완벽하게되어가는 가능성을 모색하였다.

이런 경향은 근대 초기에 세상에 대한 기계적인 이해로 이어졌고, 19세기에는 인간까지도 기계적인 생물체로 파악했고, 현대에 와서는 인간 없는 미래를 예견하는 시점에까지 이르렀다. 여기서 발견되는 한 가지 서구사상의 속성은 인간의 모습을 있는 그 자체로 인정하지 않는다는 것이다. 인간은 항상 우연과 필연 속에서 고민하고, 자유와 속박 속에서 갈등하는존재로 설정되었고, 그 결과는 기독교 사상에서 죄인이라는 자의식으로나타났다. 죄의식으로부터의 해방은 교리의 역할이었다. 그러나 교리가해방이 아닌 억압의 도구가 되었을 때, 그 해방은 신이 되고자 하는 욕구로 분출되었다. 신이 되고자 하는 욕구는 서구 역사에 뿌리 깊게 자리 잡고 있다. 그 욕망은 르네상스 시대에 인간이 신을 대신할 수 있다는 선언으로 등장하게 된다. 루터의 종교개혁은 신과 인간의 차이를 재확인시켰지만, 인간의 독립적인 의지는 17세기 과학을 통해서 다시 드러났다. 자연 과학에서 기계적인 우주관이 등장한 후에는 인간을 신이 만든 세상의 일부가 아니라, 기계적인 세상의 일부로 이해할 근거가 마련되었다. 기계 기술의 발전으로 인간을 기계로 보는 시각이 '인간-기계man-machine'란 개념으로 19세기에 등장했고, '프랑켄슈타인'은 기술을 통해 인간의 틀을 벗어나고픈 의지와 그로 인해 야기되는 갈등에 대한 대중적인 표현이었다.

동시에 서구인들의 의식 속으로 파고들었던 "만약 신이 없다면?"이란 질문은 많은 사람들에게 견딜 수 없는 공포를 안겨주었지만, 그런 질문 자체가 시대정신을 대변했다는 사실은 부정할 수 없다. 20세기에는 인간의 미래가 기술로 완성될 것이라는 인식이 서서히 보편화되었다. 인간의 한계를 기계로 초월하고 싶은 욕망이 최근에 사이보그라는 물체와 인공지능이란 기술로 현실화되고 있다는 사실은 그 역사의 현재적인 모습이다. 기계의 영성을 선언하고 죽지 않는 인간을 꿈꾸고 있는 커즈와일을 주인공으로 한 다큐멘터리 영화의 제목은 《초월 인간Transcendent Man》이었다. 영화는 커즈와일을 초월을 향한 서구 인간의 의지를 인공지능의 발전을 통해 완성시킬 인물로 설정한다. 인공지능이라는 첨단 기술의 완성을 '초월'이란 신학적 개념을 이용해 설명하는 것을 보면, 트랜스휴머니즘을 추구하는 공동체가 종교적인 모습을 띠게 되는 것은 당연하다고까지 말할 수 있다.

서구 역사에서 신에 의해 창조된 존재로 파악되는 인간은 신학적인 구조와 논리 밖에서는 설명될 수 없다. 그 모습에서 벗어나 인간의 목적과 가능성을 달리 생각해보자는 노력은 모든 휴머니즘 운동의 본질에 속한다. 중세의 인간관에서 인간은 신의 심판대 위에서 자비를 기다리는 애처로운 존재였다. 인간은 죄인이었고, 신의 은혜로운 도움이 없이는 선한 것을 선택할 능력이 없는 존재였다. 르네상스 휴머니즘은 이런 억압적인 인간의 모습에서 탈피해 신에 의해 창조된 귀하고 아름다운 존재로 인간을 이해하기를 원했고, 때로는 인간을 신의 대리인으로 간주하고, 또 때로는 그 인간 속에서 신의 모습을 찾으려 했다. 서구 근대 철학의 전체는 인간과 신의 관계를 새롭게 설정해나가는 과정이었다는 사실에서 르네상스 휴머니즘의 연장선상에 있었다고 할 수 있다. 더 나아가 신과의 관계를 설정하고 재설정하는 것을 반복하는 역사는 서구학문의 특성에 속한다고 말할 수 있다. 그렇다면 서구의 휴머니즘이나 인문학만이 아니라 서구의 모든 학문은 신학과의 관계 속에서 형성된 것으로 보아야 한다. 데카르트 시대의 수학, 칸트 시대의 지리학, 19세기의 사회학에서 심리학까지 예외는 없다.

인문학의 이름으로 선언된 것은 인간이라는 존재가 그 자체로 존귀하다는 사실이었다. 존귀함의 근거는 신의 선택으로 창조된 인간이라는 자각에 있었지만, 그 존귀함은 곧 인간의 고유한 능력으로 세상을 만들어갈 자신감으로 이어졌다. 인간의 한계를 극복하고 인간을 새롭게 이해하려는 노력은 신이 되고자 하는 의지와 다르지 않았다. 자신의 영혼을 판 파우스트에서, 죽은 것을 이용해 생명을 만들었던 프랑켄슈타인, 그리고 사이보그 영화에 이르기까지 서구 문화에 뿌리 깊게 자리한, 인간의 탈을 벗고 신이 되고자 애쓰는 인간의 역사는 길고도 다양하다. 이 역사는 고대 신화의 얘기로 국한되지 않는다. 데카르트는 인간을 완벽한 기계로 이해하기를 원했고, 연금술에 빠져 있었던 뉴턴은 기계적인 우주를 상상했다. 계몽시대는 인간의 완성을 기계에 비추어 생각했다. 계몽주의는 무엇으로부터의 계몽이었나? 계몽주의는 교리와 교권으로부터 자유로운 인간, 즉 신과 관계없이 단순히 인간이기 때문에 권리가 있는 존재가 인간이라고 주장하면서 시작했다. 인권의 역사는 창조된 인간의 존엄성에서 출발했지만, 신을 배제하고자 했던 근대에 와서는 이론적 난관에 봉착하게 된다. 그 해결책은 동물과의 질적인 구분에서, 또 인간의 영혼불멸에 대한 모호한 이론에서 찾아졌다. 19세기에 들어와 물질세계뿐만 아니라 인간의 행동도 물질적인 설명이 가능하다는 주장이 등장했고, 종국에는 인간의 본성human nature이라는 오랜 인간 이해의 역사와도 작별을 고하게 되었다. 인간의 한계를 기계를 통해 넘고자 하는 욕구는 최근 사이보그, 인공지능, 생명공학 그리고 성형수술을 통해 분출되고 있다. 이런 욕구와 그에 따르는 인간 이해는 신적인 것과의 대립 속에서 발달한 독특한 서구의 인문학을 통해 설명이 되는 것이지만, 이제 그 욕구는 서구라는 공간을 넘어 보편적인 인간 이해의 핵심적인 요소가 되었다.

근대 사상사에서 본 포스트휴머니즘

르네상스 휴머니즘은 인간이 죄인이라는 사실을 철저하게 재확인하고 절대적인 신을 중심으로 한 사유를 재등장시킨 루터의 종교개혁을 통해 일단 후퇴하게 된다. 그러나 종교개혁이라는 변혁운동이 유럽역사에 물려준 유산은 자율적인 세속권력의 가능성이었고, 민족국가라는 새로운 개념에 입각한 국가의 탄생이었다. 따라서 교회와 정치, 또는 계시와 이성의 대립과 분리의 문제는 지속적으로 남아 있었고, 휴머니즘은 18세기 칸트 철학에서 이성이라는 이름으로 재등장하게 된다. 칸트는 보편적인 이성이라는 관념을 통해 인간을 하나로 보았고, 그 통합적이고 보편적인 인간에서 출발해 국가들 사이의 평화까지도 만들어낼 수 있다는 휴머니즘을 등장시켰다. 훗날 이 보편성은 유럽만을 위한 것이고, 유색인종은 보편에 이르지 못하고 야만에 머문다는 인종주의에 의거한 것이라는 비판을 받는다. 19세기 유럽의 휴머니즘은 세속화의 대명사처럼 여겨지기도 했다. 그것은 신이나 초월적인 믿음 없이 인간의 도덕성과 성취 의지만으로도 선한 사회를 만들 수 있다는 '새로운' 세속화된 휴머니즘이었다.

20세기에 접어들어 휴머니즘의 깃발을 실존주의가 이어받았다. 사르트르는 두 종류의 실존주의가 있다고 했다. 그는 종교적인 실존주의와 무신론적인 실존주의가 있다고 했고, 자신과 알베르 카뮈를 후자에 포함시켰다. 그에 의하면 존재가 본질에 앞선다는 실존주의의 입장에 적합한 유일한 동물은 사람이었다. 인간은 존재의 양식을 스스로 선택할 수 있는 유일한 동물이었고, 자기가 누구인가 하는 문제를 스스로 규정할 수 있는 동물이었다. 바로 이것이 인간 존재의 본질인 실존의 의미였다. 사르트르에게 서구의 휴머니즘 전통은 실존주의로 완성되었다. 그러나 신의 존재를 실존의 문제로 고민한다는 것은 휴머니즘의 수준에 이르지 못하는 행태였다. 20세기 실존주의가 공통적으로 고민했던 문제는 달리 있었다. 바로 산업사회가 수반하는 인간 소외와 불안과 공포였다. 공동체의 해체와 무의미가 확산되는 상황은 실존의 위기였고, 이를 망각하고 견디게 해주는 장치는 자본주의의 놀이 문화뿐이었다. 카뮈가 《시지프 신화》 첫 줄에서 한 말은 이런 자본주의가 남긴 절망적인 실존의 고민에 대한 언급이었다. 즉 철학에서 제일 중요한 문제는 자살이라는 것이다. 그러나 카뮈는 1960년에 교통사고로 사망했고, 60년대 후반 거세게 몰아쳤던 반휴머니즘 anti-humanism 운동에 의한 실존주의 비판은 사르트르가 홀로 감당해야만 했다.

그 비판을 이끈 것은 구조주의라는 사상이었다. 구조주의는 레비스트로스, 미셸 푸코, 루이 알튀세르, 롤랑 바르트와 같은 이들을 한때나마 사로잡았던 철학이었다. 인간은 물질적인 조건으로부터 분리될 수 없고, 인간은 결정적인 법칙에 의해 좌우된다는 생각이 이 철학을 대변했다. 인간이란 존재가 스스로에 의해 좌우된다는 입장도 인간이 합리적인 본성을 가졌다는 입장도 다 함께 거부했다. 인간의 종말을 고하는 푸코의 유명한 말은 휴머니즘의 철학이 끝났다는 의미였다. 구체적으로는 인간의 자율성과 주체성을 기초로 하고, 인간의 자유와 의지를 믿었던 실존주의 휴머니즘의 종말이었다. 이 휴머니즘은 포스트모더니즘의 반휴머니즘으로 대체되었다. 그리고 정신분석학까지 휴머니즘을 반대하는 운동에 가세해 인간의 무의식을 등장시키고, 인간을 주체적인 의식의 산물로 이해하는 휴머니즘의 순진함을 고발했다. 정신분석학은 인간의 행동과 사유는 무의식의 지배적인 영향을 받으며, '나'라는 주체가 나의 모든 것을 받쳐줄 만큼 튼튼하지 않다고 주장했다. 나와 내 의식이 일치하고, 그 일치함 속에 나라고 하는 인간이 존재한다는 생각은 형이상학적인 믿음에 불과하다는 것이었다. 인간이 주체이자 목적이었던 휴머니즘의 종말은 포스트휴머니즘을 예고했다.

레비나스와 휴머니즘

위에서 포스트휴머니즘이 20세기 서구철학 내에서 등장하게 되는 모습을 간략하게 설명했지만, 그 시대에 유럽(특히 프랑스)의 모든 사상가들이 반휴머니즘의 깃발 아래 하나로 뭉친 것은 아니었다. 반휴머니즘 운동에 반기를 든 에마뉘엘 레비나스Emmanuel Levinas와 같은 철학자도 있었다. 레비나스는 1960년대 말 프랑스에서 불었던 휴머니즘 논쟁에 〈휴머니즘과 아나키Humanism and An-archy〉라는 글로 참여했다.[3] 휴머니즘의 위기는 데카르트 이후의 서구 근대성에 의거한 세상 인식이 종말을 고하면서 발생하기 시작했다. 그 시기는 제2차 세계대전과 냉전 시대에 접어들면서 인간의 자유나 이성이나 의지가 인간에 대한 환상에 불과하다는 것을 유럽인들이 깨닫기 시작하던 때였다. 휴머니즘의 종말을 선언하고, 과학과 구조의 결정주의를 앞세운 반휴머니즘이 유일한 대안이라는 주장이 나왔다. 레비나스는 그 결론을 받아들일 수 없었다. 그 결론이 인간의 가치와 존엄성을 포기하는 결과를 초래할 것이라 보았기 때문이었다. 물론 인간이 만든 인간 중심의 세계가 20세기에 와서 어떤 모습으로 나타났고 그 결과가 얼마나 비참했는지 레비나스는 잘 알고 있었다. 유대인으로서 뛰어난 신학적 감수성을 소유했던 그는 인간이 우주에서 특별한 자리를 차지하고 있다는 허세와 인간이 존재하는 모든 것을 담아내고 수용할 수 있다는 자만이 환상에 불과했다는 것도 잘 알고 있었다. 서구의 20세기 역사는 인간의 위선이 만들어놓은 종말적인 위기를 견뎌냈다. 레비나스는 히틀러주의와 스탈린주의가 서구 휴머니즘의 결과라는 것을 인정했다. 그러나 휴머니즘이 전체주의로 향하는 면이 분명히 있었고, 이에 따르는 휴머니즘에 대한 회의와 불신이 정당한 것이었지만, 그렇다고 인간을 향한 휴머니즘의 이상

---

3) Emmanuel Levinas, *The Collected Philosophical Papers*, trans. Alphonso Lingis. Dordrecht, The Netherlands: Martinus Nijhoff, 1987, pp. 127-140.

적 전통이 모두 동시에 비판받아서는 안 된다는 게 그의 입장이었다. 휴머니즘의 대안으로 인간을 물질세계 시스템의 일부로 국한시키는 것은 해결책이 되지 못했다. 레비나스는 반휴머니즘의 결론이 인간의 존엄성을 무시한다고 보았다.

여기서 그는 '타인'이라는 그의 철학의 중심 주제를 대입시킨다. 즉 인간의 존엄성을 개인적인 주체성에서 찾지 않고 타인과의 관계라는 도덕의식에서 찾자는 것이었다. 자아 중심의 주체성이나 물질로 변형된 주체성이 아니라, 그보다 더 인간적인 새로운 주체성이 가능하다는 의미였다. 더 인간적인 새로운 주체성이 타인과의 관계에서 나올 수 있다고 주장하는 것은 인간의 어떤 본질적인 모습이 타인에 대한 책임감에서만 나온다고 보았기 때문이다. (실제로 레비나스는 이 책임감을 본질보다 더 오래된 것으로 이해했다.) 레비나스는 타인과 세상을 나를 위해 존재하는 것으로만, 내가 이용하는 내 만족의 대상으로만 이해하는 존재의식에서 탈피해서 타인을 위한 나의 책임감 또는 책임적 주체성에서 존재의 의미를 찾고자 한 것이다. 나의 선택과 자유를 넘어서는 책임의식, 시대의 질서를 깨는 이런 책임의식을 가리켜 레비나스는 바로 고대 희랍철학이 설정하고 추구했던 선善. Good 이라 했다. 나의 자유를 넘는 책임의식은 바로 타인에 대한 책임감이다. 그에게는 이 책임감이 바로 기술을 통해 영원함을 찾는 시대가 절대 지울 수 없는 영원함의 흔적이었다. 레비나스가 인간을 다시 말하기 위해 되찾은 것은 이미 오래전에 그 효력을 다했다고 생각된 형이상학이었다. 그는 형이상학을 보편성을 추구하는 존재론에 대한 대안으로 보았고, 그에게 형이상학은 '분리'된 상태, 즉 영원을 향해 열린 상태를 뜻했다. 이 상태는 현실에서 내 밖에 있는 타인을 통해 내 자아를 깨우치는 상황을 만든다.

형이상학은 따라서 내 밖의 타인을 향하게 하고, 궁극적으로 초월과 영원을 갈망하게 만든다. 이런 형이상학적인 인간은 어떤 인간인가? 레비나스에게 그는 기계와 기술을 통해 영원을 추구하려 노력하지 않는 인간이다.

포스트휴머니즘에서도 레비나스가 언급되고, 그의 타인 중심의 윤리를 자아 중심의 철학에서 진일보한 것이라 보기도 하지만, 이 포스트휴머니즘 담론의 이론적 근거는 해체이론과 다양한 페미니즘, 그리고 비판이론들이었다. 하지만 포스트휴먼의 시대를 환영해야 하는 이유는, 인간이 동물에 비해 특별하다거나 인간이 자연에 대한 권리를 가진다는 식의 분리와 구분 자체가 문제가 되는 것이 아니라, 그로 인해 억압적이고 파괴적인 세상이 만들어졌기 때문이다. 온전한 세상, 생명이 공존하는 세상을 만든다는 이념은 모든 휴머니즘의 공통적인 관심사였고, 포스트휴머니즘만의 생각은 아니다. 이를 위해 인간이 사이보그가 될 수 있다는 논리는 세상을 위한 것인지, 아니면 영원하고자 하는 인간의 욕구를 만족시키겠다는 것인지 불분명하지만, 휴머니즘의 폐해를 극복했다고는 할 수 없다. 인간의 한계를 완전히 넘어선 포스트휴먼이라는 존재가 언제 등장할지 모르지만, 그 시기가 도래할 때까지 포스트휴머니즘은 계몽의 신화를 되풀이할 수도 있다. 또 이분법을 극복한 통합적인 존재론을 내세우며 몸과 기계의 혼합체를 말하지만, 과거의 철학이 몸을 영혼에 의해 조정되는 것이자 도구적인 것으로 인식한 것과 같이, 여기서 몸은 기계적인 작동에 의해 움직이는 이차적인 도구가 되어 있기 때문에, 플라톤이나 데카르트를 극복했다고 할 수 없다.

포스트휴머니즘의 휴머니즘 비판

사상사적인 차원에서 포스트휴머니즘은 휴머니즘의 몰락을 선언한다. 서구 사상에서 휴머니즘 비판은 전혀 새로운 것이 아니다. 하이데거는 이전 서구 학문의 문제를 인간의 한쪽만을 이해하는 휴머니즘의 문제라 간주하면서 그의 존재론을 펼쳤다. 포스트휴머니즘의 흔한 비판은 서구 휴머니즘의 인간 중심성은 동물에 대한 몰이해와 학대를 낳았고 자연에 대한 지배적인 인식을 갖게 했다는 것이다. 즉 인간을 독특하고, 특별하고, 지배 권한을 부여받은 존재로 이해하는 결과를 낳았다는 것이다. 그 구분은 자아와 타자, 마음과 몸, 남성과 여성, 백인과 유색인종의 구분으로 이어져, 곧 차별과 억압으로 이어진다는 것이다. 또 휴머니즘의 인간론과 존재론은 이런 차별과 억압의 결과를 벗어날 수 없다고 이해한다. 포스트휴먼 시대의 인간과 기계의 혼합체는 그런 휴머니즘의 조건으로부터 자유롭고, 이 때문에 휴머니즘의 존재론은 폐기될 수 있으며, 더 자유롭고 해방적인 존재론을 말할 수 있다고 본다. 하지만 휴머니즘의 '구분distinctions'이 포스트휴먼 시대에 문제가 되는 것은 포스트휴머니즘이 인간과 기계의 구분이 없는 시대를 전제하고 있기 때문이다. 휴머니즘의 문제는 '구분'의 문제가 아니라 실질적인 차별과 억압의 문제라 할 수 있다. 하지만 인류 역사의 문제가 차별과 억압의 역사였다면, 오히려 휴머니즘의 전통을 각 시대의 한계와 굴레에서 인간을 해방시키기 위해 때로는 신학의 도그마와 맞서 벌인 노력이라 할 수는 없을까. 근대의 세속주의와 과학적 합리주의는 휴머니즘이란 우산 밑에서 성장해왔다는 사실은 누구도 부정할 수 없는 것이다.

휴머니즘 비판의 또 다른 근거는 휴머니즘이 인간에게 어떤 본질적인 요소가 있다는 믿음에 기초한다는 것이다. 이 비판은 인간에게 본성이라고 할 만한 것이 없고, 본성이 있다는 주장은 모두 억압적인 이데올로기에 근거한 것이며, 다만 시대에 따라 그 모습을 달리할 뿐이라는 것이다. 포스트모더니즘은 휴머니즘의 인간 본질론 대신에 인간 내면에, 또는 인간들 사이에 존재하는 건 차이difference와 다양성multiplicity뿐이라는 포스트모더니즘 특유의 시각을 대입시켰다. 본성보다는 지속적으로 변하는 조건만이 있을 뿐이고, 이 시대는 기술적인 방법으로 인간됨의 조건까지 바꾸어놓았기 때문에 '인간'이라는 표현으로는 그 변화된 모습을 제대로 형용할 수 없다는 것이었다. 하지만 새로운 기술로 인간을 이롭게 하자는 노력은 인류의 역사가 시작된 이래 한 번도 변함이 없던 사실이고, 그 노력으로 인간이 완벽하게 될 수 있다는 믿음은 계몽주의 이성의 신화에 불과하다. 서구의 휴머니즘은 인간을 주체적인 존재로 이해하여 세상을 더 나은 곳으로 바꿔놓을 가능성을 믿기도 했고, 신의 영역에까지 이를 수 있다는 확신을 갖기도 했으며, 몸의 한계를 넘는 영원을 추구하기도 했다. 포스트휴머니즘은 인간을 만드는 요소가 주체성도 아니고 몸의 한계가 부여하는 유한한 정체성도 아니기 때문에, 기술로 인해 몸이 무의미해지는 상황을 문제로 보지 않는다. 그러나 인간은 본성이 아니라 욕망에 의해 움직이고 그 욕망을 충족시키길 원한다는 전제에서 볼 때, 포스트휴머니즘은 휴머니즘의 전통과 무관하지 않다. 그 차이는 철학의 차이가 아니라 기술의 차이에 불과하다. 즉 철학이 달라진 게 아니라 기술로 휴머니즘의 논리를 완성할 수 있다는 믿음이 다른 것이다.

비판적 포스트휴머니즘은 근대 자본주의 안에서 형성된 서구 인간을 인간 그 자체로 이해하는 오류를 범한다. 서구 중심성의 거부는 인간 중심성에 대한 거부와 동일시되는 경향이 있고, 자유롭고 주체적인 개인을 중심으로 하는 자유주의 존재론에 대한 거부는 모든 존재론에 대한 거부로 이어지고 있다. 개인의 자유에 의거한 주체성이 자본주의의 행태를 옹호하는 역할을 해왔다는 것이 이유지만, 그 결과 자본주의 비판을 모호하게 만들거나 불가능하게 만들 수도 있다. 포스트휴머니즘의 정치론은 예외 없이 이 시대의 위기를 자본주의의 폐해와 연관시키고 억압과 수탈을 제도화한 자본주의의 배경으로 19세기 자유주의 휴머니즘을 꼽는다. 그러나 포스트휴머니즘의 기술적인 내용이 자본주의 경쟁 체제 속에서 개발되어 상품화와 소비를 목적으로 한 자본의 기술이라는 점에서, 비판이론이나 새로운 존재론에 머물지 않고 실제적인 자본주의 비판을 실천할 수 있을지 되묻게 된다.

휴머니즘과 인간의 본성

인간의 본성이란 용어는 이미 오래전에 철학의 관심에서 사라졌고, 신학에서도 그 의미가 퇴색된 지 오래다. 하지만 그 용어를 쓰지는 않더라도 인간을 가치의 차원에서 이해하고, 그 가치의 의미를 더 나은 세상과 인간을 위한 성찰에서 찾는 행위는 인류 문화의 보편적인 것이다. 때로는 왜곡되고 때로는 인간의 자만과 허영을 반영했을지라도, 바로 그 정신이 서구 휴머니즘의 바탕이었다는 사실은 부정할 수 없다.[4] 포스트휴먼 시대에 인간의 본성이란 주제가 재등장한 이유는 인간의 본성이라 할 만한 불변하는 인간적인 무엇인가가 있다는 사실을 증명할 수 있어서가 아니라, 그 질문을 다시 제기하지 않고서는 생명공학과 사이보그의 시대를 맞을 수 없다는 생각 때문이다. 인간이 무엇이고, 인간이 이 시대에 어떻게 존재하는가를 묻는 것이 인문학의 기본 정신이라면, 그 논의의 옳고 그름을 떠나서 이것이 가장 중요한 질문임에 틀림없다.

1960년대 미국에서 기계적이고 물질적인 인간 이해의 환원주의에 대해 철학적인 반론을 펼치고, '생명이란 무엇인가?'라는 질문을 통해 기술이 지배하는 시대의 인간 이해를 새롭게 추구했던 사람이 한스 요나스Hans Jonas였다. 그는 철학적 생물학이란 분야를 개척하면서 당시 떠오르는 인공지능 연구cybernetics의 문제점을 제시했고, 그 후 생명윤리와 책임윤리 등의 개념을 발전시켜 기술과 물질 중심의 사고를 비판했다.[5] 앞서 언급한 레온 카스는 요나스의 제자는 아니었으나, 그의 사상에서 깊은 감명을 받아 포스트휴먼 시대를 예고하는 생명공학에 반대하는 인문학적인 논리를 발전시켰다. 후쿠야마는 한때 카스와 같이 시카고 대학에서 교수 생활을 했던 보수적인 학자 알렌 블룸의 제자였고, 냉전 종식 이후의 시대를 이론적으로 분석한 보수적인 정치학자로 알려져 있는데, 최근에는 카스와 함께 포스트휴머니즘의 미래에 대한 경각심을 높이고, 요나스의 관점을 이어받

---

4) 도덕과 정의와 박애 정신은 휴머니즘의 유산이었고, 그 유산을 역사에서 매개한 것은 고전이었고 독서였고 공부였다. 인류의 보편적인 가치를 담은 이 문화는 글과 책의 문화였다. 저자와의 만남, 책과의 만남, 고전과의 만남이 사라지고 내게 필요한 텍스트와의 만남만 남게 된 시대가 포스트휴먼 시대일까 묻게 된다.

5) 요나스는 하이데거의 제자이자 불트만의 제자로 영지주의(靈知主義, Gnosticism)에 대한 기념비적인 저작을 논문으로 쓴 것으로 유명하다.

아 기술의 시대가 놓치는 인간과 생명의 의미를 추구해온 것으로 유명하다.[6] 특히 2002년에 출간된 《부자의 유전자 가난한 자의 유전자》란 책에서 생명공학과 포스트휴먼의 미래를 비판하면서 대중적인 관심을 이끌었다.[7] 후쿠야마를 살펴보면서 (신의 창조에서 출발하여 인간의 존엄성을 찾는 신학적 논리가 아닌) 인간의 본성과 존엄성에 대한 논리를 휴머니즘의 전통에서 찾아보자.

후쿠야마는 포스트휴먼 시대에 유전자 조작이나 디지털 기술로 강화된 지능과 신체적 기능을 갖고 있는 인간을 만들어낸다면, 그것은 인간의 본질이라 할 수 있는 존엄성과 도덕성의 근거를 잃게 되는 것이라 보았다. 인간의 본성이 무엇인지 정의 내리기 어렵다는 건 그도 잘 알고 있었다. 인간이 존엄성이 있고 도덕적인 존재라는 것은 인간의 생물학적인 요소를 모두 합친다고 드러낼 수는 없다. 후쿠야마는 물질적인 요소들을 넘어서는 미지의 요인 Factor X 이 있기 때문에 인간 본성이 가능하다고 보았다. 여기서 중요한 것은 요나스와 카스가 동의할 수 있는 후쿠야마의 논리일 뿐이며, 'Factor X'의 모호한 논리를 비판할 필요는 없다. 그는 인간이란 무엇인가 하는 질문에 답할 완벽한 이론이 없이도 생명공학의 미래에 대해 윤리적인 문제를 제기할 수 있다고 보았다. 본성이나 본질을 뜻하는 개념들이 무의미하고 공허한 것으로 도전받고 있고, 또 그 개념들을 명확하게 규

---

6) 인간의 본성을 옹호하는 카스와 후쿠야마의 논리가 철학적이었다면, 그보다 좀 더 과학적인 논리를 진화심리학에서 찾을 수 있다. 여기서 인간의 본성은 사회적 현상이 아니라 진화의 과정 속에서 형성된 보편적인 가치다. 스티븐 핑커의 논의는 잘 알려져 있다. 인류의 다양한 그룹들 사이에 많은 차이가 존재하지만, 그 가운데 보편적인 본성을 찾을 수 있고, 이는 건강한 인류 사회를 위해 필연적이었다는 것이다.

7) 프랜시스 후쿠야마, 《부자의 유전자 가난한 자의 유전자》, 송정화 옮김, 한국경제신문사, 2003. 책의 원제에서 책 내용의 실체가 더 잘 드러난다. Francis Fukuyama, *Our Posthuman Future: Consequences of the Biotechnology Revolution*, New York: Picador, 2002.

명하지 못하면서도, 포스트휴먼의 시대가 인간의 본성을 바꿀 위험이 있다고 경고한 이유는 무엇일까? 그것은 정의, 인권 그리고 인간의 존엄성과 같은 보편적이라 할 만한 개념들이 인간의 본성에 대한 도덕적인 이해에 근거를 두고 있기 때문이다. 그런 보편적인 개념들이 존재하는 이유는 인간에게 본질적으로 변하지 않는 어떤 면이 있다는 것이다. 예컨대 이웃의 아픔을 보고 돕고자 하는 감정을 기초적인 윤리의식이라 생각하는 이유는, 인간이 그런 감정을 보편적으로 소유하고 있고 또 그런 감정이 인간됨을 의미한다고 믿기 때문이다. 인간의 본성이라는 거창한 표현을 쓰지 않아도 인간이 도덕적인 존엄성과 연결되는 공통적인 면모를 지니고 있다는 믿음은 어느 문화권에서나 찾을 수 있다. 인간이 인간이기 때문에 동일한 존엄성을 가진다는 생각은 종교적 관념일 수도 있고 인간 중심적인 편견일 수도 있지만, 그것이 보편적이고 도덕적인 인식의 기초가 된다는 사실은 부인할 수 없다. 따라서 인간의 본성이라는 개념은 인간의 도덕적 가치 위에 설립된 것이라는 논리는 타당한 것이다.

인간의 약한 면을 강화시키는 기술은 인간의 몸만 바꾸어놓는 게 아니라, 인간의 의식까지 변화시킨다. 구체적으로 우리의 몸과 마음을 약으로 바꿀 수 있는 시대는 새로운 도덕관을 요구한다. 우리가 알던 생명의 조건이 변하면서 등장하는 도덕관은 인간에 대한 새로운 이해에서 출발하게 된다. 인간적인 덕목이라 생각했던 정의, 박애, 사랑, 용기는 인간의 부족한 면에 대한 깨달음에서 출발한 것이다. 인간의 본성을 부정하고 이런 덕목들이 인간에게 영구적인 가치를 지닌다는 사실을 부정할지라도, 고통, 질병, 노화, 죽음과 같은 인간의 보편적인 경험이 인간의 자기이해에 본질적으로 작용했다는 사실을 부정하기는 힘들다. 자신의 모습을 그대로 받아들이는 것을 숙명으로 여기고 인간의 고난에 의미를 부여하는 것은 그런 본성에 대한 이해에서 출발한다.

　여기에서 죽음을 저주가 아니라 축복이라고 본 한스 요나스의 통찰력 있는 분석을 살펴보자. 요나스는 생명을 가진 존재에게 죽음은 언제나 근심과 불안의 원인이 되지만, 역으로 우리의 존재를 긍정적인 것으로 받아들일 수 있는 유일한 조건 역시도 죽음이라 이해했다. 무의미할 수 있는 우주에서 'Yes'라는 긍정의 가치는 오직 죽음이라는 좁은 문을 통해서만 들어온다는 그의 말엔 생각을 멈추게 하는 숭고함이 있다.[8] 죽음에 대한 인식이 없으면 우리의 삶을 깊이 있게 살 수 없는지 되물을 수 있지만, 그에 대한 요나스의 답은 우리가 아는 깊이 있고 가치 있는 인간의 삶은 모두 죽음이라는 인간의 한계에 대한 인식을 통해 만들어진 것이고, 그 밖의 가치 있는 삶에 대해서 우리가 아는 것은 없다는 사실을 인정해야 한다는 것이다. 다시 말해 우리가 아는 삶의 가치는 모두 죽음과의 관계 속에서 형성된 것이기 때문에 죽음이 없는 삶을 지향한다는 것은 우리를 인간으로 만드는 것들을 거부하는 행위일 수밖에 없다. 인공지능의 발전으로 상상이 가능한 죽음을 극복한 삶의 의미는 인간이 아직 모르는 새로운 가치에 의해서만 가능하다. 삶의 의미는 생명이 태어나고 죽는다는 사실에 대한 자기고백에서 출발한다. 요나스에게 우리를 인간으로 만드는 것은 역사나 문화 이전에 생명의 현상이다. 따라서 요나스의 관점에서 트랜스휴머니즘과 비판적 포스트휴머니즘은 모두 비판의 대상이다. 후쿠야마는 요나스가 지적한

---

8) Hans Jonas, *Mortality and Morality: A Search for the Good After Auschwitz.* Evanston: Northwestern University Press, 1996, p. 91.

생명의 현상에서 도덕적인 인간의 본성이 출발한다고 이해했고, 인간의 존엄성은 이 도덕성에 기초한 것으로 파악했다. 유전공학을 통해 사전에 질병을 예방하고 건강한 아이들을 골라 생산할 수 있고, 약으로 인간의 심리 상태를 조절할 수 있고, 인간이 느끼는 부족함이 치유와 처방의 대상이 될 때, 인간의 본성이 바뀌는 위험을 논해야만 한다는 것이다.

서구 휴머니즘의 인간 이해는 인간의 본성에 대한 이해에서부터 출발하는 경우가 많았다. 그 이해는 인간의 생물적인 한계와 조건에 대한 깊은 고민에서 나왔다. 그러나 그 한계와 조건이 인간을 규정짓고 규제할 수 없다는 인식에서 인간의 존엄성과 도덕성에 대한 이해는 출발했다. 인간의 본래적인 모습이 존엄하고 도덕적이라는 인식이 있었기에, 인간이 단지 인간이기 때문에 갖는 권리, 곧 인권이라는 것도 가능했다. 미래의 인간은 우리가 알고 기억하는 인간이 아닐지도 모른다는 사실은 공상과학의 얘기만은 아니다. 실제로 인간과 비인간의 관계가 모호해지면서 인간이란 무엇인지를 묻는 것조차 무의미해지고 있다. 그런 질문이 필요하다는 주장은 그 동기의 순수성을 의심받고 보수적이라는 낙인이 찍히게 된다. 인간은 사라지고 법과 제도만이 남는 사회가 되는 것은 예측 가능한 결과다.

포스트휴먼 사이보그의 시대

앞에서 포스트휴머니즘의 의지를 인간의 한계를 초월하고자 하는 서구 역사의 휴머니즘 전통의 변형된 모습으로 보았다. 그 역사에선 이미 오래전에 신의 경지에 이르고자 하는 초월의 의지를 추구하는 길은 기계에 의

존하는 방식밖에 없다는 걸 깨달았다. 인간을 기계로 이해하는 것과 기계를 통해 영원의 세계에 들어가고자 하는 욕구는 동전의 양면과도 같다. 그 의지와 욕구가 파우스트와 프랑켄슈타인, 그리고 《블레이드 러너Blade Runner》와 같은 소설과 영화를 통해서, 또 최근에는 몸과 마음이 사이보그가 되어가는 현상을 통해서 완성되고 있다. 인간이 사이보그가 되어가는 모습은 기술적인 지식이 없어도 파악할 수 있다. 인공지능, 가상현실, 유전공학, 로봇공학 그리고 성형수술까지 모두 포스트휴먼 시대의 사이보그 현상이다. 몸에 새로운 칩을 넣고 실험한다는 뉴스는 이제 새롭지도 않다. 기술의 변화가 인간 의식의 변화를 수반하는 모습을 공상과학 영화 두 편의 차이를 통해 들여다볼 수 있다.

이제는 고전으로 여겨지는 1982년에 개봉된 《블레이드 러너》는 그 장르에서 아직도 최고의 영화이지만, 인간과 의식, 그리고 사이보그의 관계에 있어서는 매우 휴머니즘적인 요소를 담고 있다. 영화는 핵전쟁으로 인한 방사능 오염으로 황폐해진 세상의 이야기다. 기술은 발달해 지구 밖의 세상을 식민지화하고, 그곳에서는 인간을 섬길 안드로이드를 거의 완벽하게 만들어낸다. 이 영화는 안드로이드라는 기계체가 발달해 인간과의 구분이 모호해질 때, 무엇으로 인간을 말할 수 있을까를 다룬 영화다. 방사능 오염으로 인간의 유전자가 파괴되고 종의 미래를 예측할 수 없어도 인간이 되고픈 안드로이드(복제인간)들로부터 인간을 지켜내고자 하는 노력은 헌신적이다. 새로운 기술로 개발된 안드로이드는 지능이나 신체구조 등이 사람과 동일하다. 인간을 위해서 만들어졌지만 인간이 되기를 원하는 안드로이드와 이런 주제넘은 기계체를 퇴출시키려는 인간의 대립이 치열하다. 사람인지 아닌지를 구분하기 위해 감정 테스트라는 것을 사용한다. 사람에게 일상적인 감정인 연민의 정을 즉각적으로 느끼지 못한다면 사람이 아니라 안드로이드라는 것이다. 이 소설의 휴머니즘은 사람 인체의 모든 부분이 복제되어 재생 가능해도, 인간과 같이 슬픔과 정을 나눌 감성을 소유하고 있는 안드로이드는 없다는 것이었다.

21세기 사회가 직면한 문제는《블레이드 러너》의 문제의식과는 전혀 다르다. 인간이 되고픈 안드로이드가 문제가 아니라, 인간이 사이보그가 되어가는 현실을 별다른 느낌 없이 살아가고 있다는 것이 이 시대의 문제라 하겠다. 인간이 되고 싶은 안드로이드의 집념과 그런 기계체와 구분되는 중요한 무엇인가를 지켜내고자 하는 인간의 노력은 영화에서 깊은 윤리적 질문으로 이어진다. 인간이 기계적인 혼합체와 본질적으로 달라야 한다는 주장으로, 인간이 무엇인가 하는 질문을 던지는 것은 휴머니즘의 마지막 단계라 할 수 있다. 이는 영화《매트릭스Matrix》에서 상정하는 인간 의식에 대한 이해와는 매우 다르다. 이 영화에서 인간을 인간으로 만드는 것은 이성이나 의식도 아니고 또한 감정도 아니다. 이 영화는 인간의 의식은 매트릭스라는 컴퓨터에 연결되어 있고 그 안에서만 존재한다는 설정을 하고 있다. 우리가 살고 있는 현실이 실재가 아니라 가상 세계의 일부일 수 있다는 생각은 서구 철학의 가장 오래된 상상력이기도 하다. 그러나 그 가상을 꿰뚫는 지혜도 가상의 세계에서 계산되어 생산된 것이라면 철학은 가상 밖을 생각할 수 없다. 그 가상은 철저하게 계산된 공간이고, 현실이라는 실생활의 공간보다 훨씬 더 과학적이다.

이미 오래전 스스로 사이보그가 되고자 한 사람이 있었다. 케빈 워릭Kevin Warwick이란 사람은 자신의 몸에 전파를 주고받을 수 있는 칩을 넣어 스스로 사이보그가 되고자 했다. 그는 이 시대 인간 진화의 다음 단계를 인간이 사이보그가 되는 것으로 생각했다. 그는 인간의 뇌와 소통할 수 있는 컴퓨터의 시대가 곧 다가올 것이라 믿었다. 인간이 컴퓨터로 움직이고 유지되는 상황은 어렵지 않게 상상할 수 있다. 현재 우리가 갖고 있는 인간에 대한 생각은 대개 인간 중심의 생각이다. 그러나 점점 우리의 생각이 컴퓨터를 중심으로, 또 컴퓨터를 기준으로 변하고 있는 것도 사실이다. 갈수록 컴퓨터를 돕는 도구로서의 삶을 영위해나가는 사람이 늘어나고 있다. 미래에는 영화에서처럼 사이보그와 인간이 동시에 존재하고, 인간은 사이보그의 지능에 질투심을 느끼는 열등한 존재로 전락할지 모른다. 인간의 독특함을 증명한다고 믿었던 언어 역시도 특별할 게 없는 구시대의 유물로 전락할 수 있다. 뇌와 컴퓨터의 연결로 말이 없이도 감정과 뜻을 신경의 자극을 통해 전달하게 하는 다양한 실험이 이미 진행 중이다. 사이보그의 시대를 다른 이유에서 긍정적으로 평가한 사람이 있다. 《사이보그 선언》을 쓴 도나 해러웨이는 인간 중심의 시대가 억압과 차별의 역사였기 때문에, 인간과 자연 그리고 인간과 기계 사이의 구분과 차이를 모호하게 만드는 사이보그 시대는 진일보한 역사의 모습이라는 주장을 펼쳤다. 사이보그를 통해 지배와 굴복과 차별의 역사에서 더 협력적이고 상호의존적인 관계의 역사를 예견할 수 있다는 것이다. 이 주장에는 사이보그 시대가 오히려 더 인간 중심적이고 더 인간적인 시대일 것이라는 기대가 깔려 있다. 그렇다면 사이보그는 그런 사회가 만들어질 때까지만 존재하는 것일까, 아니면 그 시대에는 우리가 아는 인간은 사라지고 사이보그만 남는 것일까?

기계 기술에 대한 환상의 현주소는 기계적인 것을 통해 종교적 영성의 실천까지도 가능하다는 믿음에 있다. 이 믿음은, 자연의 상태를 인간성이 실현될 조건으로 믿었고 신과의 관계를 바르게 유지하기 위해서 인위적인 도구에 의지하지 않고 자신의 내면을 그대로 내보이는 고백적인 자세를 요구했던 전통적인 영성과는 많은 차이가 있는 것이다. 기계 기술을 거부한 역사를 보면, 노동 현장에서의 소외와 착취에 반대해 기계를 파괴한 '러다이트Luddite' 운동과 같이 현실적인 이유에서 출발한 것도 있지만, 종교적인 이유로 기술에 의존하는 삶을 거부한 아미시Amish와 메노나이트Mennonite 같은 개신교 종파처럼 종교적인 이유에서 출발한 것이 더 많았다. 개신교 교회에서 흔히 보이는 첨단 디지털 기술을 응용한 예배는 기계 기술에 친숙한 현 세대를 겨냥한 기술의 도구화를 넘어 그 자체로 초월적인 현실에 참여하는 행위이기도 하다. 공상과학 소설이나 영화들이 종교적인 주제를 빠뜨리지 않고 다루는 이유는, 그런 공상과학이라는 장르가 종말과 묵시와 구원이라는 기독교의 초월적인 문제들을 풀기 위한 새로운 차원의 노력이었기 때문이다. 공상과학의 요소들을 다시 종교와 영성에 도입해 만들어낸 것이 뉴에이지 종교 운동이었다. 최근 몸의 한계를 초월하고자 하는 욕구는 사이버 공간이 만족시키고 있고, 시간과 공간의 한계를 넘고자 하는 욕구는 UFO와 우주를 배경으로 한 영화와 같은 대중문화가 맡아 왔다. 이를 응용한 종교집단이 '천국의 문Heaven's Gate'이라는 미국의 컬트 집단이었다. 그들은 지구가 파멸 중에 있다고 믿었고, 이를 피해 UFO를 타고 구원의 길을 떠나기 위해 집단자살을 선택했다.

나가는 말

앞선 논의를 정리하자면, 포스트휴머니즘은 서구 사상사의 현재적인 표현이고, 그 본질은 휴머니즘의 범주에서 벗어나지 못한다는 것이다. 트랜스휴머니즘이나 비판적 포스트휴머니즘은 모두 인간이 자기초월을 추구해온 휴머니즘의 현재적인 모습이라 말할 수 있고, 따라서 신학적인 이해를 필요로 하는 현상이다. 트랜스휴머니즘은 자본주의와 결탁한 소비자 물질주의에 빠질 우려가 있고, 비판적 포스트휴머니즘의 휴머니즘 비판은 20세기 자유주의 비판에 머무는 경향이 있다. 기계처럼 일할 수 있는 인간을 꿈꿨던 자본주의의 욕망을 가상과 실재, 기계와 인간, 그리고 인간과 비인간이 모호해지는 인공지능의 기술을 통해 이루려는 것은 아닌지 물을 필요도 있다. 비판적 포스트휴머니즘은 포스트모던의 '모던'을 '휴먼'으로 대체한 포스트모더니즘의 후예라 할 수 있다. '휴먼'은 극복의 대상으로 부각되지만, 이를 대체할 포스트휴먼의 시대는 인간의 초월적인 욕구를 충족시킨다는 약속으로만 가능한 시대다. 인간의 집단적 행태와 생물학적인 한계를 문제시하면서 계몽 이후 또 다른 신화를 강요하는 시대일 수도 있다. 계몽의 근대적인 '인간'이 신화였다면, 인공지능 기술로 무장한 포스트휴먼이라는 미래적인 인간 역시도 초월적인 인간이라는 서구의 신화를 되풀이하는 신화적인 존재다. 포스트휴먼 시대가 인간의 문제를 해결할 것이라는 믿음은 인간의 문제가 무엇인가에 대한 새로운 진단으로만 가능하다.[9]

---

9) 앞서 포스트휴머니즘의 빈약한 휴머니즘 비판을 지적하면서, 휴머니즘의 인간 이해를 새롭게 할 수 있는 대안으로 한스 요나스의 생물학적인 철학과 에마뉘엘 레비나스의 타인의 이해를 언급했다.

서구 역사의 다양한 휴머니즘은 포스트휴머니즘과 마찬가지로 인간을 문제로 이해했다. 인간의 한계를 고민했고 영원함을 지향했다. 휴머니즘은 그 욕구에 대한 해답을 주로 인간 내면의 삶에서 찾았다. 인간의 의지를 논했고, 문학과 예술로 승화시킬 수 있는 차원을 추구했고, 신의 더 큰 뜻을 찾고자 했으며 수행이라는 실천으로 인간의 문제를 풀고자 했다. 포스트휴머니즘은 그런 휴머니즘에 담긴 인간에 대한 보편적인 이해와 인간을 만드는 본질적인 요소에 대한 합의를 거부한다. 하지만 포스트휴머니즘은 여전히 인간적이고, 인간을 위한 인간의 담론에 머무른다. 다만 "인간이란 무엇인가?" 또는 "어떤 인간이 될 것인가?"를 묻지 않고, "무엇이 인간인가?"를 물으며, 인간적이라 말할 수 있는 존재의 양식이 있다는 것을 거부하고 있다. 그 결과는 보편적이고 고전적인 인류의 문화에서 발견한 인간과 생명에 대한 이해와는 다른 낯설고 불편한 것이다.

여기서 다루지 못했지만, 포스트휴머니즘을 서구 사상사의 아류로 만드는 다른 요소는 묵시록의 종말론이다. 트랜스휴머니즘은 이전 인간의 시대가 지나고 영혼이 죽지 않는 유토피아적인 비전을 펼쳤다. 비판적 포스트휴머니즘은 인간이 세상의 중심에서 사라지는 시대를 꿈꾼다. 서구 종말론의 전통은 이 세상이 끝나고 그리스도가 재림하는 비전에만 갇혀 있지 않았다. 영원한 영혼을 꿈꾸기도 했었고 신적인 영원한 가치를 추구하기도 했지만, 트랜스휴머니즘이 추구하는 인공지능에 의존하는 영원함은 욕망의 주체를 영속시키자는 것이다. 그리고 비판적 포스트휴머니즘은 자본주의가 생산해낸 생태계의 위기를 묵시록의 언어를 이용해 설명하면서 인간 시대의 종말을 선언하고 있다. 문제는 인간의 시대가 끝나는 데 있는 것이 아니라, 어떤 인간의 시대를 꿈꾸는가에 있다. 기술적인 인간과 생명에 대한 현대 포스트휴머니즘의 협소한 이해로는 해결책이 되지 못하며, 포스트휴머니즘은 서구 사상의 전통 속에서 이해와 비판의 대상이 되어야 한다.

슈퍼 인공지능 신화를 넘어서

: 지능, 싱귤래리티[특이점], 그리고 과학 미신

이용주
(광주과학기술원 기초교육학부)

슈퍼 인공지능 신화를 넘어서
: 지능, 싱귤래리티[특이점], 그리고 과학 미신

이용주

슈퍼 인공지능: 21세기 과학 신화?

　필자는 종교학적 관점에서 이 글을 써 보려고 한다. 말하자면 인공지능의 종교학이라고나 할 수 있을 것이다. 2016년 알파고와 이세돌의 세기적 대결 이후 우리사회는 최근 몇 년 사이 인공지능, 사물인터넷, 자율주행자동차 등등 새로운 개념들의 홍수로 넘쳐나게 되었다. 곧이어 등장한 4차 산업혁명의 기대와 위기감으로 언론, 학계, 기업은 온통 인공지능 담론으로 정신을 차릴 수 없을 정도였다. 인공지능과 4차 산업혁명을 이해하지

제8장 슈퍼 인공지능 신화를 넘어서: 지능, 싱귤래리티[특이점], 그리고 과학 미신　**233**

못하면, 금방이라도 뒤처진 인간이 되는 분위기가 만들어졌다. 그리고 어느새 인공지능과 4차 산업혁명에 대한 정부 보고서, 기업 보고서 들이 쏟아져 나왔다. 우리나라에도 일찌감치 새로운 시대를 준비하는 전문가가 저렇게도 많았구나, 그리고 정말 많은 사람이 오랫동안 미래를 준비하고 있었구나, 감탄이 절로 나왔다. 필자 역시 그런 기대감과 위기감에 사로잡혀, 인공지능 혹은 4차 산업혁명과 관련된 책을 사서 모았다. 그러나 조금 전문적인 책은 도저히 이해할 수 없고, 쉬운 책은 인공지능의 미래에 대한 장밋빛 혹은 찬양 일색이었다. 신문기자, 공학자, 뇌 과학자, 경영인, 미래학자, 온갖 부류의 인공지능 전문가가 그야말로 폭포처럼 미래 전망을 쏟아내는 것을 속수무책으로 지켜보아야 했다. 그러나 인공지능의 실체를 명확하게 알려주는 정보를 만나기란 쉽지 않은 일이었다.

그러다가 일본의 대형서점에서도 우리와 별반 다르지 않게 인공지능 관련 책이 범람하고 있음을 발견했다. 영어권 서적의 번역서부터, 로봇공학자의 실전 연구 경험, 그리고 나름 일본 특성을 갖춘 인공지능의 개발에 힘을 쏟고 있는 연구자들의 보고서 등. 그런데 그들의 논의가 조금 더 냉정하고, 정교하고, 체계적이라는 인상을 받았다. 그리고 그런 모든 논란의 중심에 레이 커즈와일Ray Kurzweil이라는 인물이 신기루처럼 자리 잡고 있었다.

일본에서 인공지능 담론의 역사는 제법 길다. 일본은 80년대 인공지능 연구에 합류하여 인공지능 제2차 붐 이후 축적된 노하우를 가지고 있었다. 비록 실패로 끝났지만, 제5세대 컴퓨터를 만들려는 노력도 있었고 그 부산물로 병렬 계산 컴퓨터를 개발하는 성과를 거두기도 했다. 현재 일본의 인공지능 연구 수준은 자타가 공인하는 것처럼 상당히 높다. 인공지능 연구를 위해서는 생물학, 뇌 과학, 기계, 로봇, 전자공학, 교육학, 운동학,

인지심리학, 언어학, 심지어 경제학 등등 거의 모든 학문 영역이 서로 협력해야 한다. 일본에서는 학문 영역을 넘나들며 협력하는 교차연구와 협동연구를 진행하는 연구기관, 대학, 프로젝트가 셀 수 없이 많다. 인공지능 전문 잡지도 여러 종류가 나오고, 철학 저널 역시 수시로 그 문제를 다루면서 비판적 경고를 아끼지 않는다. 게다가 하루아침에 대단한 성과를 거두겠다는 조급함이나 오만함도 느껴지지 않았다.

왜 그들은 그럴까? 간단히 말해서, 인공지능 연구, 그리고 로봇 연구를 수행하기 위해서는, 인간에 대한 재조명, 즉 인간이란 무엇인가에 대한 아주 오래되었지만 해결이 나지 않은 근본적인 질문을 다시 던져야 한다는 사실을 그들은 과거의 성공과 실패의 경험을 통해 배웠기 때문이라는 생각이 들었다. 물론 인공지능에 대한 대중적 호기심을 채우기 위한 장밋빛 전망을 제시하는 책이 대부분이고, 비즈니스맨의 얄팍한 호기심을 채우기 위한 상업적 책도 적지 않다. 그러나 적어도 대학이나 연구기관에서 인공지능에 관심을 가지는 연구 그룹은, 인공지능 연구란 인간에 대한 연구라는 확고한 신념 위에 일을 진행하고 있다. 그 점이 우리와 다르다면 다른 점이다. 인공지능 연구는 단순한 기술 개발이 아니라 '인간 자체'를 다시 묻는 일, 우주의 근본을 묻고 '인간됨Being Human'에 대해 묻고 사고하는 근본적인 작업이다. "인공지능 연구는 결국 인간 연구다." 이런 기본 시점이 결여된 인공지능 연구는 인간을 절멸로 몰아가는 기계주의의 폭주로 끝날 수 있다.

인공지능 담론이 막 시작될 무렵, 우리 연구팀은 몇 분 전문가를 초빙하여, 인공지능에 대해 이야기를 들었다. 그리고 그때 나는 두 가지 의문을 갖기 시작했다. 첫째는 바로 위에서 말한 것, "지능이란 무엇인가?", 다르게 말하면 "인간이란 무엇인가?", 즉 인간이 어떤 존재인지 제대로 알지 못하는데, 인간의 지능을 '모방'하고 '재현'하는 것은 무엇을 의미하는가 하는 것이다. 둘째는 "현재의 인공지능 담론이 고도로 진화된 정보처리 기계를 만드는 것을 넘어서서 일종의 종말의 신화 영역으로 나아가고 있는 것은 아닌가?", 특히 '싱귤래리티' 개념으로 전 세계에 충격을 던져준 커즈와일의 인공지능(슈퍼 인공지능) 담론은 더 이상 과학이 아니라 21세기의 신화, 과학 신화가 아닌가 하는 의문이었다. 마치 1960년대 이후 UFO 신화가 난무했듯이, 우주인 신화, 그다음에는 핵전쟁 신화, 그리고 지구파괴 신화와 같은 여러 종류의 종말신화의 연장선에서 볼 수 있지 않을까? 나는 종교학자로서 인공지능에 대해 생각해보고 싶었다.

물론 현대의 과학 신화, 현대의 종말신화는 단순한 상상 차원에 그치는 것이 아니라 여전히 현실화될 수 있는 위험으로서 상존하고 있다. 그리고 일부 신화는 '언젠가' 실체적인 진실로 밝혀질 '가능성'이 있다. 바로 그렇다. '언젠가' 실현될지도 모른다는 기대감과 두려움이, 그런 하나의 이야기를 '신화'로 만든다. 아무리 과학이 발달해도, 아니 오히려 과학이 발달하는 바로 그만큼, 신화의 범위는 확대되고 신화의 경계선은 확장된다. 과학이 발달하여 세계의 비밀을 알게 되면 될수록, 모른다는 것조차 알지 못하던 새로운 미지의 세계가 우리 앞에 모습을 드러낸다. 알면 알수록 무지의 영역이 확장된다. 그것이 지식의 본질이다.

과학적 지식의 개척자가 무지의 영역을 제거하기 때문에 과학이 발전하면 저절로 폐기될 것이라고 믿었던 신화는, 어찌된 일인지 폐기되는 방향으로 나아가는 것이 아니라 오히려 더 번성해진다. 즉, 낡은 신화를 대체하는 새로운 신화가 만들어지는 것일 뿐, 신화가 사라지는 것은 아니다.

과학과 지식의 발달로 인해 신화는 과거와 다른 외투를 걸치고 다시 살아난다. 그러나 그 새로운 신화는 사실은 '전적으로' 새로운 것이 아니다. 새로운 신화는 새로운 논리와 새로운 개념을 사용하지만, 그 내용과 구조는 과거의 것과 크게 다르지 않다. 새로운 신화를 감싸고 있는 외투를 한풀 벗기고 나면, 고대의 신화가 그 안에 웅크리고 있는 것을 쉽게 발견할 수 있는 것이다. 구조적으로 동일한, 비슷한 전망과 비슷한 형식을 가진 뼈대가 그 안에서 드러난다. 그리스 신화, 성서 신화, 아프리카 신화, 중국 신화, 일본 신화, 한국 신화 등등, 옛 이야기와 전설은 항상 새로운 시대, 새로운 지역의 문화적 옷을 입고 살아남았다.[1]

이 글에서 필자는 슈퍼 인공지능 담론, 특히 커즈와일의 싱귤래리티 논의를 현대의 신화, 즉 21세기 과학 신화라는 관점에서 논의하려고 한다. 현재 개발 중에 있고 이미 실용화되고 있는 인공지능 기술로 인해 조만간 인간의 삶의 모습이 상당히 변화할 것이다. 자동주행, 사물인터넷, 스마

---

1) 신화 이해는 몇 가지 층을 가지고 있다. 첫째, 신화를 이해하기 위해서는 이야기의 형태 그대로를 이해해야 한다. 여기서 직관적이고 유형론적인 현상학의 방법이 동원된다. 이것이 소위 말하는 신화의 유형론적 해석이다. 그다음은 그 신화를 시간의 축에서 검토해야 한다. 먼저 그 검토는 이야기가 생산된 문화적 시간 축 안에서 이루어진다. 시간 축 안에서 유형론적 비교 분석이 필요하다. 그리고 서로 다른 시간에 속한 이야기들 사이의 문맥적 차이가 검토될 수 있다. 그런 연구는 말하자면 앞서 본문에서 언급한 현대의 신화가 뒤집어쓰고 있는 망토와 외투를 벗기는 작업이다. 유형론적 연구가 망토를 쓴 상태로 신화 담론의 구조나 형태를 있는 그대로, 보이는 그대로 검토하는 것이라면, 시간 축 안에서의 검토는 망토를 벗기고, 외투도 벗기고, 신발도 벗기고 하는 식이다. 그것이 신화의 통시간적(通時間的) 해석이다. 그리고 마지막 단계가 공간 속에서 신화를 검토하는 것이다. 이때 관심을 기울이는 측면은 공간의 도입이라는 시점이다. 비슷한 것이 시간과 공간을 넘어서 자유자재로 변환한다. 변환의 규칙을 찾을 수 있다면 찾아도 좋지만, 규칙 찾기에 너무 조급하게 매달릴 필요가 없다. 규칙에 집착하다 보면, 엉뚱한 결론에 도달하고 다른 것을 보지 못할 위험이 있기 때문이다. 규칙은 필요한 것이지만, 그 규칙이 과도하면 실제에서 멀어질 위험을 가지게 된다. 이것이 신화의 과공간적(跨空間的) 해석이다. 이 세 형태의 해석은 서로 다른 주안점을 가지고 있기 때문에, 단계적으로 검토되어도 좋지만, 완전히 단절되는 것은 아니다. 그러나 이런 이론을 조금 길게 이야기하는 이유는, 현대의 신화, 오늘날에도 생산되는 현재적 신화를 이해하기 위해서 고대의 신화에 대한 식견을 가지면 외투를 벗기고, 시간과 공간을 넘어서, 신화의 의미를 이해하는 데 도움이 된다는 사실을 언급하기 위해서다. 낡은 것에 대한 지식은 새로운 것을 이해하는 바탕이 된다. 원래 학습이라는 것이 그렇지 않은가? 아는 것을 바탕으로 새로운 것을 배워 나가는 것이 학습이고, 지식 확장이다. 기본 지식이 전제되지 않으면 새로운 것은 보이지 않는다. 온고지신이라는 낡은 말은 시대를 초월하는 공부의 황금률인 것이다.

트 인더스트리의 실현 등으로 인해 우리 삶은 편리해지겠지만, 편리함을 제공하는 기술과 기계의 발전으로 일자리의 구조가 크게 변화할 것이 분명하다. 낡은 일자리가 사라지고 새로운 일자리가 생겨날 것이기 때문에, 큰 문제는 없을 것이라는 낙관적 전망을 가진 사람들도 적지 않지만, 아무래도 일자리 창출은 시간차가 필요한 것이기 때문에, 과도기에 발생하는 실업을 해결할 방안을 미리 마련하거나, 실업으로 고통 받는 사람들을 위한 기본소득 논의를 서둘러야 한다는 신중론 역시 만만치 않다. 더구나 소위 슈퍼 인공지능, 혹은 강력한 인공지능의 등장은 도구 차원을 넘어서 인류를 절멸로 이끌고 말 것이라고 주장하며 인공지능 개발을 위한 연구 자체를 금지시켜야 한다는 극단적 비관론 역시 만만치 않다. 빌 게이츠, 스티븐 호킹 같은 쟁쟁한 인물들이 비관론자로 이름을 올리고 있는 것을 보면 두려운 느낌도 든다. 사실, 슈퍼 인공지능, 강력한 인공지능의 실현 가능성에 대해서는 찬반양론이 존재하고 있지만, 현재의 과학기술 수준에서 보자면, 낙관론이든 신중론이든 비관론이든 나름의 근거와 이유가 있을 것이다.

이 글은 그런 낙관론과 비관론, 혹은 신중론을 자세하게 검토하려는 의도를 가지고 있지 않다. 다만 커즈와일이 제시하는 싱귤래리티 논의를 실마리로, 그의 논의의 의미 및 그 주장에 대한 의문을 이야기해보려고 한다.

싱귤래리티 신화의 근거

싱귤래리티 신화는 소위 '무어의 법칙'에 근거를 두고 있다. 인텔의 기술

자였던 고든 무어Gordon Moore는 1965년에 하나의 미래 예측을 발표했다. 지금은 무어의 법칙이라고 불리는 그 예측에 따르면, 어떤 형태의 집적회로라도 트랜지스터 수는 18개월에서 24개월에 한 번씩 2배가 된다고 한다. 그리고 그런 비슷한 속도로 컴퓨터의 성능, 처리 속도, 기억 용량도 2배가 된다고 한다. 반면 그런 속도로 가격도 절반이 된다. 싱귤래리티 신화의 창조자, 혹은 슈퍼 인공지능 신화의 전도사 커즈와일은 바로 이런 무어의 법칙에 근거하면서, 컴퓨터 프로세서의 연산 속도는 1년에 2배가 된다는 약간은 과장된 전망을 내놓았다. 그런 커즈와일의 예언적 전망은 많은 사람들의 상상력을 사로잡았고, 그런 전망에 근거하여 머지않은 미래, 즉 대략 2045년경에 전혀 다른 차원의 변화가 발생할 것이라는 낙관을 공유하기에 이른다. 그런 낙관은 '2045년 문제'라는 이름으로 널리 퍼져 있다.

사실 컴퓨터 기술에 문외한인 대부분의 사람들은 컴퓨터 기술의 진보를 쫓아가기에 바빠서, 그의 주장의 진위, 그 전망의 실체성에 대해 도무지 반박할 수 있는 자료를 제공할 수 있을 것 같지는 않다. 그리고 그런 전망은 이 시대 너무나 막강한 힘을 발휘하고 있는 컴퓨터 기술의 진보에 관한 것이라, 속절없이 받아들여야 하는 무기력한 상태에 놓여 있는 것 같기도 하다. 그것은 너무도 많은 사람이 공유하는 전망이기 때문에, 어느 틈엔가 그런 전망이 우리 시대의 새로운 진리로 정착되어 있는 것처럼 보이기도 한다. 과거의 경험을 통해서도 알 수 있는 것처럼, 강력한 신화는 종종 진리의 외투를 걸치고 나타나는 경우가 많기 때문이다.

하지만 여기서 우리는 무언가 이상하다는 의문을 갖지 않을 수 없다. 무어의 법칙이 도대체 무엇이기에, 미래에 인류의 방향을 결정할 만큼 강력한 힘을 가지게 된 것일까? 지금까지 그 어떤 과학 이론이 이보다 더 분명하고 확실한 증명력을 가지고 인류의 방향을 좌지우지한 적이 있었던가? 의문이 머리를 들고 일어난다. 물리법칙에 따라 거대한 혜성이 언젠가 지구와 충돌할 것이다? 그런 예언이라면 몰라도, 컴퓨터 프로세서의 연산속도가 매년 혹은 18개월마다 2배가 된다고 해서, 그 프로세서가 어느 순간 '특이점(싱귤래리티)'을 맞이하고, 그 프로세서가 '신과 같은 지능 God-like intelligence'을 가지게 된다니? 도대체 그런 법칙은 누가 만들고, 누가 증명한 것인가? 그리고 그 경우, 지능이란 도대체 무엇을 말하는 것일까? 그 정도로 중요한 법칙이라면, 왜 지금까지 과학자들은 그 법칙을 증명하는 데 온 힘을 쏟지 않았던 것일까? 심각한 의문이 들었다. 무어의 법칙은 단순한 경험법칙이기 때문에 미래에도 들어맞을 것이라고는 확정적으로 말하기 어렵다.

하지만 현재 시점에서 무어의 법칙은 대강은 들어맞는다고 말할 수 있는 것이 아닌가? 불과 몇 년 전에 386이니 486이니 하는 컴퓨터를 사용했는데, 컴퓨터의 성능이 워낙 빠르게 향상되다 보니, 그런 세대구분 자체가 무의미해지는 수준까지 온 것이 사실이다. 그리고 요즘 컴퓨터는 그런 세대구분 자체를 더 이상 사용하지 않는 단계에 와 있다. 그리고 컴퓨터의 성능이 과거와 비교가 되지 않을 정도로 엄청나게 향상되었지만, 가격은 그대로이거나 오히려 더 떨어지고 있는 것도 사실이다. 컴퓨터 연산속도의 규칙적인 증가는 지금도 계속되고 있다. 물론 프로세서 소재의 한계 때문에 성능 발전이 한계에 와 있다는 이야기를 자주 듣지만, 소재 문제만 해결된다면 그런 기하급수적 발전이 앞으로도 가능할지도 모른다는 전망을 무시하기는 어려울 것 같다.

그러나 무어의 법칙이 '영원히' 계속된다고 가정한다면, 커즈와일이 '싱귤래리티'라고 부른 특이한 지점에 도달하기 전에, 먼저 중요한 문제가 발생하지 않을까? 그런 고성능 컴퓨터를 도대체 어디에 사용할 것인가? 실제로 현재 우리가 사용하는 개인용 컴퓨터는 사치라고 말해도 좋을 정도로 분에 넘치는 탁월한 성능을 가지고 있다. 그러나 그 컴퓨터의 기능 중에서 보통 사람이 사용하고 있는 것은 극히 일부의 기능에 불과하다. 그리고 현 시점에서도 이미 충분히 고성능인 컴퓨터를 거의 모든 개인이 사용하고 있지만 인간의 삶이나 인간의 정신 수준이 크게 발전했다는 증거는 거의 없다. 전문영역에서 편리함이 증가했다거나, 더 빠른 정보의 교환과 처리가 가능해진 것은 분명하다. 하지만 그것으로 인해 인간의 '지능'이 더 높아졌다거나, 컴퓨터의 '지능'이 높아졌다는 증거는 어디서도 찾을 수 없다. 그렇다면 앞으로 이런 식의 컴퓨터의 발전이 일상에 어떤 실용적 변화를 가져올 것인가?

최근 50년간, 현실은 분명히 무어의 법칙을 확인하는 방향으로 전개되었다고 말할 수 있을 것이다. 현재 사회의 모든 분야에서 정보화와 디지털화가 급속도로 진행되고 있다. 마이크로 칩과 연산능력이 급속하게 향상되었기 때문이다. 가격이 떨어진 것도 이유가 된다. 자동차, 청소기, 보일러, 세탁기, 공장기계, 전화기, 심지어 안경 등 거의 모든 제품에 기능 제어를 위한 마이크로 칩을 내장하는 것이 일상화되어 있다. 그 결과 사물인터넷IoT의 실현은 현실이 되고 있다. 심지어 컴퓨터 칩을 신체에 이식하는 사람도 증가하고 있다. 이렇게 컴퓨터의 성능이 극적으로 향상되고 가격이 떨어지면, 무어의 법칙은 다시 한번 현실이 된다. 무어의 법칙은 디지털화가 가속화되고 있는 현대 사회를 묘사하는 상징이 되는 것이다.

이 법칙은 SF 작가와 발명가, 무엇인가 새로운 것을 추구하는 연구자들의 상상력을 자극하기에 충분하다. 이런 사람들은 무어의 법칙이 디지털 테크놀로지 분야에만 들어맞는 것이 아니라 다른 모든 분야에도 적용될 수 있다고 선언한다. 특히 커즈와일은, 그 법칙은 자연과 생명, 인간과 문명 등의 진화를 이해하는 데도 그대로 적용되는 보편적인 원리, 우주적 원리라고 말하는 데까지 거침없이 상상력을 확장하고 있다. 게다가 이런 그의 주장에 열광하는 사람도 적지 않다.

커즈와일은 그의 대표작 《특이점이 온다The Singularity is Near》에서 지구의 역사를 여섯 개의 시대로 분류하고, 각 시대의 진화를 무어의 법칙으로 설명하려고 시도한다. 최초의 시대는 빅뱅으로 시작하여 전자, 양자, 원자가 출현하고, 수억 년에 걸쳐 서서히 유기물이 만들어지는 시대다. 두 번째는 생명 탄생의 시대로, DNA와 세포, 즉 조직을 가진 생물이 출현한다. 세 번째는 고도로 발달한 뇌와 지능을 가진 생물이 탄생하는 시대로, 그 시대의 마지막 단계에 인류가 등장한다. 네 번째는 역사 시대로서 인류가 발명한 테크놀로지가 경이로운 속도와 규모로 발전했다. 현재 인류는 이 네 번째 시대를 끝내고, 다섯 번째 시대로 들어가려고 하고 있다. 이 다섯 번째 시대에서는 인간이 만든 기계가 자율성을 가지고 스스로 진화하는 단계를 거친다. 그리고 그 기계는 스스로 유기물과 결합하여 사이버 생물이나, 기술적으로 능력을 확대시킨 인간을 만들어낼 수 있게 된다. 인간을 낳는birth 것이 아니라 인간을 만드는fabrication 시대가 오는 것이다. 마지막 여섯 번째 시대에는 정신성이 개화할 것이다. 우주는 각성하고, 주로 테크놀로지에 바탕을 둔 새로운 지성체가 우주를 가득 채울 것이다. 인간 대신에 테크놀로지가 군림하는 시대가 오는 것이다.

커즈와일은 자기의 상상을 강화하기 위해, 즉 자기 이론을 '과학'으로 위장하기 위해, 수많은 그래프를 사용하여 진화의 프로세스가 이중적인 의미에서 기하급수적이라는 것을 증명하려고 노력한다. 다시 말해, 진화의 단계가 진행되면 될수록, 각 단계의 기간은 기하급수적인 비율로 짧아지고, 한편 다양성과 복잡성은 기하급수적으로 증대한다는 것이다. 커즈와일은 무어의 법칙을 확대하여 원초적인 암흑 시대부터 정신성이 개화하는 우주 시대로의 진화를 주장하면서, 그 법칙을 보편적 우주법칙으로 승격시키려고 하고 있는 것이다.

커즈와일의 우주 진화론에서 인간은 그 자체로 목적을 가진 존재가 아니라 생물학적 진화의 과정에서 우연히 등장한 하나의 고리에 불과하다. 커즈와일이 예언하는 미래에는 생체공학적bionic 인간이 생물학적 인간을 대체할 것이다. 더구나 미래의 생체공학적 인간은 공장에서 생산되는 로봇과 다름없는 존재이며, 명령을 내리는 것은 특별한 정신이다. 그때가 되면, 인간의 정신은 육체라는 그릇, 나아가 뇌라는 그릇으로부터 해방되고, 컴퓨터와 연결된 순수한 영적 존재, 즉 '프뉴마pneuma'가 될 것이라고 한다.

그러나 논의가 이런 단계에 들어가면, 이것은 더 이상 과학이 아니라 오컬트occult 종교의 색채를 띤다는 것을 누구나 쉽게 느낄 수 있다. 더구나 그의 상상력은 기독교적 상상력에 뿌리를 둔 21세기 오컬트 종교의 새로운 버전이라고 말할 수 있을 정도다. 그리고 이런 논의가 종교적 색채를 띠면 띨수록 맹목적인 추종자도 그만큼 늘어난다. 과학이 발전하여 지식의 권위를 장악하는 현대에, 많은 종교는 스스로 과학이 되기 위해 노력해왔다. 그러나 아이러니하게도, 과학 역시 어느 순간 스스로 종교가 되기를 갈망하는 경우가 있다. 커즈와일의 경우가 전형적인 예라고 생각된다.

'무어의 법칙'의 남용

커즈와일은 무어의 법칙이 영원히 지속될 것이라고 하는 가정에 입각하여 우주진화의 여섯 단계에 대한 SF적 비전을 드러냈다. 그러나 커즈와일의 비전은 근본적으로 문제가 있다는 생각이 든다.

첫째, 귀납적 성격을 가진 무어의 법칙을 무제한적으로 확대해석하고 있다는 문제가 있다. 어떤 분야에서 도출된 과학법칙은 다른 분야에 무제한으로 적용할 수 없다. 그것이 과학 이론 자체의 한계이자 기본적인 원리라고 말할 수 있다. 커즈와일의 주장은 그런 점에서 논리적 문제를 안고 있다. 물리법칙을 생물법칙으로 확대하는 것이 가능한가? 생명의 원리를 소립자의 운동법칙으로 설명할 수 있는지 미지수다. 진화를 물리법칙으로 해명할 수 있는지, 역사의 운동을 물리법칙으로 환원할 수 있는지, 따져 보아야 할 것이 너무 많다. 적어도 지금 단계에서 이런 확대 적용을 수용할 만한 지적 근거는 여전히 박약하다. 둘째, 무어의 법칙에 따라 마이크로 집적회로가 무한히 증대되기 위해서는 크기가 무한히 작아져야 한다. 도대체 어디까지 소형화할 수 있을까? 소형화하지 못한다면, 칩의 크기는 집채만해지고, 심지어 지구 크기만큼 커져야 한다. 따라서 무어의 법칙이 들어맞기 위해서는 필연적으로 소형화의 문제가 대두된다. 물론 새로운 기술발전에 의해 차세대 반도체 소자가 개발되어 새로운 가능성이 열릴지도 모른다. 최근 꿈의 나노물질로 불리는 그래핀Graphene의 발견에 따라, 실리콘을 대체하는 소재의 연구가 시작되고 있다고 하는데, 그것이 실용화되어 전혀 새로운 방향으로의 패러다임 시프트가 일어날 수도 있다. 그러나 그것이 아무리 기대감 넘치는 것이라고 할지라도, 현 단계에서 실리콘

초소형화의 한계를 넘기는 어려워 보인다.

셋째, 무어의 법칙과는 직접 상관이 없지만, 커즈와일이 말하는 두뇌 에뮬레이션의 과학적, 기술적 난점이 문제가 된다. 나노 튜브를 이용한 두뇌의 복제가 정말 가능한가? 적어도 현재의 기술로는, 아마도 상당한 미래의 기술로도 그 문제를 쉽게 해결할 수는 없을 것이다. 그리고 그런 소형화된 나노 로봇이 우리 신체나 혈관 내부로 들어갔을 때 발생하는 면역 반응 문제도 고려해야 하지만, 적어도 커즈와일의 논의에서 그런 것은 전혀 고려 사항이 되지 않는 듯하다.

넷째, 경험법칙에 불과한 무어의 법칙을 생명의 진화, 나아가 우주의 진화에 확대 적용하는 것이 어떤 의미를 가지는가 하는 납득의 문제가 있다. 이런 주장은 과학적 이론이라기보다는 종교적 교설, 아니면 신화적 내러티브에 불과한 것으로 보인다.

마지막으로, 연산능력의 확대가 과연 곧바로 의식의 발전, 심지어 정신성의 확대로 이어지는 것인지에 대한 의문이 있다. 현재 슈퍼 컴퓨터의 연산속도를 어느 정도의 의식성, 어느 정도의 정신성을 가진 것이라고 볼 수 있을 것인가? 일부 창발론자들이 이야기하는 것처럼, 무한한 정도로 빠른 연산능력을 획득하면 어느 순간 거기에서 의식이 튀어 나오고, 정신성이 창발할_{emerge} 것인가? 물질의 집합이 어느 순간 생명을 창발한다고 해도, 우주라는 거대한 물질세계에서 지구를 제외한 곳에서 생명을 찾기는 왜 그리 어려운 것인가? 거대한 바위와 산, 심지어 지구 크기보다 더 큰 행성들이 수없이 많은데, 그 물질의 덩어리는 어느 '순간' 생명을 가진 존재로 창발할 것인가? 생명이 물질이라는 구성 요소를 가지고 있다고 해서, 물질이라는 구성 요소가 있으면 언젠가 생명이 거기에 깃들거나, 생명이 창발하는 것은 아니다. 물질은 생명을 구성하는 필요조건일 뿐 충분조건은 아니다. 생명은 물질을 전제하지만, 물질만으로는 생명을 이해할 수가 없다. 생명이 무엇인지 우리는 아직 모른다.

무어의 법칙을 우주 진화에 적용하는 것의 논리적 문제에 대해 좀 더 살펴보자. 무어의 법칙은 경험법칙을 공식화한 것이다. 다시 말해, 관찰 결과를 간결하고 편리하게 정리한 것에 불과하다는 말이다. 지금까지 50년 동안 옳다는 사실이 확인되었다고 해도, 그것이 경험에 근거한 것이라는 성질은 변하지 않는다. 이 법칙은 태양은 매일 아침 동쪽에 나타난다는 것이나, 까마귀는 검다는 식의 경험법칙과도 성격이 좀 다르다. 더구나 그 법칙은 지금까지 발생한 상황 관찰 이외의 다른 근거가 없다. 따라서 이것이 장래에도 유효할 것인지는 결코 단정할 수 없다. 물론 경험법칙을 전적으로 무시할 수는 없을 것이다. 하지만 하나의 귀납적 추론이 보편적 원리로 자리 잡기에는 증거의 범위가 너무 협소하다. 경험적 추론이 일반적 원칙이 되기 위해서는 검증을 거치고 충분히 반증에 강하다는 사실이 확인되어야 한다. 무어의 법칙의 경우, 현상 발생에 관여하는 실제 조건을 재현하거나 하는 절차를 거쳐야 하지만, 현 시점에서 동일한 사태에 대한 구체적인 조건을 재현하는 것은 어렵다. 우연과 필연을 구별하는 경계선이 확정되지 않은 것을 과학적 법칙이라고 부를 수는 없을 것이다. 귀납적 추론의 올바름이 인정되기 위한 하나의 조건으로서 'commensurability(공약 가능성)'의 조건을 무어의 법칙은 갖추고 있지 않다. 자연 추이의 통일성과도 수준이 다른 과학기술 발전의 진보 현상을 보편적 법칙이라고 말하는 것 자체가 전혀 과학적이지 않다.

커즈와일의 진화론 해설은 그런 억지로 끼워 맞추기 원리 위에 서 있다고 말할 수 있다. 무어의 법칙은 마치 경제 성장의 법칙이나 공황 발생의 법칙처럼, 과학적 법칙이라기보다는 디지털 기술의 발전을 설명하는 역사적 법칙, 과학기술 발전의 법칙, 혹은 경제학적 법칙 정도로 이해하는 것이 옳을 것이다. 역사를 살펴보면 금방 알 수 있는 것처럼, 역사적 시대는 어떤 단계에서는 급속한 발전을 이루지만, 또 어느 시대에는 쇠퇴 혹은 후퇴하기도 한다. 따라서 지난 50년의 관찰 결과를 하나의 역사 법칙으로 보기는 어려울 것이다. 그뿐 아니라 그것을 보편적인 우주법칙이라고 말하는 것은 신화적인 내러티브에 불과하다고 말할 수 있다.

커즈와일처럼 무어의 법칙을 무제한으로 확대 해석하는 것 자체가 논리적 모순을 내포한다. 물론 18세기 이래 진전된 테크놀로지의 발전에 의해 인류의 삶이 윤택해지고 편리해진 것은 부정할 수 없다. 하지만 그런 편리함만큼이나 인간의 삶은 위기와 위험에 노출되고 있다. 최근 50년 동안 기술발전이 가속화되면서 지구 생명 자체가 위험에 직면하고 있다는 사실을 생각해보면, 과학기술의 계속된 발전이 인류를 파멸적 방향으로 이끌어갈 가능성도 예상할 수 있다. 그런 파멸적 방향으로의 인간 진화가 자연계 안에서의 인간의 지위를 크게 위협할 수 있는 가능성 역시 부정할 수 없다.

무엇보다, 무어의 법칙을 무한정 확대하여 새로운 우주적 정신성의 탄생을 예상하는 것은 납득하기 어렵다. 커즈와일의 기발함에 감탄하면서도, 진화의 과정을 프로세서의 성능 발달 과정과 동치하고 우주 진화를 기하급수적 폭발 과정으로 일반화시키는 그의 논의는 더욱 납득할 수 없다. 커즈와일의 천재성에 주눅이 들어, 그런 이론을 받아들이는 사람도 적지 않지만, 천재라고 해서 모든 방면에서 바른 견해를 가진다고 말할 수 없다. 괴델_{Gödel}의 불완전성 정리가 말해주는 것처럼, 모든 측면에서 완전한 조건을 발견하는 것은 불가능하다. 탁월한 축구 선수가 탁월한 정치가가 되는 것은 아니고, 또 탁월한 수학자라고 해서 탁월한 경영자가 되는 것은 아니다. 탁월한 과학자나 발명가라고 하더라도, 모든 진리, 특히 우주의 진화에 대한 진리까지 척척 아는 것은 아니다. 그의 주장이 반드시 틀렸다는 말은 아니다. 아무리 천재의 주장이라고 하더라도, 의심의 여지가 있는 것은 의심해야 한다는 말이다. 커즈와일은 무어의 법칙에 고무되어 테크놀로지의 기하급수적 진화를 자연 진화로 확대하는 차원 착오의 오류를 범했다. 전혀 다른 두 현상을 기하급수적이라는 개념을 동원하여 하나로 묶는 비상한 순발력과 창의성은 높이 살 수 있다. 하지만 그것을 생명진화, 우주진화의 일반법칙이라고 주장하는 것은 도를 지나친 것이라고 말하지 않을 수 없다.

무어의 법칙이 미래에도 들어맞는 예측력이 높은 법칙인지도 의문이지만, 생명이나 우주가 기하급수적 속도로 진화를 하고 있다는 그의 주장은 더욱 황당하다. (하지만 이런 그의 진화론 해설은 의외로 많은 신봉자를 만들어내고 있는 것 같다.) 커즈와일은 물질의 탄생, 생명의 탄생, 진핵생물을 거쳐 다세포 생물의 탄생, 캄브리아기의 대폭발, 식물·파충류 등등을 거쳐 인류의 조상 호모속 호모 에렉투스와 호모 사피엔스의 출현, 미술, 집락, 농업, 문자, 바퀴, 도시국가, 인쇄술, 산업혁명, 전화, 라디오, 컴퓨터 등등 모든 사건과 발명을 연대순으로 나열하고, 거기에 연대표를 붙여서 그것이 마치 '진짜로' 기하급수적 발전의 법칙을 따르고 있는 것처럼 포장하고 있다. 그가 제시하는 연대표 자체를 무비판적으로 보면 정말 그럴듯하게 보인다. 그러나 자세히 보면 의문이 꼬리에 꼬리를 물고 일어난다. 먼저, 정말 그가 언급하고 있는 이런 '지표'들이 우주와 지구, 생명과 인간의 진화를 설명하는 지표가 될 수 있는가? 왜 하필 지구에서의 변화만 지표로 선택하고 있는 것일까? 지구나 태양은 차치하고라도, 지구에서 100억 광년 떨어진 다른 별의 진화는 어떤 법칙을 따르고 있을까? 우주차원에서 그런 진화의 법칙이 작동하고 있는 것인가?

만약 우리가 커즈와일이 제시하는 그런 지표가 아니라 전혀 다른 지표를 들고 나온다고 하더라도 그의 설명은 타당할 것인가? 몇몇 초기 생명체들의 출현 시점을 이야기하고 있지만, 그 생물들 중 많은 것은 이미 절멸하거나 흔적도 남아 있지 않다. 진화와 절멸의 관계는 기하급수적 진화 법칙과 어떤 관계가 있는지 어떻게 설명할 것인가? 파충류와 포유류의 순서를 그렇게 단순하게 규정할 수 있는가? 포유류가 실제로 출현한 것은 2억 3000만 년 전이지만, 공룡이 절멸한 것은 6600만 년 전이고, 그 이후에 포유류가 지구상에 번성한 것이다. 따라서 커즈와일이 말하는 것처럼 단순히 선후 관계를 가지고 포유류와 파충류가 출현했던 것은 아니다. 포유류와 파충류는 상당히 오랜 시간 공존했고, 공룡의 절멸 역시 어떤 진화의 법칙에 따른 것이라기보다는 급격한 자연 변화 혹은 혜성 같은 외부적 충격에 의한 것이라고 보는 입장도 존재한다. 그런 물체의 지구 충돌도 우주 진화 법칙의 일부인가?

고생물학자들은 5억 4000만 년 전의 고생대 이후 지질 시대 사이에 5~6회 정도의 생물 대절멸이 발생했다고 알려주고 있다. 그런 생물의 절멸 시대에 관해서는 인터넷에서 쉽게 찾을 수 있기 때문에 여기서 일일이 나열할 필요도 없겠지만, 그런 절멸의 연대표를 보더라도, 생물의 진화 과정이 기하급수적 법칙에 의해 일어난다는 것은 터무니없는 주장이라는 것을 알 수 있다. 잘 알려진 고생물학자이자 진화학자인 스티븐 굴드Stephen

Gould는 《풀하우스Full House》라는 책에서 진화는 언제나 필연적인 법칙적 원리에 따라 일어나는 것은 아니라는 사실을 강조하고 있다. 진화는 우발적인 것이다. 진화의 발걸음이라는 것은 복잡화를 향해서 연속적으로 나아가는 것도 아니고, 완성된 이상적인 형태를 향해서 나아가는 진보 과정도 아니다. 굴드는 종의 진화를 어느 생물이 자신의 잠재적 능력을 서서히 발휘해가는 과정이라고 보는 것도 의미가 없다고 말해준다. 진화론은 다양한 이론이 대립하는 영역이라 어느 한 사람에게 확고한 답을 기대할 수 없다. 그렇다고 하더라도 진화론 전문가의 관점에서 본다면, 커즈와일의 아이디어가 얼마나 공상적인 것인지 쉽게 알 수 있다.

지능 개념의 오용

커즈와일의 주장 중에서 가장 황당하지만 의외로 많은 사람이 수용하고 있는 것은 '지능' 문제다. 그는 프로세서의 집적도가 높아지고 연산속도가 빨라진다는 것을 인간적 지능의 획득과 동일시하는 단순함을 유감없이 보여준다. 인간의 지능을 연산, 즉 논리계산능력과 동일시할 수 있는가? 우리는 그런 입장 자체에 대해 의문을 가지지 않을 수 없다. 그런 점에서 나는 인공 '지능'이라는 말 자체가 잘못된, 혹은 과장된 개념이라고 생각하지만, 하여튼 '인간적 지능'은 결코 단순한 연산능력이 아니다. 인간의 지능이란 신체성을 가진 인간이 구체적인 상황 및 환경과 만나서 문제를 해결하는 모든 능력을 총합적으로 지시하는 개념이라는 사실을 재인식해야 한다. 연산능력은 인간 지능의 한 측면이며, 또한 중요한 능력이지만, 그것이 지능 그 자체는 아니다.

　본능적 능력을 포함하여, 신체감각, 감정, 언어력, 임기응변의 능력, 상황 판단력, 도덕적 판단력, 예술적 능력, 창조성, 이런 모든 것이 인간 지능의 내용이라고 말할 수 있다. 본능적 능력과 학습된 능력을 엄격하게 구별하는 것은 불가능하다. 본능과 학습이 절묘하게 조화를 이루면서 인간의 지능이 형성된다. 그렇다면 인간적 지능을 재현하기 위해서는 연산능력을 갖는 것만으로는 부족하다는 것이 자명해진다. 더구나 연산능력이 뛰어나다고 해서, 그 인공지능에게 '인격'을 부여한다느니, '로봇'의 '인격', '인공지능'의 '권리' 운운하는 발상은 그야말로 철학의 오용이고 언어의 오용이다. 인격을 말하기 위해서는 우리 사회가 그 개념을 어떻게 규정할 것인지가 먼저 확립되어야 한다. 인권 사상이 확립되기 전에는 흑인이나 여성, 혹은 외국인에게 인격이 부여되지 않았다는 사실을 생각해보면, 인격이라는 개념이 얼마나 인위적이고, 명확하게 정의하기 어려운 개념인지가 금방 드러난다. 인간의 형상을 가졌다고 인간이 되는 것은 아니다. 로봇의 인격, 인공지능의 인격을 운위하기 위해서는 인간에 대한 이해가 선행되어야 한다. 그러나 아무리 온정주의가 발휘된다고 해도 개에게 인격을 부여하자는 데 동의할 사람이 있을까? 그렇다면 계산력이 뛰어난 기계에게는 인격을 부여할 수 있는가? 여기에는 단순한 머리로는 절대로 해결할 수 없는 복잡한 문제가 가로놓여 있다. 정말로 인간과 동일한, 혹은 인간 이상의 지능을 가진 '인공적' 지능이 등장한다면 인간 사회는 엄청난 혼란에 빠지게 될 것이다. 사실 우리는 '인간 지능'의 전모를 알지 못하고, 영원히 알 수 없을지도 모른다. 그러니 더 신중해야 한다.

　연산능력에서만 뛰어난 인공지능이 인간의 지능을 앞섰느니 어쩌니 하는 발언 자체가 비즈니스적 과장일 뿐이라는 사실도 잊어서는 안 된다. 알파고가 바둑에서 강하다는 것은 결코 알파고의 '지능'이 높다는 것을 의미하지 않는다. 물건 옮기는 인공지능 로봇이 무거운 물건을 들어 올린다고 그것이 인간과 같은 신체 지능을 가지고 있다거나 인간보다 더 뛰어난 신체성을 가지고 있다고 말하지 않는다. 더구나 그런 로봇에게 '인격'을 부여한다는 등등의 발상 자체가 말이 되지 않는다.

이런 발상 자체가 인간을 '계산하는' '동물'이라고 보고, 인간의 본질을 '논리연산능력'에서만 찾는 지극히 과학주의적이고 지극히 단순한 생각에 근거하고 있다. (서양철학의 출발점에서는 인간의 본질을 논리연산능력에서 찾는 경향이 강했다.) 인간의 본질이라는 것이 있다고 해도 우리는 그것을 영원히 알기 어려울 것이다. 그리고 적어도 논리연산능력이 인간의 본질이 아닌 것은 분명하다. 계산능력이 뛰어나지만 주변 분위기를 읽는 이해력이 부족하고, 자기 이익계산에 매몰되어 공적으로 사고하는 능력이 부족한 사람을 주변에서 얼마든지 만나지 않는가? 인간의 모든 능력을 완벽하게 재현하는 능력을 가진 인공지능을 개발할 수 있다는 기대를 가진 사람이 없는 것은 아니다. 슈퍼 인공지능이 실현 가능하다고 믿는 커즈와일 같은 싱귤래리티 논자는 2045년 무렵 슈퍼 인공지능이 실현될 것이라고 낙관한다. 그렇게 되면 상황은 근본적으로 달라질 수 있다. 하지만 그것은 불가능한 꿈이다. 인간 정신의 총체를 알지 못하기 때문에, 그런 인공지능을 제작하는 것은 불가능하다. 결과만 같으면 된다고 말하는 것도 어불성설이다. 계산능력을 가진 인공지능이 인간의 지능을 갖게 되는 것은 아니다. 그런 인공지능은 계산 보조장치일 뿐이다. 적어도 슈퍼 인공지능이 등장하지 않는다면, 인공지능은 성능이 뛰어난 계산 보조장치에 그칠 것이다.

비행기가 날아간다고, 비행기가 새와 같은 비행 능력을 가지게 되는 것은 아니다. 비행기는 인간이 나는 것을 보조하는 기계장치일 뿐이다. 당연히 성능이 탁월한 계산 기계, 혹은 비행기 같은 기계장치는 산업에 종사하며 기계나 비행기와 경쟁하는 노동자의 일자리를 빼앗을 수 있다. 그러나 그런 문제와 인공지능의 본질 문제는 논의의 차원이 전혀 다르다.

최근의 인공지능 개발이 바둑, 장기, 체스 등 게임에 집중하는 것은 '전략적' 이유가 있다. 그런 게임은 대단히 복잡해서 언뜻 보기에 대단한 지성을 필요로 하는 것처럼 '보이기' 때문이다. 그리고 그런 게임의 복잡함은 아무리 복잡하다 해도 결국 수량화, 수치화할 수 있고, 따라서 계산이 가능하다. 복잡하기 때문에 계산이 복잡하고 어려울 뿐이다. 물론 필자는 바둑이나 장기 게임 인공지능의 개발이 아무것도 아니라거나 시시한 일이라고 말하는 것은 '절대' 아니다. 그런 게임 개발자의 수고를 과소평가하는 것도 아니다. 하지만 그것은 복잡한 계산을 필요로 하는 일이기 때문에, 성능이 좋은 프로세서를 개발하면 언젠가는 해결될 수 있다는 것을 말하고 싶은 것이다. 게다가 수백 수천의 기계(컴퓨터)를 연결하는 것으로 속도를 높일 수 있고 결국 계산이 가능해진다. 그러나 수치화와 양화가 불가능한 것을 어떻게 계산하는가? 인간의 지능이나 정신을 완벽하게 양화할 수 있을 것인가? 정말 양화할 수 없는 것은 없는 것일까? 문제의 초점은 여기에 있다.

인간의 사고는 두뇌만으로 가능한 일이 아니다. 인간의 사고와 이성은 신체성을 토대로 삼는다. 당연히 두뇌도 신체의 일부다. 그런데 생명으로서 신체 자체가 두뇌 못지않게 중요하다. 생명은 존재로서 본능을 가지고 있다. 그 본능의 바탕 위에서 신체성을 통해 세상과 교류하고, 그런 과정에서 감정을 느끼고, 그런 감정을 신체적 혹은 무의식적 지식으로 기억하고 습관화한다. 그리고 감정과 습관과 무의식을 토대로 느끼고 생각한다. 인간의 표지標識라고 일컬어지는 이성 자체가 본능과 신체성, 감성과 무의식에 토대를 두고 있다. 무의식적(신체적이라고 말할 수도 있다) 인식은 유전자에 새겨지고, 그런 유전자의 기억을 토대로 학습하고, 학습을 토대로 판단하고, 그런 종합적인 모든 것을 동원하여 사고한다. 최근 밝혀지고 있는 것처럼, 인간은 유전자만으로도 다 해명될 수 있는 존재가 아니다. 인간을 구성하는, 심지어 인간을 조종하는 장내 미생물의 존재를 무시하고서 인간을 논의하는 것이 불가능하다는 주장이 제기되고 있다. 이런 사실을 다 고려한다면, 인간의 정신을 이성적 사고로 환원하고, 다시 그 사고를 두뇌의 논리계산으로 환원하는 것은 불가능할 뿐 아니라 무의미한 것으로까지 보인다.

신체성과 감성, 그리고 이성의 상호 피드백을 통해, 인간의 지능, 혹은 인간의 지성이 구체화된다. 어떤 방식으로 그런 피드백이 이루어지는지 아직 충분히 알지 못한다. 대강의 프로세스를 추측할 수 있고, 인식의 메커니즘이나 피드백의 원리는 생각해볼 수 있지만 정확한 것은 모른다. 심지어 가장 단순한 감각의 하나인 시각과 사고가 어떻게 연결되는지도 모른다. 그리고 사고나 감정이 장내 미생물과 어떻게 연결되는지 더더욱 모른다. 인간 정신이 뇌만의 문제가 아니며, 뇌가 인간 정신의 전부가 아니라는 사실은 알지만, 그 이상은 여전히 알지 못한다. 청각이나 후각은 더 수수께끼에 싸여 있다. 힘이 세다고 해서, 혹은 빨리 달린다고 해서, 혹은 연산능력이 뛰어나다고 해서, 인공지능이나 기계가 인간적 지능을 능가한다거나 인간을 앞섰다고 말할 수 없다는 말이다.

알파고를 내세운 인간과의 바둑 시합 자체가 어이없는 이벤트이자 쇼에 불과한 것이라는 사실을 자각할 필요가 있다. 자동차와 인간의 달리기 능력을 비교하는 것과 같은 쇼다. 요즘에는 뉴로모픽neuromorphic이라는 더 빠른 프로세서 소자를 개발한다고 하니, 컴퓨터는 더 소형화되고 연산속도는 분명히 더 빨라질 것이다. 그러나 앞에서 말한 것처럼 그런 연산능력의 진화가 곧 지성(인간적 지능)의 획득은 아니며, 더구나 커즈와일이 말하는 싱귤래리티에 도달하는 일은 일어나지 않을 것이다.[2]

컴퓨터의 지능은 논리적, 통계적 연산능력이지만, 그런 능력이 곧 인간 지능의 본질은 아니다. 아무리 계산능력이 떨어지는 사람이라도, 알파고와는 비교가 안 되는 지능과 정신을 가지고 있다. 심지어 집에서 기르는 강아지나 고양이는 논리계산능력이 거의 없어 보이지만, 그럼에도 불구하고 탁월한 지능을 가지고 있다는 것을 실제로 우리는 매일 경험한다. 분위기를 읽는 능력, 냄새를 통해 상황을 이해하는 능력, 운동 능력, 사랑을 느끼는 능력, 적을 감지하는 능력 등등…. 이런 것이 다 지능이다. 알파고 같은 인공지능이 이런 생명체의 모든 능력을 획득할 수 있을까? 냄새를 맡아서 적을 감지하는 능력을 인공지능에게 어떻게 학습시킬 수 있을 것인가? 인간의 지능을 만드는 일이 개의 지능을 만드는 일보다 더 쉬울까? 분위기를 파악하는 능력을 어떻게 기계학습 시킬 것인가, 어떤 빅데이터를

---

2) 미래의 일이라 진짜로 일어날지 안 일어날지 아무도 모른다. 신의 존재 문제와 비슷하다. 여기서 어떤 사람은 파스칼의 내기를 거론하면서, 미래를 낙관하고 그것에 대비하는 것이 나쁠 것이 없다고 말한다. 그러나 신앙적으로 신의 존재를 받아들이는 것은 개인의 문제로 그치지만, 인공지능의 싱귤래리티 가설을 받아들이는 것은 인류의 존망이 걸린 전혀 다른 문제다. 신의 존재 여부는 사실 역사의 흐름에 아무런 영향을 주지 않을 수도 있다. 파스칼이 내기를 걸었던 유일신을 믿지 않았으나, 그런 신의 존재 가능성 자체에 무관심하게 멋진 문화를 건설했던 문명은 얼마든지 있었기 때문이다. 싱귤래리티 가설 자체가 서양의 기독교적 발상에서 나온 것이 분명하지만, 그 가설은 사회 전체의 방향을 변화시키고, 엄청난 물적, 인적 투입이 필요한 일이 되고 있다. 그런 투자는 인공지능 연구자와 개발자에게는 절호의 기회가 될 것이다. 원자력 발전을 중지하는 탈핵화의 결정에 대해 누가 가장 반발하는지 보면 답이 나오지 않는가? 그런 기계의 개발은 단순한 SF적 호기심으로 그치는 문제가 아니고, 돌이킬 수 없는 사건이 될 수 있기 때문에, 더욱 신중해야 하고 심각하게 받아들여야 한다.

활용해야 그런 계산을 할 수 있는가, 도대체 여기서 어떤 기준을 가지고 회귀분석을 실시해야 하는가? 계산이 가능하기 위해서는 수치화해야 한다. 질을 양으로 바꾸는 과정이 반드시 필요하다. 그런데 수치화하고 양화할 수 없는 것이 사실은 인간의 본질이고 생명의 본질이 아닌가?

안타까운 것은 인간의 지능을 단순한 계산(연산) 능력과 동일시하는 사람들이 용감하게 내비치는 세계관의 얄팍함, 그들이 가진 인간관의 빈약함, 그리고 반성적 사고의 빈약함과 단순함이다. 그들이야말로 사람을 계산기계로 보고 있었다는 말이 아닌가? 그런 사람들과 인격, 사랑, 배려와 양보, 희생과 이타에 대해 논할 수 있는가? 인공지능에게 윤리의식을 심어주는 연구가 진행되고 있다고 한다. 윤리란 무엇인가? 윤리가 행동규칙 알고리즘의 집합일까? 윤리가 기계적 알고리즘으로 대체될 수 있다고 생각하는 단순함이 오히려 반윤리적 태도가 아닐까?

컴퓨터의 지능, 인공지능의 '지능'은 여기서 단순히 작업을 실시하는 속도를 의미한다. 그러나 인간의 지능은 전혀 다른 의미를 가진다. 앞에서 본 것처럼, 인간의 지능을 한마디로 정의내리는 것은 쉽지 않다. 가장 포괄적인 의미에서 지능은 인간이 가진 지성의 총체, 특히 문제 해결을 위해 인간이 동원하는 능력의 총체라고 말할 수 있다. 아무리 지능 개념을 좁게 잡아도, 단순한 연산능력을 인간 지능과 동일시하는 것은 상식적으로 받아들이기 어렵다. 그러나 인공지능 연구가 각광을 받기 시작하면서, 연구 개발자들의 공명심과 조급함이 겹쳐서 그렇기도 하겠지만, 지능 개념을 대단히 좁게 정의하는 것이 유행처럼 확산되고 있는 느낌이다. 지능 개념을 매우 협소하게 잡는 것은 인공지능 개발자에게 유리한 전략이다. 개념이 협소하면 할수록, 그리고 지능 개념을 단순하게 보면 볼수록, 인공지능 개발의 성공 가능성이 높아지기 때문이다. 그래야 인공지능 연구자들은 성공한 것이 되고, 더 많은 연구비가 몰려들 것이다. 아무리 양보해도, 연산능력, 혹은 계산능력이 뛰어난다고 해서 지성이 더 높아지는 것은 아니다.

주산 실력이 뛰어난 사람은 계산능력이 뛰어나겠지만, 그렇다고 그 사람이 흔히 말하는 식으로 머리가 더 좋다거나 공부를 잘한다거나 그렇지 않다. 계산능력이 뛰어나서 정말 머리가 좋아진다면, 왜 그런 일을 컴퓨터에게 맡기겠는가? 초·중·고의 산수와 수학 시간에 계산능력을 향상시키는 것을 목적으로 산수와 수학을 가르치는 것은 인간적 의미의 지능 발달이나 지성 발달에 거의 도움이 되지 않는다. 이제 그 사실을 모르는 사람이 없을 것 같지만, 여전히 수학과 산수 교육이 더 빠른 계산, 더 정확한 계산에 주안점을 두고 있는 것은 부정하기 어렵다. 최근 인공지능 개발 붐과 함께 '지능' 개념 자체에 혼란이 발생하고 있다. 그리고 그런 혼란은 당연히 인공지능 개념 자체에 대해서도 혼란을 초래하고 있는 것 같다. 그런 혼란 위에 커즈와일 같은 괴짜 과학자는 혼란을 더 가중시키는 전략과 전술로 싱귤래리티 개념을 대서특필하면서 대중의 두려움을 자극하고, 인공지능을 21세기 초반의 최대 화두로 만드는 데 기여했다. 필자는 그의 발언이나 그가 하는 기행이 일종의 노이즈 마케팅이라고 생각하지만, 역시 그것은 아직 실현되지 않은 미래의 일이라 신봉자를 끌어들이는 효과는 엄청나다. 인공지능 개발에 대한 지나친 장밋빛 예언은 동시에 인공지능에 대한 불안 마케팅과 짝을 이루면서, 우리의 사고와 반성을 가로막는다.

인공 '지능'이라는 말은, 그 말이 탄생할 때부터 잘못 부여된 명명(미스노머)이다. 그리고 그렇게 잘못 명명된 인공지능이라는 말은 혼란에 혼란을 거듭하면서 성공과 실패의 부침을 경험했다. 그리고 2010년 이후 그 말은 인류의 존재 자체를 뒤흔드는 스캔들로 다가오기 시작했다. 그 스캔들은 '종말'이라는 말로밖에 형용할 수 없는 왁자지껄한 소란을 수반하고 있다.

그 개념은 1955년 존 메카시 John McCarthy 와 마빈 민스키 Marvin Minsky 등 인공지능의 아버지들이 모인 다트머스 회의 석상에서 우연히 만들어진 것이다. 그들은 컴퓨터를 연구하는 수학자들로서, 인간과 동물이 가진 다양한 능력, 그중에서도 특히 '인지능력'을 컴퓨터 위에서 재현할 수 있다는 기대에 부풀어 본격적인 연구 프로젝트를 시작했다. 그리고 그들은 그 재현 기구를 인공지능이라고 부르기로 했다. 그들의 생각은 처음에는 아주 단순하고 소박한 것이었다. 그리고 그들이 사용한 지능이라는 말도, 인간지능의 본질에 대한 깊은 이해와 반성에 근거한 것도 아니었다.

그들의 초기 아이디어는, 인지능력인 지능을 컴퓨터로 재현하기 위해서는, 그것을 작은 단위로 분해하고, 그것을 컴퓨터 알고리즘으로 기록하고, 그것을 다시 조합하면 된다는 것이었다. 근대과학의 분석적 방법의 연장선상에 있는 것이다. 세상을 알기 위해서는 더 작은 단위로 쪼개고 나누면 된다. 그리고 그렇게 나누어진 세상은 수학으로 표현할 수 있다. 근대과학의 진짜 할아버지인 갈릴레오 갈릴레이의 말, 즉 "자연은 수학이라는 언어로 기록되어 있다."는 말에 담긴 근대과학의 정신을 컴퓨터 위에서 지능을 재현하는 데 활용하겠다는 것이 그들의 소박한 생각이었다. 그런 분석적, 수학적 사고는 물리학의 전유물일 뿐 아니라 생명과학에서도 그대로 적용되기 시작한다. 소위 분자생물학은 전형적으로 그런 정신의 구현체라고 말할 수 있을 것이다. DNA의 이중나선 구조를 발견한 왓슨 James Watson 과 크릭 Francis Crick 이 생명의 연구는 화학물리적 구조의 연구로 대체할 수 있을 것이라고 생각한 것이 그런 예다. 자연을 수학의 언어로 표현한다고 할 때, 과연 통일된 답을 얻어낼 수 있을 것인가? 생물을 물리화학적 현상으로 환원한다고 해서 생명의 비밀을 이해할 수 있게 될 것인가? 여전히 의문은 사라지지 않는다.

최근의 반성적인 과학자들이 지적하고 있는 것처럼, 세상은 나누고 쪼갤 수 없는 영역이 있으며, 세상은 쪼개고 나누어도 알 수 없는 것이다. 복잡한 것(생명)을 단순한 것(물리화학적 현상)으로 환원할 때, 하나의 단일한 답이 얻어지는 것이 아니라, 다양한 심지어 무수한 해석이 가능한 여러 가능성이 제시될 수 있다. 생명보다 단순하기 짝이 없는 사회 현상이나 종교 현상을 보아도 그런 사실을 쉽게 알 수 있다. 경제학적 수식으로 사회의 동태적 변화를 설명하려고 해도 제대로 된 사회현상의 작동 방식을 설명할 수 없다. 만일 그런 분석을 통해 명확한 해석을 얻을 수 있다면, 모든 경제 현상은 쉽게 예측 가능할 것이다. 그러나 적어도 경제에 있어서 내일 일은 아무도 모른다는 것은 정설이 아닌가? 예측의 정확성을 높이기 위해 다양한 변수를 도입한 복잡한 계산식이 만들어지면 질수록 미래와는 점점 더 멀어지는 예측이 되어버린다. 하물며, 자연, 생명이랴!

하여튼 메카시와 민스키 등 인공지능 연구의 초기 멤버들은 단순히 그렇게 생각했다. 생명체가 가진 능력인 지능을 가장 단순하게 생각해서 그것을 논리계산으로 환원했다. 그리고 그렇게 (환원된) 지능을 다양한 작은 요소로 분해하여, 분해된 각 부분을 개별적으로 시뮬레이션하여, 알고리즘(계산공식)을 만든다. 알고리즘은 다른 말로 하면, 표현방식의 형식화이자 논리화다. 논리적 절차에 따라 사고를 모델화하는 것이다. 컴퓨터는 결국 아무리 복잡해도 그런 사고 모델에 의해 작동하는 기계다. 컴퓨터의 성능이 높아지면서 그 알고리즘의 처리 속도가 빨라졌지만 사고의 모델화로서의 컴퓨터의 본질은 변하지 않았다. 논리연산능력이 아무리 높아졌어도 그런 방식 자체의 변화가 일어난 것은 아니라는 말이다. 그런 능력, 즉 논리적 기호를 계산하는 연산능력이 나아졌다고 해도 그것뿐이다. 컴퓨터는 왜 자신이 그런 결과를 내놓았는지, 어떤 사고의 프로세스를 바꾸니 그렇지 않았을 때와 다른 결과가 나왔는지 설명하지 않는다. 컴퓨터는 자신의 능력, 자신의 지능에 대해 철저하게 과묵하다. 그리고 프로그래머가 그것을 대신하여 설명해줄 때까지 침묵을 지킬 것이다.

앞서 말한 것처럼, 지능의 정의는 그야말로 다양하다. 특히 인간만을 문제 삼을 때에도, 지능이란 무엇이라고 간단히 규정하는 것 자체가 어리석을 정도로, 지능은 다양한 모습을 가지고 있다. 인간이 다른 생명 종보다 더 머리가 좋다거나 지능이 높다고는 '절대' 말할 수 없다. 다른 생명체의 지능에 대해서도 잘 모르기 때문이다. 그래서인지 인간 마음의 과학적 연구를 표방하고 나선 심리학이 등장한 이래, 실로 다양한 지능 개념의 정의가 시도되었다. 과학적 연구를 표방하는 이상, 측정과 실험이라는 문제를 거쳐 지나가지 않을 수 없다. 지금도 지능의 정의는 무수하게 많다. 그리고 무수한 종류의 지능에 대한 논의가 전개되고 있다. 인간 정신, 특히 다양한 종류의 지능을 알지 못하기 때문에, 아직 제시되지 못한 숨어 있는 지능의 부분을 생각한다면, 앞으로도 어떤 지능 개념이 나올지 알 수 없다.

그런데 정말 재미있는 것은, 소위 인공지능 연구에서, 그리고 과학 일반의 연구에서도 그렇긴 하지만, 과학은 3,000년 동안 진행된 인간 마음에 대한 다양한 통찰에 전혀 귀를 기울이지 않는다는 점이다. 정말 재미있지 않은가? 과학이 등장하기 수천 년 전부터 등장하여 인간 문명을 이끌어온 종교와 철학과 문학 등 정신 활동의 다른 모든 분야는 인간 지성의 막내인 과학의 발견에 진지하게 귀를 기울이고 그것을 수용하고 종합하려고 노력한다. 그러나 유독 물리, 화학, 생물학 등 하드hard한 과학일수록, 그리고 인공지능 연구, 뇌 과학 등 젊은young 과학일수록 오래된 지혜에 귀를 기울이려고 하는 겸허함과 의지가 거의 없는 것처럼 보인다. 지성은 젊을수록 오만한 것이라서 그런지 알 수 없다. 그럼에도 불구하고 최근의 정신의학은 신경증과 우울증의 해소 방법으로 2500년 전의 위파사나 불교 수행법을 적극 활용하고 있다니, 아이러니가 아닐 수 없다.

　여기서 우리의 결론은 이렇다. 컴퓨터의 연산능력과 그 연산속도는 그것이 아무리 증대된다고 해도, 그것이 곧 컴퓨터가 지성을 가진다는 것의 증거가 될 수 없을 뿐 아니라, 인간의 지능을 재현하는 것과도 아무런 직접적 관계가 없다는 것이다. 연산능력이 곧 지능은 아니기 때문이다. 백보를 양보하여, 무어의 법칙이 미래에도 그대로 적중하여 엄청난 연산속도를 가진 프로세서가 만들어진다고 해도, 그것은 '슈퍼 인텔리전스(초지능)'를 구현하는 기계를 만들어내는 것은 고사하고, 보통 지능을 재현하는 것조차 불가능할 것이다.

　싱귤래리티와 슈퍼 인공지능은 (인간의) 지능 개념을 가장 비본질적인 범위로 축소하여 정의할 때만 실현 가능하다. 하지만 그런 경우, 그것을 슈퍼 인공지능이라고 부를 수 없을 것이다. 다시 강조하지만, 계산능력이 곧 지능은 아니다. 계산 잘하는 사람이 지능이 높은 사람도 아니고, 미안한 말이지만 세계 최고의 바둑기사나 체스 챔피언이 가장 지능이 높은 인간도 아니고, 더더구나 가장 지성이 탁월한 인간, 가장 지혜로운 인간은 아니지 않은가? 그리고 백보 물러나서, 싱귤래리티의 가능성을 정말로 진지하게 믿는다면, 당연히 비관론자들, 즉 빌 게이츠나 스티븐 호킹 같은 사람들이 인공지능 개발 자체를 금지시켜야 한다고 주장하는 것은 백 번 천 번 지당하다. 무고한 인명을 해치는 테러리스트를 천인공노할 반인륜적 범죄자라고 비난하는 인도주의가 가득한 이 세상에서, 만약 정말로 실현된다면 인류 전체의 절멸을 초래할 것이 뻔한 '슈퍼' 인공지능 개발을 용인하고 거기에 엄청난 세금을 투입하는 것은, 국민의 세금으로 국민을 죽이는 독가스를 만들고 있는 것과 다를 바 없다. 독가스는 사용하지 않으면 그만이지만, 슈퍼 인공지능은 만들어지는 그 순간 인간의 통제를 벗어난다. 스스로 인간보다 탁월한 지성을 가진 초지성체가 인간의 통제를 받는 그런 일은 일어나지 않는다. 그런 의미에서, 싱귤래리티의 실현 가능성을 정말로 확신하면서 인공지능 연구를 계속하는 '짓'은 인류 전체와 대항하는 반인륜적 범죄의 예비 단계를 지나 실행 단계에 접어든 것이 아닌가?

언제 과학은 종교가 되는가?

앞에서 우리는 싱귤래리티의 기대, 슈퍼 인공지능의 실현에 대한 기대와 비관이 종말론적 종교현상과 다를 바 없다는 사실을 지적했다. 그리고 그 주창자의 대부인 커즈와일의 생각은 이미 과학적 검증과 예측 가능성의 한계를 넘어서는 신화적 차원의 주장에 불과하다고 말했다. 근대 과학의 급격한 성공 탓에 우리는 과학자의 주장 앞에 한없이 작아지는 자신을 발견한다. 더구나 그들이 사용하는 특수 언어인 복잡한 수학을 깊이 이해하지 못하는 사람은 수식을 동원한 과학적 설명 앞에 무력해진다. 그리고 어떤 분야에서든 과학적 발견과 주장에 대해 무한 신뢰와 복종적 태도를 보이는 것이 일반적이다. 이런 태도를 필자는 미지의 초월적 존재에 대한 숭배와 비슷하기 때문에 '과학 숭배'라고 부를 수 있다고 생각한다. 그리고 그런 숭배는 가장 단순하고 초보적인 의문도 품지 못할 정도로 맹목성을 띤 것일 수 있다는 의미에서 '과학 미신'으로 발전할 가능성이 있다. 당연히 모든 과학, 모든 과학자가 그렇다는 것은 아니다. 모든 종교가 단순한 맹목적인 숭배를 요구하는 것도 아니고, 또 모든 종교가 무조건적 숭배는 아니라는 점에서, 모든 종교를 미신이라고 말할 수 없다. 모든 일이 그렇지만, 밝음과 어두움은 공존하는 것이다. 밝음이 눈부시면 눈부실수록, 어둠은 짙고 그림자는 길다. 과학도 마찬가지다. 과학의 건강한 발전을 위해 맹목적 과학 숭배와 과학 미신에 대해 과학자들, 훈련된 전문가들이 더 날카로운 태도로 '어둠이 밝음을 이기는' 현상에 대해 지적하고, 과학 문외한을 바른 길로 인도해주어야 한다. 나는 그런 활동을 루터의 '종교개혁'을 본떠서 '과학개혁'이라고 부르고 싶다.[3]

과학 미신에서 벗어나기 위해서는 과학의 가능성과 한계를 공정하게 평가하는 안목을 가져야 한다. 과학의 양면성을 제대로 바라볼 때, 과학이 인류에게 가져다준 은혜를 제대로 평가할 수 있을 것이고, 과학이 인간에게 가져다 줄 위험도 제대로 판단할 수 있다. 예를 들어 요즘 한국 사회에서 갈등의 씨앗으로 등장한 원자력 문제는 전형적인 그런 문제가 아닌가? 지금까지 지나친 낙관이 지배했던 탓에, 다시 말해 빛이 지나치게 강했던

---

3) 정확하게 500년 전인 1517년, 루터는 맹목적 숭배로 무너지는 기독교를 구하고 바른 종교성을 회복하기 위해 일어났다. 21세기의 과학자는 과학이 맹목적 숭배로 타락하는 것을 막을 책무가 있다. 건강한 과학을 구하기 위해 가짜 과학을 비판해야 할 책임이 있다. 그런 의미에서 21세기 '과학개혁' 운동이 일어나기를 기대한다.

탓에 그림자가 짙어진 것이다. 평화의 댐, 4대강 개발, 무기개발 비리 등 시민의 눈과 귀를 속이는 일들을 몇 번 경험하고 나니, 이제는 과학자들이 정치적, 경제적 이유 때문에 진실을 왜곡하기도 한다는 사실을 학습하게 된 것이다. 진실은 누구도 모를 수 있다. 인간사회는 계산적 이성에 의해서만 움직이지 않는다. 그리고 계산적 이성이 신뢰하는 확률이 진실을 담보하지도 않는다. 확률의 범위를 벗어난 영역을 '상정외想定外'라고 말한다. 그러나 그 '상정외'의 사건이 발생할 때 예상하지 못한 거대한 재앙이 닥칠 수 있다. 더 싼 대안이 없기 때문에, 폭탄을 지고 살아도 무방하다고 말한다면 누가 수긍할 것인가? 현재 우리 사회를 갈등으로 몰아넣고 있는 불신은 과학자가 초래한 것이라는 면이 강하다. 신뢰를 잃고 난 다음 그 신뢰를 회복하는 데는 신뢰를 얻을 때보다 더 긴 시간이 걸리는 법이다.

현대에 있어서, 인간 삶을 영위하는 데 필요불가결한 요소가 된 과학에 대한 건강한 이해가 비판적 사고를 가능하게 한다. 20세기 초의 미신 비판이 과학에 근거한 것이었다면, 21세기의 미신비판은 과학 숭배를 넘어서는 지성적 태도를 기르는 방향으로 나아가야 한다. 이성적 합리주의에 근거하여 발전한 과학이 자본이나 권력과 결합하면서 비이성적 방향으로 나아가고 있는 것은 아닌가? 그런 의미에서라면 과학이 건강한 과학적 이성을 회복해야 한다. 과학 미신을 넘어서 과학적 방법의 본질, 그리고 한계를 이해하는 것은 건강하고 행복한 인생을 만드는 지름길이다.

공룡화되고 대형교회화한 과학을 바로 보자! 그리고 그런 과학 미신에 기대어, SF와 다를 바 없는 전망으로 인류절멸의 종말론으로 무장한 거대 인터넷 기업의 야심은 무서운 기세로 확대되고 있다. 건강한 과학 발전을 위해서는 과학의 성과와 과오, 과학의 가능성과 한계를 정확히 이해해야 한다. 종교를 정확히 이해해야 미신적이 되지 않으면서 종교의 건강한 가르침을 통해 삶을 건강하게 살아낼 수 있는 것과 같은 이치다. 과학도라고 해서 반드시 과학의 의미를 이해하는 것은 아니기 때문이다.

종교는 정당한 존재 이유가 있다. 설득과 납득의 상호작용을 통해 인생의 의미를 깊게 생각하게 만들고, 그런 사고를 통해 건강한 삶을 사는 길잡이를 제공하려고 한다. 물론 모든 종교가 그런 목표에 적합한 것은 아닐 수 있다. 그럼에도 불구하고 인생의 목적과 의미에 대한 합리적 반성을 이끌어내는 것이 종교의 존재 이유일 것이다. 그러나 종교가 신자에게 맹목적 신앙과 과도한 확신을 요구할 때, 종교는 존재 이유의 한계를 넘어서서 미신의 차원으로 넘어간다. 그렇게 미신화된 종교의 사회적 폐해를 우리는 자주 목격한다. 종말론적 열광에 사로잡혀 지하철 화학 무기 테러를 감행한 옴 진리교 사건. 종교적 열광 때문에 엄청난 살상과 파괴를 꺼리지 않는 종교적 테러집단, 하느님의 영광을 재현한다는 명분으로 무고한 국가에게 악마의 혐의를 씌워 무차별 폭격을 자행하는 거대국가의 폭력 등등 예를 들자면 끝도 없다. 이렇게 미신이 된 종교는, 때로는 기존 종교의 틀 안에서, 혹은 새로운 종교의 모습으로, 또는 국가 이데올로기나 세속 이데올로기의 모습으로 등장한다. 그들은 좋은 삶을 살도록 도와주는 것이 아니라 도움을 가장하여 생명을 파괴한다.

종교와 미신의 명확한 한계선을 긋는 것은 학문적으로 불가능하다. 그러나 실제적인 수준에서 종교와 미신의 존재 양상을 구별하는 것은 반드시 어려운 일이 아니다. 그리고 그런 식으로 처음에는 어떤 가치를 가진 것이 그것의 본래적 의미를 넘어서서 과도함으로 나아가는 현상은 모든 것에서 발견할 수 있다. 지식체계로서의 인문학의 역할은 결국 '합리적 의심'에 근거하여 삶을 건강하게 살아 나가는 것을 돕는 것이라고 말할 수 있을 것이다!

과학 역시 '합리적 의심'에서 출발하는 지식활동으로서 인류의 역사에서 대단히 중요한 역할을 해왔다. 객관성을 모토로 삼는 관찰과 관측, 가치중립을 지향하는 실험과 검증이라는 체계적인 지식획득의 프로세스는 오늘날에도 여전히 중요한 가치로 남아 있다. 그러나 절대적인 객관성은 존재할 수 없고, 완전한 가치중립성이란 인간으로서는 도달할 수 없는 목표라는 사실을 완전히 망각해버릴 때, 즉 과학 자신이 절대적 객관성과 절대적 가치중립성을 구현하고 있다고 하는 자만에 빠지는 순간, 그 과학은 이성적 인식의 한계를 넘어 비과학의 영역으로 나간다. 그리고 거기에서 과학을 과학으로 존재하게 만든 '합리적 의심'의 가치는 무너지기 시작한다. 과학이 '합리적 의심'에서 출발하는 반성적인 지식활동이 아니라 완전히 객관적이고 절대적으로 가치중립적이라는 착각을 지고의 가치로서 내면화하는 순간, 과학은 스스로가 절대적인 진리를 발견하고 실천한다고 하는 자기기만으로 빠져든다. 합리적 의심으로서의 과학이 아니라 과신過信을 넘어 신앙과 맹신盲信으로서의 과학, 즉 미신으로서의 과학으로 진전하게 된다는 것이다. 여기서 과학의 타락이 시작된다고 해도 과언이 아니다. 과학이 종교화와 미신화의 길로 나아가는 과정에 대해 조금 더 살펴보자.

먼저, 종교와 과학이 본연의 자세를 잃어버릴 때 나타나는 유사성은 흥미롭다. 종교와 과학은 하나의 지식 및 제도로서 유사한 구조를 가지고 있다. 종교는 신을 비롯한 절대적 신앙 대상에 대해 말한다. 그리고 그 신을 원인으로 하는 자연의 존재 이유와 존재 방식, 우주와 세계의 구조, 특히 숨은 구조에 대해 말해준다. 그 구조는 사실 자명自明하게 드러나는 것이 아니기 때문에 전문가의 해석과 해설이 필요하다. 그 해설과 해석에 이용되는 도구가 교리와 이론이다. 그 교리나 이론은 해석의 준거일 뿐, 그 자체의 객관성이나 진리성은 담보되지 않는다. 단지 더 나은, 더 설득력 있는, 혹은 더 많은 사람이 받아들이는 새로운 교리나 새로운 해석이 등장할 때까지만 진리로서 받아들여진다. 그런 상황에서 그것의 진리성을 의심하는 사람은 이단이나 범죄자가 되거나 사회에서 격리되고 추방된다.

과학에서 절대적 존재에 대한 신앙, 그리고 해석의 틀로서 이론이나 교리에 해당하는 것은 과학적 진리, 과학적 이론, 혹은 과학의 법칙이다. 과학적 법칙은 반복된 관찰과 실험이라는 경험적 과정을 통해 진리로 인정받은 것이다. 그리고 과학적 이론에 입각하여 세계의 보이지 않는 법칙을 해명한다. 세상에서 발생하는 현상의 의미를 우리는 이해하기 어렵지만, 그 현상을 합리적으로 설명하기 위해 동원되는 해석의 기준이 이론이다. 그러나 이론과 법칙 그 자체의 진리성은 담보되지 않는다. 궁극적 차원에서 이론의 근거는 증명되지 않기 때문이다. 그런 점에서 모든 이론은 경험 법칙이다. 그런 경험 법칙이 왜 성립하는지는 여전히 모른다. 그런 점에서 과학의 이론이나 법칙은 그것이 수용되는 동안만 진리, 즉 패러다임적 진리로 군림한다. 그 진리가 군림하는 동안, 진리에 이의를 제기하는 것은 용납되지 않는다. 진리를 지탱하는 것이 어떤 권력 집단이라면, 반대자나 의심자는 화형을 당하거나 감옥행을 선고받거나 추방당할 것이다. 그러나 현대에 그런 일은 일어나지 않는다. 다만 정통적 과학 서클에서 배제되어 학계에 발을 딛지 못하는 외로운 삶을 강요받게 될 가능성은 있다.

나아가 종교는 성직자 집단을 가지고 있고, 그 성직자 집단의 지적, 실천적 활동에 의해 유지된다. 과학에서는 과학자 집단의 지적, 실천적 헌신으로 과학적 진리가 발견, 유지, 수정된다. 그리고 종교는 신앙의 대상으로서의 절대적 존재를 믿고 그의 가르침을 내면화하는 것을 목적으로 삼는 신앙자 집단을 가진다. 과학에서는 과학의 발견과 가르침을 절대적 진리로 신봉하는 과학 숭배자 집단으로서 국가와 기업과 시민의 지지에 의해 과학이 유지된다.

　대부분의 종교는 신, 혹은 우주창조 이전으로 거슬러 올라가는 궁극적 진리가 모든 것의 근원이라고 주장한다. 그리고 그 신 혹은 궁극적 진리는 일상적인 언어로 전달하기 어려운 지극히 초월적이고 난해한 것이라고 말한다. 서양종교에서 궁극적 진리의 계시자인 하느님은 인간의 지식으로는 이해하기 어려운 지극히 고귀한 존재이고, 동양종교에서 도道나 부처님 역시 일상적인 인간의 지식으로 설명하는 것은 쉽지 않다. 그래서 종교에서는 그런 궁극존재의 가르침을 대중에게 알려주고 대중을 이끌어주는 종교 이론가, 성직자, 교사가 필요해진다. 그리고 그들은 이론이나 교리를 해석의 기준으로 삼아 세상사를 해석하는 역할을 한다. 가끔 아주 뛰어난 철학자나 이론가가 등장하여 교리를 확장하거나 새로운 교리를 제시하기도 한다. 물론 새로운 교리를 만들거나 첨가하는 데 실패하면 목숨의 위험을 감수해야 한다. 일반인은 종교 이론가 또는 성직자의 중개와 매개적 개입을 통해서 궁극적 진리나 신의 존재를 느끼고, 그의 가르침을 배우고 삶을 살아가는 지식과 지혜를 얻는다. 그리고 그 지식과 지혜가 자신의 삶을 이끌어가는 나침반이 된다고 생각하기 때문에, 그 가르침을 추종하는 신자가 되고 경제적으로 종교 집단을 유지하는 지지자가 된다.

　과학의 경우, 절대적이고 초월적인 인격적 신을 상정하지 않는 것이 일반적이다. 근현대 과학의 기본 전제는, 신의 존재만큼이나 증명되기 어려운 전제이지만, 우주는 어떤 물리법칙에 의해 지배되는 물질의 집합이라고 믿는다. 그들은 그렇게 믿을 뿐이다. 마치 유신론자들이 우주가 신적 법칙의 지배를 받고 있다고 믿는 것과 거의 다를 바 없다. 궁극적인 법칙, 궁극적인 존재는 어차피 증명될 수 없는 것이기 때문이다. 대중들은 신학적 믿음은 오류에 불과하고 과학적 믿음은 진실이라고 확신하지만, 그것은 그들이 스스로 증명을 통해 얻게 된 결론이 아니다. 그렇게 배워서 알게 된 지식일 뿐이다. 누구도 빅뱅을 본 적이 없고, 궁극물질을 본 적도 없다. 그리고 진화를 직접 경험한 적도 없다.

전자를 유신론적 세계관이라고 부른다면, 후자는 물질주의, 혹은 자연주의 세계관이라고 부른다. 그 어느 것도 증명된 바 없다. 그러나 과학은 적어도 인간이 사는 이 세계, 우리의 우주를 관통하는 하나의 궁극적 원리나 법칙이 존재한다는 전제, 혹은 궁극적 법칙에 대한 확신을 갖는 경우가 많다. 특히 근현대 과학의 총아인 물리학에서는 우주와 인간의 존재를 통일적으로 설명하는 통일 이론, 즉 모든 것을 하나로 이어서 설명하는 'Theory of Everything(모든 현상을 한꺼번에 설명하는 궁극이론)'에 대한 신념을 가지고 있다. 그러나 그 궁극원리는 일반인이 이해할 수 있는 사고의 수준과 담론의 영역을 벗어나 있다. 종교에서의 진리 혹은 하느님처럼, 과학의 궁극적 진리 역시 누구나 손쉽게 도달할 수 있는 것은 아닌 것이다. 그래서 그 궁극적 진리를 전문적으로 탐구하는 과학자 집단이 필요해진다. 그리고 그들이 세상을 해석하는 틀이 바로 과학의 법칙과 이론이다.

성직자 집단이 필요한 것과 같은 구조가 과학 안에 존재하고 있다. 과학자 집단의 제1임무는 과학적 진리를 발견하는 것이다. 발견자도 있지만, 대부분은 다른 사람이 발견한 근본 진리를 확대 유지하는 신봉자다. 가끔

위대한 과학자가 등장하여, 기존의 원리, 즉 과거에는 절대적 법칙이라고 여겨지던 것을 확대하고 수정하거나, 심지어 뒤집기까지 한다. 종교의 권위가 추락한 세속세계에서 과학은 국가의 제도적 추인을 받는 유일한 진리로서 확립되었으니, 진리 탐구자로서 과학자 집단의 권위는 종교적 진리가 유일한 진리로 군림하던 중세 성직자 집단의 권위를 훨씬 더 능가하게 된다. 공권력의 힘이나 통제력이 중세와 비교가 되지 않는 상태이기 때문이다.

진리 발견자로서의 임무를 부여받은 과학자 집단은 한편으로는 과학적 진리를 전수받을 후속 과학자 집단을 양성하는 일차적 책임을 갖고, 부가적으로 과학적 진리를 시민에게 가르치는 임무를 갖게 된다. 전문화된 과학기술대학은 말하자면 성직자를 양성하는 신학교에 비견될 수 있다. 시민을 위한 과학 교육은 최종적으로 과학 제도의 스폰서인 시민에게 과학적 진리의 위대함과 유용함을 알려주면서 지속적인 지지와 성원과 성금을 이끌어내기 위한 선전 활동, 즉 전도 활동이라고 말할 수 있을 것이다. 이처럼 우리는 종교 성직자와 과학자의 닮은꼴 형태를 목격하게 된다.[4]

---

4) 종교의 세 차원을 대강 다음과 같이 도식화할 수 있을 것이다. (1) 삶의 의미에 대한 합리적 반성: 인간의 한계를 자각하는 겸허함. (2) 반성 없는 맹목적 신앙과 확신: 인간의 한계를 망각하는 오만함. (3) 인간의 나약함을 이용하는 미신화: 인간의 한계를 이용하는 권력화. 이런 도식을 과학에 적용하면 다음과 같이 말할 수 있을 것이다. (1) 합리적 의심으로서의 과학. (2) 종교적 과신으로서의 과학. (3) 미신적 맹신으로서의 과학. 역시 어느 정도 도식적이지만, 종교와 과학의 구조적 유사성을 우리는 다음과 같이 말해볼 수 있을 것이다. (1) 신, 하느님≒과학적 진리, (2) 종교가, 종교지도자≒과학자, (3) 종교신자≒과학을 (맹목적으로 믿는) 시민.

슈퍼 지능, 싱귤래리티 신화를 넘어서

종교가 유일한 진리로 지지받던 시대에 종교가들은 신앙인이나 대중을 쉬운 일상 언어로 설득하거나 가르치지 않았다. 그들이 그렇게 하지 않은 가장 중요한 이유 중의 하나가 언어적 권위의 유지라는 사실은 의심할 수 없다. 성직자 집단은 권위적인 태도로 민중이 전혀 이해하지 못하는 난해하기 짝이 없는 종교 전문어(라틴어, 그리스어, 산스크리트어, 한문)를 구사하며, 그 난해함의 '아우라aura'를 이용하여 무지한 백성들에게 무조건적 신앙과 복종을 요구했다. 그리고 그들의 가르침에 대한 어떠한 합리적인 의심도 용납하지 않는다. 종교적 도그마의 수립, 정통과 이단의 금 긋기, 통제 수단으로서의 종교 심판 등을 활용하여, 성직자들은 교회의 가르침에 도전하는 모든 세력을 차단하는 데 힘을 쏟는다. 그리고 그들 내부에서도 권력과 재력을 확보하기 위한 끊임없는 투쟁을 벌이면서, 더욱 난해하고 더욱 심오한 이론을 만들어 자신들의 지적 권위를 유지하려 한다.

종교적 진리의 권위가 추락한 현대에 와서 종교가들의 우월적 지위는 하락했지만, 그럼에도 불구하고 오늘날에도 신자들에게 성직자는 범접할 수 없는 권위를 가진 존재로 받들어진다. 그렇지 않고서야, 종교계에서 발생하는 성직자의 타락을 설명할 길이 없을 것이다. 그런 성직자들은 대중들의 마음을 사로잡기 위해 검증 불가능한 신비로운 현상을 내세우거나, 신자들의 합리적 사유를 마비시키기 위해 과거와는 다른 전략을 보여주기도 한다.

필자는 커즈와일의 전략이 이런 수준의 미신적 전략과 다를 바가 없다고 생각한다. 2045년이 오기 전에는 누구도 알 수 없는 것이지만, 한 언론

보도를 보니, 현재 시점에서 인공지능 연구자의 절반인 50% 정도가 슈퍼 지능의 실현 가능성에 긍정적인 동의를 표시하고 있다고 한다. 그러나 그 시점에 대해서는 커즈와일이 예언한 2045년이 아니라 조금씩 그 시간이 늦추어지고 있다고 한다. "늦추어지기는 하겠지만, 언젠가는 올 것이다!" 그들의 주장은 한 마디로 이렇게 요약할 수 있다. 이런 예측을 보면서, 얼마 전 세상을 떠들썩하게 만들었던 종말론 소동이 오버랩되지 않는가? 그리고 그보다 조금 앞서 떠들썩했던 노스트라다무스의 종말 예언은 어떤가? 그리고 그 전에, 그 전에, 중세 말기에, 더 거슬러 올라가서 기독교가 탄생하던 시기에 유행한 종말론은 이런 유형의 종말론과 정확히 동일한 구조를 가지고 있다. 차이가 있다면, 수학의 언어를 사용하는가, 초월적이고 직관적인 언어를 사용하는가에 불과하다. 이 시점에서, 슈퍼 지능의 실현, 나아가 싱귤래리티의 실현에 대해 더 이상 왈가왈부하는 것은 무의미하다. 귀 있는 자는 듣고, 그때까지 살아남는 자는 확인할 뿐이다.

참고문헌

제1장 4차 산업혁명에 대한 성찰적 접근

- 게이츠, 빌, 1995, 《미래로 가는 길》, 이규행 옮김, 삼성.
- 김동욱 외, 2015, 《스마트 시대의 위험과 대응방안》, 나남.
- 네그로폰테, 니콜라스, 1999[1995], 《디지털이다》, 백욱인 옮김, 커뮤니케이션북스.
- 니콜스, 톰, 2017, 《전문가와 강적들: 나도 너만큼 알아》, 정혜윤 옮김, 오르마.
- 라투르, 브뤼노, 2009, 《우리는 결코 근대인이었던 적이 없다》, 홍철기 옮김, 갈무리.
- 러니어, 재런, 2016, 《미래는 누구의 것인가》, 열린책들.
- 리프킨, 제레미, 2012, 《3차 산업혁명》, 안진환 옮김, 민음사.
- 만델, 마이클, 2001, 《인터넷 공황》, 이강국 옮김, 이후.
- 바우만, 지그문트 · 데이비드 라이언, 2014, 《친애하는 빅 브라더》, 한길석 옮김, 오월의봄.
- 배럿, 제임스, 2017, 《파이널 인벤션》, 정지훈 옮김, 동아시아.
- 벡, 울리히, 1999[1986], 《위험사회》, 홍성태 옮김, 새물결.
- 벨, 다니엘, 2006[1973], 《탈산업사회의 도래》, 박형신 · 김원동 옮김, 아카넷.
- 보스트롬, 닉, 2017, 《슈퍼인텔리전스》, 조성진 옮김, 까치.
- 손화철 외, 2017, 《4차산업혁명이라는 거짓말》, 북바이북.
- 슈밥, 클라우스, 2016, 《클라우스 슈밥의 제4차 산업혁명》, 송경진 옮김, 새로운현재.
- 신상규, 2014, 《호모 사피엔스의 미래: 포스트휴먼과 트랜스휴머니즘》, 아카넷.
- 아도르노, 테오도르 W. · M. 호르크하이머, 2001, 《계몽의 변증법》, 김유동 옮김, 문학과지성사.
- 오닐, 캐시, 2017, 《대량살상 수학무기》, 김정혜 옮김, 흐름출판.
- 카, 니콜라스, 2011, 《생각하지 않는 사람들》, 최지향 옮김, 청림출판.
- 이광석, 2017, 《데이터 사회 비판》, 책읽는수요일.
- 커즈와일, 레이, 2007, 《특이점이 온다》, 김명남 · 장시형 옮김, 김영사.
- 토플러, 앨빈, 1992[1980], 《제3의 물결》, 김진욱 옮김, 범우사.
- 포드, 마틴, 2016, 《로봇의 부상》, 이창희 옮김, 세종서적.
- 헨우드, 더그, 2004, 《신경제 이후》, 이강국 옮김, 필맥.
- 〈'공유경제'로 포장된 디지털 신자유주의〉, 《르몽드 디플로마티크》 한국판, 2014년 8월 26일 자.
- 〈[리셋 코리아] 대기업에 기술 빼앗긴 중소기업에 직접 고발권 주자〉, 《중앙일보》, 2017년 4월 24일 자.
- 〈'무인 공장' 덕에…23년 만에 독일 돌아온 아디다스〉, 《한국경제》, 2016년 10월 17일 자.
- 〈여전한 대기업 기술탈취, 맞서 싸울 방법이 없다〉, 《한겨레》, 2017년 10월 15일 자.
- 〈자동화로 인한 실업 두려워 말라, 인간은 다음 단계로 발 내딛는 것〉, 《중앙일보》 2017년 9월 12일 자.

제2장 우리는 오직 휴먼이었던 적이 없다: 포스트휴머니즘과 행위자 - 연결망 이론

• 김환석, 2011, 〈행위자-연결망 이론에서 보는 과학기술과 민주주의〉, 《동향과 전망》 통권83호, 한국사회과학연구회.

• 김환석, 2017, 〈코스모폴리틱스와 기술사회의 민주주의〉, 《사회과학연구》 30집 1호, 국민대 사회과학연구소.

• 마르크스, 카를, 2015, 《자본론 1》, 김수행 옮김, 비봉출판사.

• Bostrom, Nick, 2005, "A History of Transhumanist Thought," *Journal of Evolution and Technology*, vol. 14 Issue 1.

• Glendinning, Chellis, 1990, "Notes towards a Neo-Luddite Manifesto," *Utne Reader*,

• https://theanarchistlibrary.org/library/chellis-glendinning-notes-toward-a-neo-luddite-manifesto

• Jones, Steve E., 2006, *Against Technology: From the Luddites to Neo-Luddism*, New York: Routledge.

• Haraway, Donna J., 1991, *Simians, Cyborgs, and Women: The Reinvention of Nature*, New York: Routledge; 다나 해러웨이, 2002, 《유인원, 사이보그, 그리고 여자》, 민경숙 옮김, 동문선.

• Hayles, N. Katherine, 1999, *How We Became Posthuman: Virtual Bodies in Cybernetics, Literature, and Informatics*, Chicago: The University of Chicago Press; 캐서린 헤일스, 2013, 《우리는 어떻게 포스트휴먼이 되었는가》, 허진 옮김, 플래닛.

• Hayles, Katherine, Niklas Luhmann, William Rasch, Eva Knodt and Cary Wolfe, 1995, "Theory of a Different Order: A Conversation with Katherine Hayles and Niklas Luhmann," *Cultural Critique*, no. 31, The Politics of Systems and Environments, Part II, Autumn.

• Kaczynski, Theodore, 1995, "Industrial Society and Its Future," *The Washington Post: Unabomber Special Report*,

• http://www.washingtonpost.com/wp-srv/national/longterm/unabomber/manifesto.text.htm

• Latour, Bruno, 1983, "Give Me a Laboratory and I Will Raise the World," in Karin Knorr-Cetina & Michael Mulkay, eds., *Science Observed: Perspectives on the Social Study of Science*, London: Sage; 브뤼노 라투르, 2003, 〈나에게 실험실을 달라, 그러면 내가 세상을 들어 올리리라〉, 김명진 옮김, 《과학사상》, 범양사.

• Latour, Bruno, 1988, *The Pasteurization of France*, Cambridge: Harvard University Press.

• Latour, Bruno, 1993, *We Have Never Been Modern*, trans. Catherine Porter, Cambridge: Harvard University Press; 브뤼노 라투르, 2009, 《우리는 결코 근대인이었던 적이 없다》, 홍철기 옮김, 갈무리.

• Latour, Bruno, 1999, *Pandora's Hope*, Cambridge: Harvard University Press.

• Wolfe, Cary, 1995, "In Search of Post-Humanist Theory: The Second-Order Cybernetics of Maturana and Varela," *Cultural Critique*, no. 30, The Politics of Systems and Environments, Part I, Spring.

• Wolfe, Cary, 2010, *What Is Posthumanism?*, Minneapolis: University of Minnesota Press.

제3장 인간이 된 기계와 기계가 된 신: 종교, 인공지능, 포스트휴머니즘

• 프로이트, 지그문트, 1997, 〈마조히즘의 경제적 문제〉, 《쾌락 원칙을 넘어서》, 박찬부 옮김, 열린책들.

• Agamben, Giorgio, 2004, *The Open: Man and Animal*, trans. Kevin Attell, Stanford: Stanford University Press.

• Bainbridge, William Sims, 2004, "Progress toward Cyberimmortality," *The Scientific Conquest of Death: Essays on Infinite Lifespans*, Buenos Aires: LibrosEnRed.

- _____, 2006, *God from the Machine: Artificial Intelligence Models of Religious Cognition*, Lanham: AltaMira Press.

- _____, 2011, *The Vitual Future*, London: Springer.

- _____, 2013, *eGods: Faith versus Fantasy in Computing Games*, Oxford: Oxford University Press.

- Boden, Margaret A., 2006, *Mind as Machine: A History of Cognitive Science*, vol. 1 & 2, Oxford: Clarendon Press.

- Bostrom, Nick, 2014, *Superintelligence: Paths, Dangers, Strategies*, Oxford: Oxford University Press.

- Dinello, Daniel, 2005, *Technophobia!: Science Fiction Visions of Posthuman Technology*, Austin: University of Texas Press.

- Dyson, Freeman, 1988, *Infinite in All Directions*, Gifford Lectures Given at Aberdeen, Scotland (Apr.-Nov. 1985), New York: Harper & Row, Publishers.

- Foucault, Michel, 2002, *The Order of Things: An Archaeology of the Human Sciences*, London & New York: Routledge.

- Geraci, Robert M., 2008, "Apocalyptic AI: Religion and the Promise of Artificial Intelligence," *Journal of the American Academy of Religion*, vol. 76 no. 1, Mar.

- _____, 2010, "The Popular Appeal of Apocalyptic AI," *Zygon*, vol. 45 no. 4, Dec.

- Gibson, William, 1984, *Neuromancer*, New York: Ace Books.

- Harari, Yuval Noah, 2017, *Homo Deus: A Brief History of Tomorrow*, New York: HarperCollins.

- Hayles, N. Katherine, 1999, *How We Became Posthuman: Virtual Bodies in Cybernetics, Literature, and Informatics*, Chicago: The University of Chicago Press.

- Hodges, Andrew, 2012, *Alan Turing: The Enigma*, Princeton: Princeton University Press.

- Istvan, Zoltan, 2015, "When Superintelligent AI Arrives, Will Religions Try to Convert It?," *Gizmodo* (2월 4일). http://gizmodo.com/when-superintelligent-ai-arrives-will-religions-try-t-1682837922 (2016년 9월 21일 접속)

- Kittler, Friedrich A., 1999, *Gramophone, Film, Typewriter*, trans. Geoffrey Winthrop-Young & Michael Wutz, Stanford: Stanford University Press.

- Kurzweil, Raymond, 1999, *The Age of Spiritual Machines: When Computers Exceed Human Intelligence*, New York: Viking.

- _____, 2004, "Human Body Version 2.0," *The Scientific Conquest of Death: Essays on Infinite Lifespans*, Buenos Aires: LibrosEnRed.

- _____, 2005, *The Singularity Is Near: When Humans Transcend Biology*, New York: Viking.

- Latour, Bruno, 1993, *We Have Never Been Modern*, trans. Catherine Porter, Cambridge: Harvard University Press.

- Moravec, Hans, 1988, *Mind Children: The Future of Robot and Human Intelligence*, Cambridge: Harvard University Press.

- Nilsson, Nils J., 2010, *The Quest for Artificial Intelligence: A History of Ideas and Achievements*, Cambridge: Cambridge University Press.

- Serres, Michel, 1982, *The Parasite*, trans. Lawrence R. Schehr, Minneapolis: University of Minnesota Press.

- Ulam, Stanislaw, 1958, "John von Neumann: 1903-1957," *Bulletin of the American Mathematical Society*, vol. 64 no. 3, May.

- Vinge, Vernor, 1993, "The Coming Technological Singularity: How to Survive in the Post-Human

Era," *VISION-21: Interdisciplinary Science and Engineering in the Era of Cyberspace*, NASA Conference Publication 10129, Proceedings of a Symposium Cosponsored by the NASA Lewis Research Center and the Ohio Aerospace Institute and held in Westlake, Ohio, Mar. 30-31.

- Wiener, Norbert, 1966, *God & Golem, Inc.: A Comment on Certain Points Where Cybernetics Impinges on Religion*, Cambridge: The M.I.T. Press.
- _____, 1989, *The Human Use of Human Beings: Cybernetics and Society*, London: Free Association Books.
- Wolfe, Cary, 2010, *What Is Posthumanism?*, Minneapolis: University of Minnesota Press.

제4장 휴먼 바디를 가진 포스트휴먼, 사이보그는 어떻게 탄생하는가

- 브뤼노 라투르 외, 2010, 《인간, 사물, 동맹》, 홍성욱 옮김, 이음.
- 임소연, 2014, 《과학기술의 시대 사이보그로 살아가기》, 생각의 힘.
- Blok, Anders, and Torben Elgaard Jensen, 2011, *Bruno Latour: Hybrid Thoughts in a Hybrid World*, London and New York: Routledge; 아네르스 블록 · 토르벤 엘고르 옌센, 2017, 《처음 읽는 브뤼노 라투르》, 황장진 옮김, 사월의책.
- Clark, Andy, 2004, *Natural-born Cyborgs: Minds, Technologies, and the Future of Human Intelligence*, Oxford and New York: Oxford University Press; 앤디 클락, 2015, 《내추럴-본 사이보그: 마음, 기술, 그리고 인간 지능의 미래》, 신상규 옮김, 아카넷.
- Clynes, Manfred and Nathan Kline, 1960, "Cyborgs and Space," *Astronautics*, Sep., pp. 26-27; 74-76.
- Gray, Chris Hables, 2000, *Cyborg Citizen: Politics in the Posthuman Age*, London and New York: Routledge; 크리스 그레이, 2016, 《사이보그 시티즌: 포스트휴먼 시대, 인간이란 무엇인가》, 석기용 옮김, 김영사.
- Haraway, Donna J., 1991, *Simians, Cyborgs, and Women: The Reinvention of Nature*, New York: Routledge.
- Latour, Bruno, 1993, *We Have Never Been Modern*, Cambridge: Harvard University Press; 브뤼노 라투르, 2009, 《우리는 결코 근대인이었던 적이 없다》, 홍철기 옮김, 갈무리.
- Latour, Bruno, 1996, *Petites leçons de sociologie des sciences*, Paris: Seuil, 1996; 브뤼노 라투르, 2012, 《브뤼노 라투르의 과학인문학 편지》, 이세진 옮김, 사월의책.
- Sobchack, Vivian, 2004, *Carnal Thoughts: Embodiment and Moving Image Culture*, Berkeley: University of California Press.
- Warwick, Kevin, 2004, *I, cyborg*. Champaign: University of Illinois Press; 케빈 워릭, 2004, 《나는 왜 사이보그가 되었는가》, 정은영 옮김, 김영사.
- Wiener, Nobert, 1948, *Cybernetics: Or Control and Communication in the Animal and the Machine*, Cambridge: The M.I.T. Press.

제5장 포스트휴먼 시대, 비인간과 더불어 사는 인간에 대한 심리학적 조망

- 구본권, 2015, 《로봇시대, 인간의 일》, 어크로스.
- 권상희, 2016, 〈소니, 10년만에 로봇 시장 컴백〉, 《전자신문》, 2016. 6. 30.
- 권석만, 2004, 《인간관계의 심리학》, 학지사.

- 박종훈, 2017, 〈영업 실적으로 증명되고 있는 페퍼(Pepper) 로봇의 도입 효과〉, 《주간기술동향》, 1784호.

- 장길수, 2017, 〈소니, 로봇과 공장놀이 결합한 신개념 장난감 '토이오' 발표〉, 《로봇신문》, 2017. 6. 1.

- 장길수, 2017, 〈'리얼돌', 인공지능 성인 로봇 '하모니' 연말에 출시〉, 《로봇신문》, 2017. 5. 17.

- Brooks, Rodney, 2014, "Artificial Intelligence is a Tool, not a Threat," Rethink Robotics blog.

- Burton, Adrian, 2013, "Dolphins, Dogs, and Robot Seals for the Treatment of Neurological Disease," *The Lancet Neurology*, vol. 12.

- Dautenhahn, Kerstin, 2007, "Socially Intelligent Robots: Dimensions of Human-Robot Interaction," *Philosophical Transactions of the Royal Society B*, vol. 362.

- DSM-5 American Psychiatric Association, 2013, *Diagnostic and Statistical Manual of Mental Disorders*, Arlington: American Psychiatric Publishing; 미국 정신 의학회, 2015, 《정신장애의 진단 및 통계 편람》 제5판, 권준수 외 옮김, 학지사.

- Ford, Martin, 2015, *Rise of the Robots: Techonology and the Threat of a Jobless Future*, New York: Basic Books; 마틴 포드, 2016, 《로봇의 부상》, 세종서적.

- Frances, Allen, 1994, *Diagnostic and Statistical Manual of Mental Disorders: DSM-IV*, American Psychiatric Association; 알렌 프랜시스, 1995, 《정신장애의 진단 및 통계 편람》 제4판, 이근후 옮김, 하나 의학사.

- Friedman, Batya et al., 2003, "Hardware Companions?: What Online AIBO Discussion Forums Reveal about the Human-Robotic Relationship," *Proceedings of the SIGCHI Conference on Human Factors in Computing Systems*, ACM.

- Hancock, Peter A et al., 2011, "A Meta-analysis of Factors Affecting Trust in Human-Robot Interaction," *Human Factors*, vol. 53.

- International Federation of Robotics, 2016, "Executive Summary World Robotics 2016 Service Robots," *World Robotics 2016 edition*. Retrieved from https://ifr.org/free-downloads/

- Jordan, John, 2016, *Robots*, MIT Press.

- Kanamori, Masao et al., 2002, "Maintenance and Improvement of Quality of Life among Elderly Patients Using a Pet-type Robot," *Japanese Journal of Geriatrics*, vol. 39.

- Levy, David, 2007, *Love and Sex with Robots: The Evolution of Human-Robot Relationships*, New York: HarperCollins Publishers.

- Libin, Alexander & Cohen-Mansfield, Jiska, 2004, "Therapeutic robocat for nursing home residents with dementia: Preliminary inquiry," *American Journal of Alzheimer's Disease and Other Dementias*, vol. 19.

- Moravec, Hans, 1988, *Mind Children: The Future of Robot and Human Intelligence*, Harvard University Press; 한스 모라벡, 2011, 《마음의 아이들》, 박우석 옮김, 김영사.

- Moyle, Wendy et al., 2013, "Exploring the Effect of Companion Robots on Emotional Expression in Older Adults with Dementia," *Journal of Gerontological Nursing*, vol. 39.

- Nourbakhsh, I. R., 2015, "The Coming Robot Dystopia," *Foreign Affairs*, 94.

- Richardson, Kathleen, 2016, "Sex Robot Matters: Slavery, the Prostituted, and the Rights of Machines," *IEEE Technology and Society Magazine*, vol. 32 Issue 2, June.

- Sellers, Debra, 2006, "The Evaluation of an Animal Assisted Therapy Intervention for Elders with Dementia in Long-term Care," *Activities, Adaptation & Aging*, vol. 30.

- Shenk, J. W, 2009, "What Makes Us Happy?," *The Atlantic*, June.

- Turkle, Sherry, 2011, *Alone Together*, New York: Basic Books; 셰리 터클, 2012, 《외로워지는 사람들》, 이은주 옮김, 청림출판.

- Werry, Iain & Dautenhahn, Kerstin, 2007, "Human-Robot Interaction as a Model for Autism Therapy: An Experimental Study with Children with Autism," *Modeling Biology: Structures*.
- Wolfberg, Pamela, 1999, *Play and imagination in Children with autism*, New York, NY: Teachers College Press.
- "Trust me, I'm a Robot," *Economist*, 2006. 6. 8
- The AuRoRA Project (n.d.) Retrieved from http://aurora.herts.ac.uk
- tvN, 〈마이 SF 패밀리〉, 《판타스틱 패밀리》 1부, 2016. 8. 31. 방영.

제6장 알파고를 통해 본 인공지능, 인공신경망

- 황치옥, 《과학과 종교의 시간과 공간》, 생각의 힘, 2014.
- Silver, David et al., 2016, "Mastering the Game of Go with Deep Neural Networks and Tree Search" *Nature*, vol. 529, Jan.

제7장 포스트휴머니즘의 사상사적인 이해: 휴머니즘과 신학의 사이에서

- Fukuyama, Francis, 2002, *Our Posthuman Future: Consequences of the Biotechnology Revolution*, New York: Picador.
- Hardt, Michael and Antonio Negri, 2004, *Multitude: War and Democracy in the Age of Empire*, New York: Penguin.
- Jonas, Hans, 1996, *Mortality and Morality: A Search for the Good After Auschwitz*, Evanston: Northwestern University Press.
- Kurzweil, Raymond, 1999, *The Age of Spiritual Machines: When Computers Exceed Human Intelligence*, New York: Viking.
- Levinas, Emmanuel, 1987, *The Collected Philosophical Papers*, trans. Alphonso Lingis, Dordrecht, The Netherlands: Martinus Nijhoff.
- Searle, John, 1999, "I Married a Computer," Review of *The Age of Spiritual Machines* by Ray Kurzweil, *The New York Review of Books*, April 8.

영화

- *Blade Runner*, 1982, dir. Ridley Scott.
- *The Matrix*, 2009, dir. Lana and Lilly Wachowski.
- *Transcendent Man: Prepare to Evolve*, 2009, dir. Robert Barry Ptolemy.

제8장 슈퍼 인공지능 신화를 넘어서: 지능, 싱귤래리티[특이점], 그리고 과학 미신

- 커즈와일, 레이, 2007, 《특이점이 온다》, 김명남 · 장시형 옮김, 김영사.

저자 소개

김환석 金煥錫 Kim, Hwan Suk

서울대학교 사회학과 학부와 석사 과정을 졸업하고 영국 런던대학교 임페리얼칼리지에서 과학기술사회학 전공으로 사회학 박사학위를 받았다. 현재 국민대학교 사회학과 교수로 재직하고 있으며 유네스코 세계과학기술윤리위원회(COMEST) 위원을 역임하였다. 대표적인 저서로는《과학사회학의 쟁점들》(2006),《한국의 과학자사회》(2008),《생명정치의 사회과학》(2014) 등이 있다. 논문으로는 〈'사회적인 것'에 대한 과학기술학의 도전: 비인간 행위성의 문제를 중심으로〉(2012), 〈과학기술과 사회(STS) 연구의 동향과 전망〉(2014), 〈사회과학의 '물질적 전환'을 위하여〉(2016), 〈코스모폴리틱스와 기술사회의 민주주의〉(2017) 등이 있다.

서보명 徐輔命 Seo, Bo-Myung

시카고신학대학에서 박사학위를 받고, 현재 같은 대학에서 신학과 철학을 강의하고 있다. 한국에서 출간된 저서로는《대학의 몰락: 자본에 함몰된 대학에 대한 성찰》(2011),《미국의 묵시록: 종말론의 관점에서 미국을 말하다》(2017), 역서로는《소로우와 에머슨의 대화》(2005)가 있다.

이용주 李容周 Lee, Yong-Ju

광주과학기술원 기초교육학부 교수. 파리고등연구원(EPHE) 박사과정(DEA)을 수료하고, 서울대학교에서 박사학위를 받았다. 연구영역은 비교종교학, 동양철학 및 중국종교사. 특히 고전의 번역과 재해석에 관심을 가지고 있다. 주자학, 다산학, 동아시아 근대사상, 도교, 철학과 종교의 죽음 문제에 대해 여러 편의 논문과 책을 썼다. 분류의 철학적 의미에 대해 몇 편의 글을 쓴 적이 있고 계속 관심을 가지고 있으며, 최근에는 인공지능의 정신성이라는 문제에 관심을 가지고 독서를 하고 있다. 현재에는 율곡의 성학집요, 근대기의 과학과 종교의 문제에 관한 책을 준비하고 있다.

이창익 李忩益 Lee, Chang Yick

서울대학교 인문대학 종교학과를 졸업하고 동 대학원에서 박사학위를 받았다. 사단법인 한국종교문화연구소 연구원이며, 한신대 학술원 연구교수와 원광대와 한림대 HK연구교수를 거쳐, 현재는 고려대학교 민족문화연구원 연구교수로 있다. 저서로는《종교와 스포츠: 몸의 테크닉과 희생제의》(2004),《조선시대 달력의 변천과 세시의례》(2013), 역서로는《종교, 설명하기: 종교적 사유의 진화론적 기원》(2015),《구원과 자살: 짐 존스 · 인민사원 · 존스타운》(2015)이 있다. 논문으로는 〈신종교는 언제 종교가 되는가: 통일교회에서 메시아의 죽음이 갖는 의미에 대해〉(2014), 〈소리의 종교적 자리를 찾아서: 시, 축음기, 그리고 카세트테이프〉(2015), 〈소문의 종교적 구조: 영화 〈곡성〉의 마법 풀기〉(2016) 등이 있다.

임소연 林소연 Leem, So Yeon

서울대학교 생물학과를 졸업하고 미국 Texas Tech University에서 박물관학으로 석사학위를, 서울
대학교 과학사 및 과학철학 협동과정에서 과학기술학 전공으로 박사학위를 받았다. 영국 London
School of Economics and Political Science의 사회학과와 프랑스 Maison Des Sciences
L'homme의 Collège d'études mondiales에서 박사후 연구를 했고, 현재 서울대학교 과학사 및
과학철학 협동과정에서 과학기술학 관련 강의를 맡고 있다. 주로 성형수술, 인간향상기술, 사이
보그, 과학기술과 젠더, 현장연구 방법론 등과 관련한 연구를 해왔다. Social Studies of Science,
Medical Anthropology, East Asian Science, Technology and Society 등의 학술지에 주요 논문
을 실었고, 저서로는 《과학기술의 시대 사이보그로 살아가기》(2014)가 있다. 현재 3년간의 성형외
과 현장연구를 바탕으로 성형수술의 실제 과정을 사이보그적 관점에서 분석하는 책을 집필 중이다.

장진호 張眞豪 Jang, Jin-Ho

서울대학교 사회과학대학 사회학과를 졸업하고 동 대학원에서 석사학위를 받은 후, 미국 일리
노이대학교(UIUC) 사회학과 대학원에서 박사학위를 받았다. 서울대학교 사회발전연구소 선임
연구원을 거쳐, 현재 광주과학기술원 기초교육학부 부교수이다. 저서로는 《갈등과 제도》(2012),
《Globalization and Development in East Asia》(2012), 《민주 정부 10년, 무엇을 남겼나》(2014)
등이 있고, 역서로는 《주식회사 한국의 구조조정》(2004)이 있다. 논문으로는 〈금융지구화와 한국
민주주의〉(2013), 〈4차 산업혁명, 기회와 대응들〉(2016) 등이 있다.

최원일 崔元一 Choi, Wonil

고려대학교 심리학과를 졸업하고 University of North Carolina, Chapel Hill에서 인지심리학 전공
으로 박사학위를 받았다. University of South Carolina의 Institute of Mind and Brain, University
of California, Davis의 Center for Mind and Brain에서 박사후 연구원으로 일했고, 현재는 광주과
학기술원 기초교육학부 조교수로 있다. 인간의 언어 및 인지 정보 처리에 관한 주제로 20여 편의
논문을 출판하였다. 인간의 마음과 두뇌의 정보처리에 관심이 많고, 최근에는 인간 인지의 개인차,
인간-로봇의 상호작용으로 연구의 영역을 넓히고 있다.

황치옥 黃糖鈺 Hwang, Chi-Ok

서울대학교 천문학과(현 물리천문학부)를 거쳐, 미국 미시시피남부대학교(University of Southern
Mississippi)에서 과학계산(Scientific Computing)으로 박사학위를 받았다. 국가수리과학연구소 선
임연구원을 거쳐 현재 광주과학기술원 기초교육학부 교수로 재직 중이다. 주 연구분야는 계산 과
학(computational sciences)의 수학적 언어인 과학계산(scientific computing)이다. 30여 편의 국
제 SCI(E) 연구논문이 있다. 최근에 《과학과 종교의 시간과 공간》이라는 소책자를 발간한 바 있다.

포스트
휴머니즘과
문명의 전환
새로운 인간은 가능한가?

초 판 인 쇄	2017년 12월 23일
초 판 발 행	2017년 12월 30일
저 자	김환석, 서보명, 이용주, 이창익, 임소연, 장진호, 최원일, 황치옥
발 행 인	문승현
발 행 처	GIST PRESS
등 록 번 호	제2013-000021호
주 소	광주광역시 북구 첨단과기로 123, 행정동 207호(오룡동)
대 표 전 화	062-715-2960
팩 스 번 호	062-715-2969
홈 페 이 지	https://press.gist.ac.kr/
인쇄 및 보급처	도서출판 씨아이알(Tel. 02-2275-8603)
I S B N	979-11-952954-5-6 03500
정 가	15,000원

이 도서의 국립중앙도서관 출판시도서목록(CIP)은 서지정보유통지원시스템 홈페이지(http://seoji.nl.go.kr)
와 국가자료공동목록시스템(http://www.nl.go.kr/kolisnet)에서 이용하실 수 있습니다.
(CIP제어번호: CIP2018000987)